砥砺

70

年 奋进新时代

——新中国水利70年

中华人民共和国水利部 编

中国水利水电出版社
www.waterpub.com.cn

·北京·

谨以此书献给
中华人民共和国成立 70 周年

图书在版编目（CIP）数据

砥砺70年　奋进新时代：新中国水利70年 / 中华人
民共和国水利部编. -- 北京：中国水利水电出版社，
2019.12
　ISBN 978-7-5170-8328-3

　Ⅰ. ①砥… Ⅱ. ①中… Ⅲ. ①水利史－中国－现代
Ⅳ. ①TV-092

中国版本图书馆CIP数据核字(2019)第295589号

书　　名	**砥砺 70 年　奋进新时代** ——新中国水利 70 年 DILI 70 NIAN　FENJIN XIN SHIDAI ——XIN ZHONGGUO SHUILI 70 NIAN
作　　者	中华人民共和国水利部　编
出版发行	中国水利水电出版社 （北京市海淀区玉渊潭南路 1 号 D 座　100038） 网址：www. waterpub. com. cn E - mail：sales@waterpub. com. cn 电话：(010) 68367658（营销中心）
经　　售	北京科水图书销售中心（零售） 电话：(010) 88383994、63202643、68545874 全国各地新华书店和相关出版物销售网点
排　　版	中国水利水电出版社微机排版中心
印　　刷	北京印匠彩色印刷有限公司
规　　格	210mm×285mm　16 开本　22.5 印张　580 千字
版　　次	2019 年 12 月第 1 版　2019 年 12 月第 1 次印刷
定　　价	**210.00 元**

编 纂 委 员 会

前 言

"民生为上、治水为要"。我国水资源短缺、时空分布不均、水旱灾害频发，是世界上水情最为复杂、江河治理难度最大、治水任务最为繁重的国家，兴水利除水害历来是治国安邦的大事。

新中国成立 70 年来，中国共产党领导人民开展了波澜壮阔的水利建设，建立了世界上规模最为宏大的水利基础设施体系，水利面貌发生了翻天覆地的变化，取得了举世瞩目的成就，彻底改变了数千年来中华大地饱受洪旱之苦、人民群众饱经用水之难的艰辛局面，为经济发展、社会进步、人民生活改善和社会主义现代化建设提供了重要支撑，谱写了中华民族治水史、世界水利发展史上的辉煌篇章。特别是党的十八大以来，习近平总书记把治水作为实现"两个一百年"奋斗目标和中华民族伟大复兴中国梦的长远大计来抓，明确提出"节水优先、空间均衡、系统治理、两手发力"的治水思路，把中国治水提升到了新的高度，推动水利改革发展取得了新的历史性成就。

70 年来，我们扎实推进大江大河治理，以长江三峡为代表的一大批控制性水利枢纽工程相继建成并投入使用，各类水库从 70 年前的 1200 多座增加到近 10 万座，总库容从约 200 亿立方米增加到近 9000 亿立方米；5 级以上江河堤防超过 30 万公里，接近绕地球赤道 8 圈，大江大河干流基本具备了防御新中国成立以来最大洪水的能力。据统计，我国洪涝灾害年均死亡人数从 20 世纪 50 年代的 8500 多人降至 2012 年以来的不到 500 人，其中，2018 年因灾死亡人数 187人，为新中国成立以来最低的一年。

70 年来，我们相继兴建了密云水库、引滦入津、南水北调等一大批蓄水、引水、提水工程，初步形成"南北调配、东西互济"的水资源配置总体格局，全国水利工程总供水能力达 8600 多亿立方米。其中，南水北调东、中线一期工程建成通水，40 多个大中城市、超过 1.2 亿人受益。农田有效灌溉面积从新中国成立之初的 2.4 亿亩发展到 10.2 亿亩，位居世界第一，数亿亩农田从"靠天吃饭"变成"旱涝保收"，在约占全国耕地面积一半的灌溉面积上，生产了占全国总量75% 的粮食和 90% 的经济作物，使中国人民真正实现了把饭碗端在自己手里的梦想。农村供水工程达到 1180 万处，农村自来水普及率达到 81%，9.4 亿农民群众喝上了放心水，众多农民祖祖辈辈肩挑背扛才能吃上水的历史一去不复返。

70 年来，我们始终把节水作为解决我国水资源短缺问题的根本之策，摆在优先位置，强化水资源消耗总量与强度双控，实施国家节水行动，水资源节约力度进一步加大。2012 年至 2018年，中国国内生产总值增长了 73% 以上，但用水总量基本保持稳定，特别是以灌溉用水的"零增长"实现了农业生产连年丰收。中国以仅占全球 6% 的淡水资源，解决了全球 21% 人口的用水问题，创造了世界 16% 的经济总量。

70 年来，我们狠抓重点流域、重点区域水生态治理，先后启动实施一批国家水土流失重点防治工程，严重的水土流失状况得到了全面遏制，水土流失面积也实现了由"增"到"减"的历史性转变。实施生态调度，使黄河实现连续 20 年不断流，黑河下游东居延海连续 15 年不干涸，永定河生态修复让北京母亲河重现生机。

党的十八大以来，我们积极践行"绿水青山就是金山银山"的理念，统筹山水林田湖草系统治理，全力推行河长制湖长制，提前实现"每条河流要有河长"的要求，聚焦管好盛水的"盆"和"盆"中的水，深入开展"清四乱"专项行动，加快推进河长制湖长制从"有名"到"有实"转变，河湖面貌持续好转。大力实施华北地区地下水超采综合治理，开展河湖补水试点，部分地区地下水水位止跌回升，邢台"百泉"实现复涌。认真落实水污染防治行动计划，实施饮用水水源地安全达标建设，水环境质量总体改善。

与此同时，我国水法规从无到有、不断完善，形成了以《水法》为核心的较为完备的法规体系，各类涉水活动基本实现有法可依；水利科技实现了从跟跑、并跑到某些领域进入领跑阶段的历史性跨越，水利水电技术水平总体进入国际先进行列；水利改革向纵深迈进，水利建设管理体制改革、投融资体制改革、水权水价改革、水市场培育不断深化，水利发展的内生动力不断增强。

新中国成立70年来，我们始终紧跟时代步伐，治水理念不断完善，治水实践不断深化，从注重工程建设向资源节约保护，再向水资源水生态水环境水灾害统筹治理转变，更加尊重自然、顺应自然、保护自然，注重人与水和谐，更加突出治水的综合性、整体性、协同性。

70年来，我们牢牢把握围绕中心、建设队伍、服务群众的核心任务，坚持党要管党、全面从严治党，深入推进党的政治建设、思想建设、组织建设、作风建设、纪律建设，把制度建设贯穿其中，充分发挥基层党组织战斗堡垒作用和党员先锋模范作用，深入推进反腐败工作，大力弘扬"忠诚、干净、担当，科学、求实、创新"的新时代水利精神，为水利改革发展提供了坚强保证。我们牢固树立人才是第一资源的理念，始终致力于建设一支忠诚干净担当的高素质干部队伍，始终坚持党管人才原则，持续实施水利人才优先发展战略，人才总量规模持续扩大并趋于平稳，素质水平不断提升，结构格局明显优化；我们始终坚持精简高效，持续深化体制机制改革，不断推进职能转变，为水利改革发展提供了有力的组织保障与人才支撑。

回首过去，70年治水兴水岁月峥嵘；展望未来，新时代水利改革发展前景壮美。70年水利事业发生的深刻变化，充分彰显了中国共产党的领导和中国特色社会主义制度的巨大政治优势，生动诠释了中国共产党为人民谋幸福、为民族谋复兴的初心和使命。当前，中国特色社会主义进入了新时代，水利事业发展进入了新时代。我们将深入贯彻落实习近平总书记治水重要论述精神和"节水优先、空间均衡、系统治理、两手发力"的治水思路，践行"水利工程补短板、水利行业强监管"水利改革发展总基调，统筹做好水灾害防治、水资源节约、水生态保护修复、水环境治理，以新时代水利精神汇聚水利改革发展的强大精神力量，创造水利事业更加美好的明天。

面向未来，我们将更加紧密地团结在以习近平同志为核心的党中央周围，坚持以习近平新时代中国特色社会主义思想为指引，不忘初心、牢记使命，务实前行、砥砺奋进，全力推进"水利工程补短板、水利行业强监管"，为实现"两个一百年"奋斗目标作出新的贡献。

编者

2019 年 12 月

目　录

新中国水利 70 年发展概述

水利部办公厅

我国自然地理条件特殊，水资源时空分布不均，水旱灾害频发，是世界上水情最为复杂、江河治理难度最大、治水任务最为繁重的国家。 新中国成立以来，中国共产党领导全国人民开展了波澜壮阔的水利建设，取得了举世瞩目的成就，谱写了中华民族治水史上的辉煌篇章。 特别是党的十八大以来，习近平总书记把治水作为实现"两个一百年"奋斗目标和中华民族伟大复兴中国梦的长远大计来抓，明确提出"节水优先、空间均衡、系统治理、两手发力"的治水思路，为治水管水提供了根本遵循。 进入新时代，我们将积极践行"十六字"治水思路，全力抓好水利工程补短板、水利行业强监管，推动水利事业发展取得新的历史性成就。

一、新中国成立 70 年来，水利事业取得辉煌成就

（一）江河治理成效显著，防汛抗旱取得历史性成就

我国水资源短缺、时空分布不均、水旱灾害频发。 据不完全统计，我国历史上大的洪灾和旱灾每两年就各发生一次，水旱灾害给中华民族带来了深重的灾难。 新中国成立前，水利工程残破不全，江河泛滥、旱灾频发，常常导致饿殍遍野、民不聊生。 新中国成立以来，在中国共产党领导下，通过 70 年的不懈奋斗，我国已经逐步形成了较为完备的防洪减灾工程体系和非工程措施体系，逐步消除了困扰中国几千年的大水大灾难、大旱大饥荒状况。 据中国工程院研究成果，目前我国防洪能力已升级到较安全水平，水旱灾害防御能力达到国际中等水平，在发展中国家相对靠前。

密云水库

在江河治理、防汛抗旱工程体系方面，我国已经形成集水库、堤防、水闸、蓄滞洪区、分洪河道等于一体的较为完善的防洪抗旱减灾工程体系。 新中国成立初期，全国只有水库 1200 多座，堤防 4.2 万公里，大江大河基本没有控制性工程。 截至 2018 年底，全国共有各类水库近 10 万座，总库容近 9000 亿立方米，建成 5 级及以上堤防 31.2 万公里，是新中国成立之初的 7 倍多。 长江三峡、黄河小浪底、淮河临淮岗、密云水库等一大批控制性水利枢纽相继建成并发挥效益，长江中下游防洪能力大大提升，黄河下游"三年两决口、百年一改道"的历史彻底改写，淮河紊乱的水系逐步理顺修好，海河水患得到有效治理，七大江河干流基本具备防御新中国成立以来最大洪水的能力，中小河流暴雨洪水防范能力显著提升。 水文测站从新中国成立之初的 353 处发展到 12.1 万处，覆盖了所有重要江河重点区域，实现了对基本水文情势的有效控制。此外，建成规模以上水闸 10 万多座、泵站 9.5 万处，以及一大批供水工程及重点水源工程。

在非工程措施方面，我们立足于"防"，将关口前移，重点开展了监测预报预警、水库调度等相关工作。 水文监测预报越来越精准，水位、雨量水文要素监测已全面实现自动测报，大江大河关键期洪水预报精度超过 90%，水文监测站网体系基本覆盖所有的大江大河和有防洪任务的中小河流。 水库调度越来越科学。 长江防洪实现了全流域全时空调度。 三峡水库蓄泄水量，不仅能依据三峡上游来水，还可根据三峡水库下泄后下游洪水预测情况，以及下游支流洪水顶托影响等因素综合考虑后得出。 山洪灾害预测预报越来越完善。 从 2010 年开始，我国实施山洪灾害防治项目，基本查清了全国 53 万个小流域的基本情况和暴雨洪水特征，落实了县乡村组户五级山洪灾害防御责任体系，在有防治任务的 2076 个县建设了山洪灾害监测预警平台，实现了有山洪灾害防治任务的县全覆盖。

70 年来，我们坚持把确保人民群众生命安全和供水安全作为防汛抗洪和抗旱减灾的首要任务。 坚持以防为主、预防为先，"宁可十防九空，绝不一次放松"。通过综合治理、科学防御，充分发挥了水利工程"拦分蓄滞排"和"蓄引提调连"等综合作用，成功抵御了 1991 年江淮大水，1998 年长江、松花江特大洪水，2003 年、2007 年淮河大水，2016 年太湖特大洪水和西南持续大旱等水旱灾害，为经济社会发展和人民群众生命财产安全提供了有力保障。 特别是 2010年、2012 年长江流域发生最大洪峰超 1998 年的洪水，通过联合调度三峡等水库群拦洪削峰错峰，大大降低了长江中下游防洪压力，再没有出现 1998 年防汛抗洪中几百万人上堤抢险的情况。 据统计，我国洪涝灾害年均死亡人数从 20 世纪50 年代的 8500 多人降至 2012 年以来的 500 人以下，其中 2018 年因灾死亡人口

187 人，为新中国成立以来最低的一年。旧中国水旱灾害导致饿殍遍野、民不聊生的历史悲剧一去不复返。

（二）水利对粮食安全保障作用进一步提升

1949 年，我国耕地灌溉有效面积仅 2.4 亿亩，全国粮食总产量 1130 亿公斤。截至 2018 年底，我国耕地灌溉有效面积增至 10.2 亿亩，全国粮食总产量达到 6500 亿公斤左右。我国的灌溉面积位居世界第一，在占全国耕地面积 50% 的灌溉面积上，生产了占全国总量 75% 的粮食和 90% 的经济作物。新中国成立 70 年来，我国以约占全球 6% 的淡水资源、9% 的耕地，保障了占全球 21% 人口的吃饭问题，水利对粮食安全的保障作用进一步提升。

大中型灌区成为我国农业生产的主力军。新中国成立后，在党的坚强领导下，新建了安徽淠史杭、山东位山、河南红旗渠、甘肃靖会提水等一批灌区，累计建成大中型灌区 7800 多处，彻底改变了过去因为灌排能力严重不足，粮食生产能力低下的状况。例如，1978 年开始建设的固海扬黄灌区，从根本上改变了宁夏中南部地区农业"靠天吃饭"的被动局面。30 多年前，当地老百姓形容粮食生产是"种了一袋子，收了一帽子"。至 2018 年，灌区农林牧总收入 30.6 亿元，农民人均收入超过 6000 元，是 1980 年的 201 倍。灌溉工程让原本大片荒芜的土地变成了粮仓，灌区所在地成为当地重要的生活聚集地。再如，新中国成立后兴建的全国最大灌区——淠史杭灌区，灌溉面积已由 50 万亩发展到目前的 1060 万亩，使昔日无雨则旱、有雨即涝的贫瘠之地变成了今天旱涝保收的鱼米之乡，确保了安徽省稳居我国粮食主产省的地位。

实施灌区续建配套与节水改造，持续推进高效节水灌溉。20 世纪 80 年代以来，国家逐渐将农田水利工作的重点从抓建设新灌区转移到建设与管理并重、注重发挥现有工程效益上。在结合水利枢纽建设、持续推进新建大中型灌区的同时，启动实施大中型灌区续建配套与节水改造。同时，通过开展灌排设施节水改造，全国的喷灌、微灌等高效节水灌溉面积达到 3.3 亿亩。近 20 年来，农业用水量维持在 4000 亿立方米左右，但农业用水比重从 2000 年的 69% 左右下降到目前的 62% 左右，其中农业灌溉用水一直维持在 3400 亿立方米左右，农业灌溉用水效率和效益一直在稳步提高。

着力解决农田灌溉"最后一公里"问题。在注重大中型灌区建设的同时，开展了田间渠系配套、"五小水利"、农村河塘清淤整治等建设，建成小型农田水利工程 2000 多万处。截至 2018 年底，全国农业水价综合改革实施面积已超过 1.3 亿亩。大力推进农田水利设施产权制度改革和运行管护机制创新，全国约一半农田水利设施以"两证一书"（小型农田水利工程所有权证、使用权证、管护责任书）形式明晰了产权，落实了管护责任、主体和经费，培育发展了农民用水合作组织。 农田水利基础设施建设为保障国家粮食安全发挥了不可替代的作用，为"三农"工作特别是实施乡村振兴战略奠定了坚实的基础。

（三）城乡供水保障能力大幅提高

保障城乡供水安全始终是我国经济社会发展中的大事。 新中国成立以来，党领导人民坚持不懈开展大规模水利建设，建成了比较完备的供水保障体系，"南北调配、东西互济"的水资源配置格局逐步形成。 根据中国工程院的评估，我国的供水保障能力已经达到较安全水平。

南水北调中线陶岔渠首

在重大水利工程建设方面，兴建了南水北调、密云水库、大伙房水库、引滦入津、引黄济青等一大批重点水源和引调水工程，并发挥了显著效益。 引滦入津结束了天津人民喝苦咸水的历史，东深供水解决了香港和深圳的缺水问题，南水北调东、中线一期工程建成通水，初步形成了"南北调配、东西互济"的水资源配置总体格局，全国水利工程总供水能力达 8600 多亿立方米。 淮水北调、牛栏江-滇池补水、辽宁大伙房输水二期、青海引大济湟、引黄入冀补淀等一批区域性引调水工程和四川亭子口、贵州黔中、西南中型水库等重点水源工程相继建成，有效保障了区域供水安全。目前有一批工程正在加快建设，如2019年5月开工的珠江三角洲水资源配置工程，既是珠江流域一项重大的区域性水资源配置工程，也成为粤港澳大湾区建设的一个标志性工程。

在农村供水方面，为解决农村饮水问题，我国曾先后实施人畜饮水和饮水解困工程，解决了严重缺水地区饮水困难问题；1977—2005年，以平均每年解决1000万人的速度推进农村饮水安全工程建设。2005—2015年，已解决5.2亿农村居民和4700多万农村学校师生的饮水安全问题。进入"十三五"以来，农村饮水安全保障工作转入巩固提升阶段。目前，我国基本建成了比较完整的农村供水体系，农村供水工程达1100多万处，农村集中供水率达86%，自来水普及率达81%，超过75%的发展中国家。农村供水设施从无到有，群众取水从难到易，供水质量从差到好，农村饮水实现了历史性转变，解放了大量农村劳动力，有力保障了脱贫攻坚和全面建成小康社会。

在水资源调度配置方面，我国重要城市群和经济区多水源供水格局加快形成，城镇供水安全得到保障。组织开展河北山西向北京调水、引黄济津济淀、引江济太、珠江枯水期水量调度等工作，成功化解了重要地区和城市的供水危机，保证了奥运会、世博会、亚运会等一系列重大活动的供水安全。三峡工程通过调蓄，在枯水期每年可以给下游补水约200亿立方米，其带来巨大的生态效益和供水保障效益，为促进长江经济带的发展发挥了重要作用。此外，积极推进江河湖库水系连通，不断优化供水结构，统筹地表水和地下水资源利用，大力推进污水处理回用、雨洪资源利用、海水淡化和综合利用。城乡供水能力的显著提升，有力支撑了我国城镇和农村的快速发展，对我国经济社会发展发挥了不可替代的基础保障作用。

（四）水电发展跻身世界强国

水电是全球公认的清洁能源，在我国的能源体系中占据了重要位置。经过70年的发展，我国水电发展水平处于世界领先地位。1949年，全国水电总装容量机仅36万千瓦，年发电量仅12亿千瓦时。新中国成立后，党和国家十分重视发展水电，从第一座"自主设计、自制设备、自己建设"的大型水电站——新安江水电站开始，我国水电事业蓬勃发展，三峡、小浪底、百色、龙滩、刘家峡、葛洲坝、瀑布沟、拉西瓦等一大批大型综合性水利水电枢纽屹立于江河之上。特别是党的十八大以来，遵循"创新、协调、绿色、开放、共享"的新发展理念，我国水电开启了高质量发展的新征程。 溪洛渡、向家坝、锦屏等巨型水电站相继建成投产，西江大藤峡、淮河出山店、黄河东庄、云南牛栏江-滇池补水等一批具有发电功能的大型骨干水利工程正在加快建设，水电数字化、信息化、智能化水平不断提升，水电枢纽的防洪保安能力、水资源配置能力、生态调度水平不断增强，为国家发展提供了源源不断的优质电力、发挥了巨大的综合效益。

新中国成立 70 年来，水电在开发利用、技术创新、运行管理、效益发挥等方面实现了全方位的巨大飞跃，为经济社会发展和现代化建设作出了重要贡献。尤其是小水电为促进偏远和贫困地区发展作出了历史性贡献。 70 年来，小水电开发使我国 1/2 地域、1/3 县（市）、3 亿多农民用上了电，数千条河流通过小水电开发得到初步治理，有效提高了江河的防洪能力，改善了城镇供水和农业生产条件，有力带动了新农村建设和城镇化建设。

截至 2018 年底，全国水电装机容量达到了 35226 万千瓦，年发电量 12329 亿千瓦时，分别占全国电力装机容量和年发电量的 18.5% 和 17.6%，分别是新中国成立初期的 978 倍和 1027 倍，稳居世界第一。 中国水电具备了投资、规划、设计、施工、制造、运营管理的全产业链能力，在"一带一路"倡议的指引下，中国水电"走出去"越来越多，业务遍及全球 140 多个国家和地区，参与建设的海外水电站约 320 座，总装机容量达到 8100 万千瓦，占据海外 70% 以上的水电建设市场份额，成为国际上一张亮丽的"中国名片"。 目前，我国水力发电占到我国非化石能源发电总量的 2/3 以上，是清洁能源发电的第一主力，全国电力每 5 千瓦时中约有 1 千瓦时来自清洁环保的水力发电。 现在，我国水电一年的发电量相当于替代了 4.5 亿吨标准煤，减少二氧化碳排放约 11.8 亿吨，节能和环保效益显著。

（五）水资源利用效率效益明显提升

我国是水资源十分紧缺的国家。 对比 70 年前，我国水资源总量没有明显变化，但人口是当时的 3 倍多，经济总量是当时的 2500 多倍，中国以仅占全球 6% 的淡水资源，解决了全球 21% 人口的用水问题，创造了世界 16% 的经济总量。

合理开发，优化配置，保障经济社会发展用水需求。 新中国成立初期，全国供水总量只有 1031 亿立方米。 70 年来，特别是改革开放以来，通过实施大规模水资源开发利用，2018 年我国供水总量比新中国成立初期增加近 5 倍，有力地保障了经济社会持续快速发展。 70 年来，相继建成了南水北调、三峡、黄河小浪底、引滦入津等一大批水资源配置工程，水资源配置、调控能力得到明显提高，改善了重点地区、重要城市、粮食生产基地、能源化工基地等水源条件，保障了供水安全。 例如，截至 2019 年 9 月 17 日，南水北调东、中线一期工程累计调水量已超过 280 亿立方米，直接受益人口约 1.2 亿，提高了受水区 40 多座大中城市供水保证率，有效缓解了华北、胶东地区的水资源供需矛盾。

节水优先，用水效率和效益显著提高。 近年来，水利部门把节约用水作为水资源开发、利用、保护、配置、调度的前提，坚持节水优先方针，实施国家节水行动，实行最严格水资源管理制度，建立水资源论证、取水许可、水资源有偿使用等一系列用水管理制度，实行水资源消耗总量与强度双控，强化各行业用水定额管理和节水技术改造，全社会用水效率大幅提升。 在农业节水方面，实施了大中型灌区续建配套节水改造，推动了东北节水增粮、西北节水增效、华北节水压采、南方节水减排。 全国灌溉水利用系数由 2011 年的 0.510，提高到 2018 年的 0.554，近 20 年农业用水总量基本稳定，以灌溉用水的"零增长"实现了农业生产连年丰

塔河

收。 在工业节水方面，严控高耗水、高污染项目，加快工业节水技术改造，推广节水技术、工艺和设备，提高水重复利用率。 与 2000 年相比，2018 年万元国内生产总值用水量、万元工业增加值用水量分别下降了 77.4% 和 78.6%。 在生活用水方面，大力推广节水型器具，加大再生水等非常规水开发利用。

严格监管，以水定需量水而行。 把水资源管理的重点聚焦于调整人的行为、纠正人的错误行为，进一步加大监管力度。 2012 年以来，全面实行最严格水资源管理制度，加强需求管理和用水总量控制，建立全国和各省市县三级行政区的"三条红线"控制指标体系。 2012 年至今，全国年用水总量维持在 6100 亿立方米左右，以用水总量的微增长支撑经济社会快速发展，创造了巨大的经济、社会、生态效益。 严格水资源论证和取水许可管理，纳入取水许可的用水户达 38 万个。 强化水资源监测，对 10298 个地下水站点、1.4 万个取水户、451 个省界断面、425 个重要饮用水水源地实现在线监测。 在合理利用水资源的前提下，坚持以水定城、以水定地、以水定人、以水定产的原则，推动经济社会发展与水资源水环境承载能力相适应。

（六）水生态保护修复扎实推进

积极践行"绿水青山就是金山银山"理念，针对发展中出现的地下水超采、河道断流、湖泊萎缩、水污染等水生态水环境问题，大力加强水资源保护，助推水生态修复。

推进跨省江河流域水量分配。 先后批复黄河、淮河干流、太湖、松花江干流等 41 条跨省江河流域水量分配方案，控制河湖开发强度，保障河湖生态流量。重点流域和区域水生态保护修复不断加强，黄河实现连续 20 年不断流；黑河下游东居延海连续 15 年不干涸；塔里木河下游输水，让尾闾重现碧波万顷；石羊河流域生态恶化得到有效遏制，让民勤免于成为"第二个罗布泊"；永定河生态修复让北京的母亲河再现生机。

开展华北地区地下水超采综合治理。 在 21 个地下水超采区实施了禁采、限采措施，采取"一减、一增"治理措施，对河北省滹沱河、滏阳河、南拒马河重点河段实施河湖生态补水，南水北调受水区六省市城区累计压减地下水开采量约19 亿立方米，沿线地下水位明显回升，邢台"百泉"得以复涌。

实施引江济太、珠江压咸补淡、白洋淀应急补水、南四湖生态补水等生态调水，提高流域区域水环境容量，改善河湖水质。 建立水功能区划体系，全国水功能区水质达标率由 2012 年的 63.5%，提高到 2017 年的 76.9%。

不断加强河湖管理保护，按照"每条河流要有河长"的要求，全面推行河长制湖长制，全国 400 多名省级负责同志担任河湖长，120 万各级河湖长上岗担责，"民间河湖长"助力党政河湖长巡河湖护河湖。 聚焦管好盛水的"盆"、护好"盆"中的水，以全国河湖"清四乱"（乱占、乱采、乱堆、乱建）、长江大保护、城市黑臭水体治理等专项行动为突破口，向河湖管理顽疾宣战，推动河长制、湖长制从"有名"向"有实"转变，河湖面貌呈现向好态势。

南水北调中线向白洋淀生态补水

（七）水土流失综合防治取得显著成效

新中国成立之初，我国水土流失问题十分突出，导致生态恶化，威胁防洪安全，制约经济社会发展。 70 年来，党和政府高度重视水土流失防治工作，组织开展了大规模的治山治水，特别是党的十八大以来，党中央高度重视生态文明建设，推动我国水土流失防治步入快车道，取得显著成就。 先后启动实施黄河中上游、长江上中游、黄土高原淤地坝、京津风沙源、东北黑土区和岩溶地区石漠化治理等一批国家水土流失重点防治工程，大力推进坡耕地整治、清洁小流域治理。 根据 1985 年、1999 年、2001 年、2018 年四次调查监测结果，全国水土流失面积由 1985 年的 367 万平方公里减少到 2018 年的 274 万平方公里，占国土面积的比例由 38.2% 下降到 28.6%，水土流失强度明显下降，与 1999 年相比，

2018年中度及以上水土流失面积减少88万平方公里，减幅达45.5%，我国水土流失严重的状况得到全面遏制，水土流失面积实现了面积由"增"到"减"、强度由"高"到"低"的历史性转变。

通过预防保护解决了"增"的问题。1991年《中华人民共和国水土保持法》颁布施行以来，全国54万个生产建设项目依法落实水土保持措施，减少人为新增水土流失面积22万平方公里。党的十八大以来，水利部认真贯彻落实习近平生态文明思想，坚持预防为主、保护优先、严格监管，19万个生产建设项目实施了水土流失防治措施，占70年总数的35%，减少人为新增水土流失面积9万平方公里，占70年总数的40%。南水北调、青藏铁路、西气东输等一批国家重大项目，通过严格落实水土保持措施，实现了工程建设与生态保护的双赢，形成了一道道亮丽的风景线。

通过综合治理实现了"减"的目标。70年来，以长江、黄河上中游、东北黑土区、西南石漠化区等区域为重点，持续开展以小流域为单元、山水林田路村统一规划，工程、植物、耕作措施相结合的综合治理，走出了一条具有中国特色的水土保持生态建设技术路线。通过实施水土保持、退耕还林、京津风沙源治理等重大生态保护修复工程，截至2018年底累计治理水土流失面积131万平方公里，水土保持措施年均可保持土壤16亿吨，黄土高原建成淤地坝5.9万座。经过重点治理的区域，控制土壤流失90%以上，林草植被覆盖率提高30%以上，治理区生产生活条件和生态环境明显改善，为促进农业经济发展、减少江河湖库淤积提供了根本保障。

（八）水利扶贫工作成效显著

水利作为重要基础设施和公共服务领域，在决胜全面小康、打赢精准脱贫攻坚战中具有重要地位和作用。水利部是中央国家机关中最早参与社会扶贫工作的单位之一，从1986年开始，经过30多年的探索实践，形成了一套行之有效的扶贫模式，为我国各个阶段扶贫目标任务的顺利完成，提供了有力的水利支持和保障。

根据党的十九大关于打赢脱贫攻坚战的总体部署和党中央、国务院要求，2018年8月，水利部制定了《水利扶贫行动三年（2018—2020）实施方案》，明确了15项重点任务。方案印发以来，围绕贫困地区脱贫攻坚水利需求，聚焦深度贫困地区，聚焦解决"两不愁三保障"突出问题，加大水利项目、资金、人才和技术等倾斜支持力度，取得明显进展。2018—2019年，安排832个贫困县中央水利建设投资1555亿元，有力改善了贫困地区的水利基础设施，为脱贫攻坚发挥了重要支撑和保障作用。

加快解决贫困人口饮水安全问题。 把农村饮水安全工作作为水利扶贫的头号任务，制定《农村饮水安全评价准则》，开展贫困人口饮水安全摸底调查，建立到县到村到户工作台账，加强工作调度推进落实。"十三五"以来，累计解决农村饮水安全人口2.28亿，其中建档立卡贫困人口1707万。

着力补齐贫困地区水利基础设施短板。 支持贫困地区大中型灌区续建配套节水改造和大型灌排泵站更新改造建设；推进雅鲁藏布江、澜沧江、白龙江、乌江等贫困地区江河主要支流治理；实施贫困地区病险水库除险加固、国家水土保持重点工程和中小型水库建设。 贫困地区重大水利工程进展顺利，目前已开工的142项节水供水重大水利工程涉及贫困地区有81项。 农村水电扶贫工程累计有5.4万建档立卡贫困户受益。

全力推进定点扶贫工作。 督促指导定点扶贫县（区）党委政府落实脱贫攻坚主体责任，动员部机关和直属单位开展组团式帮扶，实施行业倾斜、技能培训、勤工俭学、技术帮扶、人才培训、党建脱贫、内引外联等"八大工程"。 重庆万州、丰都、武隆3个县（区）已于2017年实现脱贫摘帽，重庆城口和巫溪、湖北郧阳3个县（区）计划2019年摘帽。

扎实抓好滇桂黔石漠化片区联系工作。 水利部会同国家林业和草原局落实滇桂黔石漠化片区区域经济社会发展与脱贫攻坚牵头联系工作。 加强沟通协调、调查研究、督促指导，推进滇桂黔石漠化片区脱贫攻坚工作。 截至2018年底"十三五"以来，片区累计减贫258万人，贫困发生率下降到5.3%，下降了9.8个百分点。 片区80个贫困县已有27个县摘帽。

（九）水法规建设不断完善

新中国成立70年来，我国水法规从无到有、不断完善，形成了以《中华人民共和国水法》为核心的较为完备的法规体系，涵盖了水资源开发利用与保护、水域管理与保护、水土保持、水旱灾害防御、工程管理与保护、执法监督管理等方面，包括4部法律、24件行政法规、78件部门规章，以及700余件地方性法规和政府规章，奠定了全面依法治水管水的制度基础，各类涉水活动基本实现有法可依。 目前全国已成立水政监察队伍3500余支，专兼职水政监察人员近6万人，形成了流域、省、市、县四级执法网络，有效保证了水法规的顺利实施，水行政执法从无到有、从弱到强。 落实"谁执法谁普法"责任，集中开展法治专题培训，从1986年起认真落实国家普法规划确定的普法任务，水法治宣传深入人心，全社会水法治意识显著增强。 各级水利部门坚持依宪行政、依法行政、简政

美丽的东居延海

放权，将治水管水活动全面纳入法治轨道，水利系统依法决策、依法办事能力显著提高。

（十）水利水电技术水平总体进入国际先进行列

经过70年的发展，我国水利科技实现了从跟跑、并跑到部分领域进入领跑阶段的历史性跨越，水利水电技术水平总体进入国际先进行列。在泥沙研究、坝工技术、水资源配置等诸多领域取得重大成果，达到国际领先水平。以国家重点实验室和工程中心为代表的一批水利科技创新平台不断发展壮大，创新体系不断完善，创新能力不断增强，建成较为完善的水利技术标准体系，目前，现行有效水利技术标准854项，为水利改革发展提供了重要技术支撑与保障。

在泥沙研究方面，大江大河水沙调控体系的研究与实践、水库泥沙减淤技术等处于国际领先地位；以非均匀悬移质不平衡输沙理论为代表的我国泥沙理论研究处于国际先进行列。

水文监测预警预报技术跻身国际前列，预警预报精准度不断提高、预见期不断延长。从洪涝灾害死亡人数由20世纪50年代年均8500多人降至2012年以来的不到500人的变化，可以看出预警预报的技术提高。

在坝工技术方面，实现了100米、200米和300米级高坝建设的多级跨越，建成世界最高拱坝、混凝土面板堆石坝，是世界上200米级以上高坝最多的国家。智慧大坝建设技术取得突破性进展，溪洛渡大坝混凝土施工实现全程信息化、智能化管理。 十余个大坝工程获得国际菲迪克工程项目杰出成就奖、国际大坝委员会里程碑工程奖。

巨型水力发电机组设计制造水平处于国际领先位置。 白鹤滩水电项目的单机容量达 100 万千瓦，是当今世界上水电站中单机容量最大的水电机组，具有完全知识产权。

水资源配置领域理论研究和实践取得重大成果，调水工程建设技术进入世界先进行列。 世界上规模最大的调水工程——南水北调工程，东、中线一期直接受益人口超 1.2 亿。

（十一）人才队伍建设为水利事业发展提供坚强支撑

人才强则国强，人才兴则行业兴。 新中国成立 70 年以来，在党中央国务院的正确领导下，历届水利部党组牢固树立人才是第一资源的理念，努力建设一支政治坚定、素质优良、结构合理的水利人才队伍。

水利部党组坚持党管人才原则和人才优先发展战略，把人才工作纳入水利事业改革发展全局中，连续实施人才队伍建设五年规划和一系列创新举措，人才工作亮点纷呈。 一是建立健全水利人才工作组织制度体系。 组建人才资源开发中心、中国水利教育协会等专门机构，推动形成各级党委（党组）统一领导，专门机构协调配合，各企事业单位和地方水利部门上下联动的人才工作机制。 同时，创新人才培养、评价和激励机制，建立以品德、能力、业绩为导向的人才评价激励标准，研究制定《水利部人才奖励办法》等，激发水利人才的创新创业活力。 二是大力实施重点人才培养工程。 创新人才工作举措，全面实施党政人才活力激发、创新领军人才推进、高技能人才培养、基层人才能力提升、人才精准扶贫助推、急需紧缺人才培养等六大工程，统筹推进各类人才队伍发展。 组织实施 5 批"5151"人才选拔、6 批"水利科技英才"评选，遴选产生 10 家水利行业高技能人才培养基地，连续开展六届行业职业技能竞赛，不断提升技能人才培养能力。 三是聚焦助推基层贫困地区人才队伍建设。 贯彻中央脱贫攻坚战略部署，示范开展万名水利县市局长培训和万名水利站所长培训，有效提升基层水利人才能力素质；出台推进贫困地区水利人才队伍建设的指导意见和帮扶工作方案，在青海玉树等地，创新开展水利人才"订单式"培养，为贫困地区培养专业化、本土化人才；开展水利"组团式"技术援助工作，实现阿里地区水利技术帮扶全覆盖。 四是部署开展新时代水利人才发展创新行动。 瞄准国家发展战略和"水利工程补短板、水利行业强监管"对水利人才的需求，聚焦高层次人才和基层人才短缺的突出问题，水利部党组专门研究出台《新时代水利人才发展创新行动方案（2019—2021 年）》，推动创建部级统一的人才管理交流和服务平台，全面加强水利领军人才和青年拔尖人才两大梯队建设、创新团队建设、人才培养基地建设以及国际化人才培养。

截至 2018 年底，全国水利系统在岗职工近 88 万人，具有大学专科以上学历人员比例达 61.7%；8.5 万名党政人才中具有大学专科以上学历人员比例达 93.2%；同时，水利高层次人才不断涌现，水利部属系统省部级以上人才称号的高层次人才近 300 名，全国水利及相关专业两院院士 26 名。

（十二）全面从严治党为水利改革发展提供有力的政治保障

打铁必须自身硬。 新中国成立以来，特别是党的十八大以来，水利部党组始终坚持以习近平新时代中国特色社会主义思想为指导，以党的政治建设为统领，推动全面从严治党不断向纵深发展，为加快水利发展提供坚强政治保证。一是始终把讲政治摆在首位，以党的政治建设为统领，教育引导党员干部牢固树立"四个意识"，坚定"四个自信"，带头做到"两个维护"，把政治标准和政治要求贯穿党的建设和各项业务工作全过程各方面。 二是始终坚持抓住思想教育这个根本，依托基层党组织，面向全体党员，运用好日常的学习载体和教育方式，推动理论学习常态化经常化。 学深悟透习近平新时代中国特色社会主义思想，持续深入学习习近平总书记治水重要论述，把学习成效转化为推动水利改革发展的实际成效。 三是始终牢固树立大抓基层的鲜明导向，以提升组织力为重点，强化基层党组织政治功能，健全基层组织，优化组织设置，创新活动方式，推进基层党建工作，激发基层党组织的创造力战斗力凝聚力，激发党员干部干事创业的积极性主动性创造性。 四是深入持久狠抓作风建设，把整治"四风"作为加强作风建设的重要切入点，切实改作风、树新风、正部风。 凝练总结出"忠诚、干净、担当，科学、求实、创新"的新时代水利精神，为水利改革发展营造风清气正、担当作为的政治生态。 五是聚焦监督执纪问责，加强日常纪律教育和警示教育，强化巡视监督，坚持惩防并举、标本兼治，始终保持惩治腐败高压态势，把党风廉政建设和反腐败斗争不断引向深入。 六是坚持党管干部，强化干部队伍建设，坚持正确用人导向，严格选人用人标准；不断完善日常干部监督管理机制，严格执行述职述廉、诫勉谈话、个人有关事项报告等制度，完善权力运行的监督制约机制，做到关口前移，防微杜渐。

此外，我国水利改革向纵深迈进，水利建设管理体制改革、投融资体制改革、水权水价改革、水市场培育不断深化，水利发展的内生动力不断增强。

回首 70 年水利发展历程，我们积累了宝贵的历史经验。 一是坚持党对水利工作的领导，坚决贯彻落实中央方针政策和治水思路，增强"四个意识"，坚定"四个自信"，做到"两个维护"，为水利改革发展提供坚强政治保障。 二是坚持发挥社会主义制度优越性，凝聚全社会团结治水、合力兴水的巨大力量，坚定不移地走中国特色水利现代化发展道路，水利工作就能大踏步前进。 三是坚持着眼党和国家事业发展全局，围绕社会主义现代化建设的战略安排，科学谋划水利改革发展的主攻方向、总体布局和目标任务，水利建设就能稳步推进，水利事业就能健康发展。 四是坚持以人民为中心的发展思想，着力解决人民群众最关心、最直接、最现实的水利问题，人民群众就能从水利改革发展中不断增强获得感、幸福感、安全感。 五是坚持科学治水，牢牢把握基本国情水情，不断深化对治水规律、自然规律、生态规律、经济规律和社会规律的认识，就能统筹解决水资源、水生态、水环境、水灾害问题。 六是坚持不懈推进全面深化水利改革和全面依法治水，不断健全水利科学发展的法制体制机制，持续推动理念思路创新、方法手段创新和科学技术创新，就能增强水利发展内生动力，不断提高经济社会发展的水利保障和支撑能力。

二、进入新时代，全力推进"水利工程补短板、水利行业强监管"

中国特色社会主义进入新时代，水利事业发展也进入新时代。 推进新时代水利改革发展，必须坚持以习近平新时代中国特色社会主义思想为指导，积极践行"节水优先、空间均衡、系统治理、两手发力"的治水思路，清醒认识我国水安全的严峻形势，主动适应治水主要矛盾的深刻变化，加快转变治水思路和方式，大力践行"水利工程补短板、水利行业强监管"水利改革发展的总基调。

（一）新时代水利改革发展总基调是在深刻理解我国发展新的历史方位基础上作出的科学判断

从我国水安全形势来看，随着我国经济社会不断发展，水安全中的老问题仍有待解决，新问题越来越突出、越来越紧迫。 就老问题而言，我国自然地理和气候特征决定了水旱灾害将长期存在，但水利工程体系仍存在一些突出问题和薄弱环节，必须通过"水利工程补短板"进一步提升水利工程能力。 就新问题而言，由于人们长期以来对经济规律、自然规律、生态规律认识不够，发展中没有充分考虑水资源、水生态、水环境的承载能力，造成水资源短缺、水生态损害、水环境污染的问题不断累积、日益突出，已成为常态问题，必须依靠"水利行业强监管"来调整人的行为，纠正人的错误行为，促进人与自然和谐发展。

黄河入海口湿地

从治水主要矛盾变化来看，我国社会主要矛盾已经转化为人民日益增长的美好生活需要和不平衡不充分的发展之间的矛盾，治水的主要矛盾也从人民对除水害兴水利的需求与水利工程能力不足之间的矛盾，转变为人民对水资源水生态水环境的需求与水利行业监管能力不足之间的矛盾。其中前一治水矛盾尚未根本解决并将长期存在，需要通过"水利工程补短板"，进一步提高除水害兴水利的能力，更好地保障人民群众生命安全；而后一治水矛盾已上升为主要矛盾和矛盾的主要方面，必须通过"水利行业强监管"，不断增强水资源、水生态、水环境承载力的刚性约束作用，更好地满足人民群众对优质水资源、健康水生态、宜居水环境的向往。

（二）准确把握新时代水利改革发展总基调的总体要求

准确领悟新时代水利改革发展总基调，就要深刻理解"从改变自然、征服自然转向调整人的行为、纠正人的错误行为"这一总纲，牢牢把握由此带来的治水对象、内容和手段的变化。

一是治水对象转变。在水旱灾害防治为主的阶段，水治理的对象主要是水，防止水多或水少对经济社会带来严重影响。随着水资源、水环境、水生态问题的日益突出，水治理的对象逐渐演变成规范和约束引发上述问题的个人、企事业单位等各类主体，治水对象发生了显著变化。

二是治水内容转变。在经济社会快速发展阶段，治水内容以征服自然、改造自然为主，通过不断完善水利基础设施，提高水资源开发利用强度和水旱灾害防治水平，以满足日益增长的用水和安全保障需求。随着经济社会发展与生态环境保护之间的矛盾日益凸显，治水内容要逐渐转向调整人的行为、纠正人的错误行为上来，加强对水资源开发利用活动的统筹协调和指导规范，加强对各类用水主体、涉水矛盾、突发事件等的社会化监管力度。

三是治水手段和方式转变。随着治水主要矛盾的转化，过去主要采取行政手段及水利工程措施的治水方式，对除水害兴水利仍是必要的、有效的，对补齐部分地区的水利发展短板仍有重要作用。但也需要清醒地认识到，日益突出的新水问题更多是人为原因造成的，需要根据人的行为产生、发展和相互转化的规律，对治水手段和方式作出相应调整，依靠法律和经济手段及价格、准入等措施进行严格监管，进而调整人的行为，纠正人的错误行为。

开展"水利工程补短板"，就是要坚持生态优先、聚焦短板、统筹规划、分类施策和两手发力的原则，加快补齐四个方面的短板。一是补齐防洪工程短板。贯彻落实中央关于提高我国自然灾害防治能力的重大决策部署，加强病险水库除险加固、中小河流治理和山洪灾害防治，推进大江大河河势控制，开展堤防加固、河道治理、控制性工程、蓄滞洪区等建设，完善城市防洪排涝基础设施，全面提升水旱灾害综合防治能力。二是补齐供水工程短板。大力推进城乡供水一体化、农村供水规模化标准化建设，尤其要把保障农村饮水安全作为脱贫攻坚的底线任务。按期完成大型和重点中型灌区配套改造任务，积极推进灌区现代化改造前期工作，加快补齐灌排设施短板。在满足节水优先的基础上开工一批重大节水供水工程，加快推进水系连通工程建设，提高水资源供给和配置能力。三是补齐生态修复工程短板。深入开展水土保持生态建设。加强重要生态保护区、水源涵养区、江河源头区生态保护。在总结试点经验基础上推进水生态文明城市建设，打好城市黑臭水体攻坚战。推进小水电绿色改造，修复河流生态。逐步恢复北方河流基本形态和行洪功能，扩大河湖生态空间。综合采取"一减""一增"措施，大力实施华北地区地下水超采区综合治理，示范推动全国地下水超采治理工作。四是补齐信息化工程短板。聚焦防汛抗旱、水工程建设运行、水资源开发利用等信息化业务需求，加强水文监测站网、水资源监控管理系统、水库大坝安全监测监督平台、山洪灾害监测预警系统、水利信息网络安全建设，推动建立水利遥感和视频综合监测网，提升监测、监视、监控覆盖率和

甘肃省庄浪县永宁梯田

精准度，增强水利信息感知、分析、处理和智慧应用能力，以水利信息化驱动水利现代化。

推进"水利行业强监管"，就是要坚持问题导向，以整改为目标，以问责为抓手，重点从法制、体制、机制入手，建立一套务实高效管用的监管体系，强化六个方面的监管。一是江河湖泊监管。推进河长制湖长制从"有名"向"有实"转变，全面监管"盛水的盆"和"盆里的水"。二是水资源监管。落实节水优先方针，按照以水定需原则，体现水资源管理"最严格"要求，全面监管水资源的节约、开发、利用、保护、配置、调度等各环节。三是水利工程监管。既抓好水利工程建设进度、质量、安全生产监管，又强化对工程安全规范运行的监管。四是水土保持监管。全面监管水土流失状况特别是生产建设活动造成的人为水土流失情况，有效遏制人为水土流失。五是水利资金监管。以资金流向为主线，实现对水利资金分配、拨付、使用的全过程监管。六是政务行为监管。将党中央、国务院重大决策部署，水利改革发展重点任务的落实情况等，全面纳入监管范围。

（三）切实推进水利工程补短板和水利行业强监管

"水利工程补短板"和"水利行业强监管"是解决新老水问题的"两翼"，二者相互联系，相互支撑，相互补充。各部门、各领域工作都要聚焦聚力总基调，按照总基调来调整思路、安排工作。坚持问题导向，标本兼治，既着眼于纠正人的错误行为治标，又着眼于调整人的行为治本，上下一心、共同努力，为全面建成小康社会提供坚实水利保障。

科学推进水利工程补短板工作。水利工程补短板事关水利改革发展全局，能否做好补短板工作，关键是要用"辩证法"客观看待短板，用"矛盾论"深入分析短板，用系统的"方法论"科学补齐短板。各地水利发展水平、水资源禀赋均大不相同，其所处的经济社会发展阶段和面临的水利需求也有所差异，找出的短板也会千差万别，要找出"最短的那块板"，抓住"牛鼻子"，认真分析成因，找准"病根子"，结合实际开出本地特色的"药方子"。"补短板"是一项系统工程，各地短板成因具有综合性，涉及各种复杂的利益关系调整，牵涉面广。许多短板仅仅依靠工程措施难以补齐补全，需要以系统思维综合运用多种方法予以解决。"冰冻三尺非一日之寒"，短板之所以成为短板，大多是长期积累而形成的，对于水利工程补短板要做好打持久战的准备，发扬钉钉子精神，一项接着一项补，一年接着一年补，一任接着一任补。水利改革发展中的"短板"与"长板"在一定的历史条件下是可以相互转化的。"补短板"是破难与解题，"促长板"是扬长与创新，两者相互影响、相互渗透、相互制约。只有认清本地的"长"和"短"、"长"中之"短"、"短"中之"长"，长短相促，才能把长板做优做强，把短板补齐补全，提高水利整体发展水平。

创新探索水利行业强监管工作。水利行业强监管是新形势新任务赋予水利工作的一项崭新命题，是新时代水利改革发展的主调，只有勇于创新探索，才能闯出一条适合新时代要求、有效解决新老水问题的新路子。

牢牢把握好水利改革发展的主调，既要为用水主体创造良好环境，又要有效监管用水行为和结果；既要致力于完善用水和工程建设信用体系，又要重视对其监管体系的建设，维护合理高效用水和公平竞争秩序；既要建立并严格执行规范的监管制度，又要不断开拓创新，改革发展新的监管方式和措施；既要实施水利行业从上到下的政府监管，又要充分发挥公众参与和监督作用。

建立健全水利行业强监管的标准规范。建立全方位的监管体系，首要的是制订出一整套调整人的行为、纠正人的错误行为的标准规范。要健全涉水行为标准规范，根据流域、区域自然条件及经济社会发展状况，突出水资源水环境承载力的约束，建立和完善取用水、节水、水域岸线利用等标准规范体系。要加快完善水法律法规体系，将非法采砂、破坏水域岸线、严重破坏水资源等行为纳入刑法约束，针对各类违法行为要形成足够的震慑力。

全面强化水利行业监管责任。强监管的本质是强化责任落实。按照江河湖泊、水资源、水利工程、水土保持、水利资金、行政事业工作等领域的监管要求，以问题为导向，以整改为目标，以问责为抓手，从国家到地方，从水利部机关到流域机构、部直属单位，建立起一套政府积极作为、水利上下互动、行业内外互馈、社会公共参与、考核问责高效的监督管理机制。

创新水利行业强监管的手段方式。完善河湖日常巡查制度，完善对取用水、河道管理、入河排污、水土保持等涉水事项的联合执法检查机制，健全行政执法与刑事司法衔接机制，加强高科技监控技术运用和信息共享及资源整合，合理运用执法、飞检、暗访、督查等多种手段和方式，全面加强行业监管。建立水利督察制度，加强对重点事项的督办力度。强化群众举报和反馈机制以及第三方评估机制，充分发挥社会监督作用。

站在新的历史起点，我们将更加紧密地团结在以习近平同志为核心的党中央周围，以习近平新时代中国特色社会主义思想为指引，紧紧围绕"两个一百年"奋斗目标，弘扬"忠诚、干净、担当，科学、求实、创新"的新时代水利精神，全力推进"水利工程补短板、水利行业强监管"，加快完善水旱灾害防御体系、水资源配置体系、水资源保护和河湖健康保障体系、水利行业监管体系，把治水兴水这一造福中华民族的千秋伟业抓实办好。

撰稿人：李　洁　胡　邈　骆秧秧　王浩宇　刘义勇　洪安娜
审稿人：耿六成　李晓琳

以规划为引领　以改革为动力
国家水安全保障能力显著提升

水利部规划计划司

我国水资源短缺、时空分布不均、水旱灾害频发，兴水利除水害历来是治国安邦的大事。水利规划是兴水利除水害，推动水利改革发展的顶层设计，一直以来受到党和国家的高度重视。1954年，周恩来总理在第一届全国人大一次会议上的政府工作报告中就指出"今后必须积极从流域规划入手，采取治标治本相结合、防洪排涝并重的方针"，从国家角度强调了水利规划的地位和作用。1988年颁布的《中华人民共和国水法》明确，开发利用水资源和防治水灾害应当全面规划，第一次以法律形式确定了水利规划的地位。70年来，根据国民经济和社会发展需求，国家有计划地开展了一系列水利规划，基本形成了以全国水资源综合规划、七大流域综合规划、七大流域防洪规划为基础，全国规划、流域规划、区域规划"三级"与综合规划、专业规划"两类"相结合的水利规划体系，水利规划的法律地位、指导和约束作用不断增强，为水利改革发展、保障国家水安全提供了坚实的规划依据。70年来，为适应经济社会发展和政府职能转变的需要，水利投融资体制改革、水利工程管理体制改革等水利重点领域改革不断深化，为水利发展提供了强大的内生动力。经过70年的建设，我国逐步建成了世界上规模最为宏大的水利基础设施体系，为经济发展、社会进步、人民生活改善和社会主义现代化建设提供了重要支撑。据中国工程院研究成果，目前，我国防洪能力和供水保障能力均已升级到较安全水平，在发展中国家中相对靠前。

一、洪涝灾害防御体系基本完善，七大江河干流基本具备防御新中国成立以来最大洪水的能力

洪涝灾害历来是中华民族的心腹大患。新中国成立之初，我国水利基础设施十分薄弱，大多数江河处于无控制或控制程度很低的自然状态，洪涝灾害频发，给中华民族带来沉重灾难，对经济社会发展和人民生命财产安全造成严重损失。新中国成立以来，国家高度重视洪涝灾害防治工作，历次大江大河流域综合规划均把防洪作为首要任务，把防洪工程布局和非工程措施作为江河治理开发的重要组成部分。特别是1998年发生在长江、松花江流域的大洪水，暴露出我国大江大河防洪工程体系不完善，非工程措施建设力度不够等问题。水利部组织编制并经国务院批复实施了七大流域防洪规划，进一步明确了大江大河防洪标准、总体布局和目标任务。

70年来，以历次规划为指导，各地防洪体系建设按照总体部署有序进行，七大江河流域基本建成以堤防、控制性枢纽、蓄滞洪区为骨干的防洪工程体系。截至2018年底，全国5级以上堤防达到31.2万公里，是新中国成立之初的7倍

多；各类水库从新中国成立前的 1200 多座增加到近 10 万座，总库容从约 200 亿立方米增加到近 9000 亿立方米，大中型水库防洪库容达到 1681 亿立方米；建成蓄滞洪区 98 个，蓄洪容积达 1075 亿立方米；各类水文测站从 353 处增长到 12.1 万处，站网密度达到中等发达国家水平，基本形成覆盖大江大河、有防洪任务的 5000 余条中小河流、大中型和重点小型水库的水文监测站网和预警预报体系。七大江河干流基本具备防御新中国成立以来最大洪水的能力，中小河流暴雨洪水防御能力显著提升。

开封黑岗口险工控导工程

据统计，我国洪涝灾害年均死亡人数从 20 世纪 50 年代的 8500 多人降至 2012 年以来的 500 人以下，其中 2018 年因灾死亡人数 187 人，为新中国成立以来最低的一年。 特别是大江大河的防洪减灾取得了举世瞩目的成就。 例如，在黄河防洪减灾方面，随着治黄的探索和实践，对黄河洪水规律的认识不断深化，体现在历次黄河流域综合规划和防洪规划中的治理方略也不断变化和调整。 由 20 世纪 50 年代的全河实行"蓄水拦沙"，下游实行"宽河固堤、束水攻沙"，发展到六七十年代的"上拦下排、两岸分滞"，80 年代后又逐步增加了"拦、排、放、调、挖"的泥沙综合处理措施。 进入 21 世纪后，随着黄河水沙情势变化，提出了由"上拦下排、两岸分滞"控制洪水向"控制、利用、塑造"综合管理洪水转变。 在规划引领下，经过 70 年的建设，基本形成了以干支流水库、河防工程、蓄滞洪工程为主体的防洪工程体系，以及较为完善的水文测报、洪水调度等非工程体系，先后战胜了花园口 1958 年 22300 立方米每秒、1982 年 15300 立方米每秒等 12 次超过 10000 立方米每秒流量级的大洪水，彻底扭转了历史上黄河下游频繁决口改道的险恶局面。 在长江防洪减灾方面，以历次规划为指导，经过多年建设，初步建成了由堤防、蓄滞洪区、干支流水库、河道整治工程等组成的防洪工程体系。特别是长江三峡水利枢纽建成后，防洪形势最严峻的荆江河段防洪标准由十年一遇提高到了百年一遇。2010年、2012年长江流域发生最大洪峰超1998年的洪水，通过联合调度三峡水利枢纽等水库群拦洪削峰错峰，大大降低了长江中下游防洪压力，没有出现1998年防汛抗洪中几百万人上堤抢险的情况。

二、水利抗旱能力显著提升，中等干旱年份基本可保障城乡供水安全

干旱是影响我国经济社会发展的主要自然灾害之一。新中国成立后，国家高度重视农业灌溉和城乡供水等抗旱工作，相继编制实施了《全国大型灌区续建配套与节水改造规划》《全国城市饮用水水源地安全保障规划》。2009年国家出台《中华人民共和国抗旱条例》后，水利部组织编制并经国务院批准实施了《全国抗旱规划》，确立了以抗旱应急备用水源工程体系、旱情监测预警和抗旱指挥调度系统、抗旱管理服务体系为主要内容的全国抗旱减灾体系。

70年来，我国先后建设完善了安徽淠史杭、内蒙古河套、山东位山、宁夏青铜峡等一批大型灌区，实施了大型灌区续建配套与节水改造、大型灌排泵站更新改造、规模化高效节水灌溉；开展了农村饮水安全工程、城镇备用水源工程、抗旱水源工程建设，逐步形成较为完善的抗旱工程体系，中等干旱年份基本可保障城乡供水安全，旧中国每逢大旱"赤地千里、饿殍遍野"的悲剧一去不返。截至2018年底，我国已建成万亩以上灌区7881处，耕地灌溉面积由新中国成立之初的2.4亿亩增长到10.2亿亩，其中高效节水灌溉面积达到3.18亿亩，农田灌溉水有效利用系数从0.35提高到0.554，支撑全国粮食总产量由2260亿斤增加到1.3万亿斤左右，在约占全国耕地面积50%的灌溉面积上，生产了占全国总量75%的粮食和90%的经济作物，农业生产从"靠天吃饭"变成"旱涝保收"，为全国乃至世界粮食安全作出突出贡献；建成农村供水工程1100多万处，全国农村集中供水率达到86%，自来水普及率达到81%，部分地区实现了城乡供水一体化，基本解决了我国农村饮水困难的问题；全国建制城市中有255个建有各类应急备用水源518处，应急日供水能力达到4000万立方米。

据统计，近5年全国因干旱受灾面积年均1.6亿亩、损失粮食1753万吨，与本世纪初相比，受灾面积减少55%、损失粮食减少45%，干旱灾害损失率从本世纪初"十五"期间的0.61%降低到近5年的0.11%。

三、水土保持成效显著，重点区域生态环境明显改善

水土资源是重要的自然资源，是人类赖以生存和发展的基础性资源。我国是世界上水土流失最为严重的国家之一，水土流失面积大、分布广、治理难，严重威胁着我国的生态安全、粮食安全和防洪安全，是制约经济社会可持续发展的重要因素之一。新中国成立后，国家高度重视水土保持工作，开展了一系列水土保持规划编制和水土流失治理工作，长江、黄河、淮河等流域水土保持规划从新中国成立初期开始就作为重要内容纳入流域综合规划，因地制宜提出水土保持工程布局和措施。1982年颁布的《水土保持工作条例》、1991年实施的《水土保持法》，均把"全面规划"作为水土保持的主要方针之一，明确了水土保持规划的法律地位，为开展水土保持工作提供了法律依据，对预防和治理水土流失发挥了重要作用。党的十八大以来，水利部深入贯彻落实习近平生态文明思想和国家生态文明建设总体要求，编制了《全国水土保持规划（2015—2030年）》，并经国务院批复实施，确立了我国水土保持的总体方略和区域布局。

山西永和县综合治理小流域

70年来，国家先后启动实施了黄河中上游、长江上中游、京津风沙源、东北黑土区、岩溶地区石漠化治理等一批国家水土流失重点防治工程，大力推进坡耕地整治、清洁小流域治理，水土流失强度明显下降，水土流失严重的状况得到全面遏制，水土流失面积实现了由"增"到"减"，强度由"高"到"低"的历史性转变。特别是党的十八大以来，水土保持工作力度进一步加大，2013—2018年，年均用于水土保持及水生态方面的投资与本世纪前十年相比大幅度增加，年均净增水土流失治理面积4.8万平方公里，是本世纪前十年年均治理面积的近2倍、20世纪八九十年代的近3倍。

据统计，截至2018年底全国累计治理水土流失面积131万平方公里，全国水土流失面积由1985年的367万平方公里减少到2018年的274万平方公里，减幅超过1/4，占国土面积的比例由38.2%下降到28.6%。特别是水土流失严重区域治理成效更加明显，与本世纪初相比，中度及以上水土流失面积减少88万

平方公里，减幅达到 45.5%。例如，黄土高原地区，通过实施淤地坝建设、坡耕地整治、小流域综合治理等人工拦泥措施，以及退耕还林还草、封山绿化增强植被自我修复能力等非工程措施，初步治理水土流失面积约 22 万平方公里，建设梯田 5.5 万平方公里，建成淤地坝 5.9 万多座，植被覆盖率由 1999 年的 32% 提高到 2018 年的 63%，年均减少入黄泥沙 4.35 亿吨，区域生态环境总体改善，黄土高原迈进山川秀美的新时代。20 世纪 80 年代，福建长汀县全县水土流失面积占比高达 30% 以上，是我国南方红壤区水土流失最严重的区域之一。进入 21 世纪以来，经过 10 多年的水土保持建设，全县森林覆盖率达到近 80%，水土流失率大幅下降，实现从"火焰山"向"花果山"的嬗变，成为"绿水青山就是金山银山"理论的忠诚实践者。

四、水资源配置格局不断完善，区域均衡发展水资源保障能力持续增强

水资源是基础性的自然资源和战略性的经济资源，是生态和环境的控制性要素。受气候、地形条件等因素影响，我国水资源地区分布很不均匀，总的趋势是从东南沿海向西北内陆递减，呈现南方水多、北方水少的基本状态。水资源与社会生产力布局不相匹配，是制约我国经济社会可持续发展的突出瓶颈。1952 年，毛泽东同志提出"南方水多，北方水少，如有可能，借点水来也是可以的"宏伟设想，由此拉开了我国跨流域调水的序幕。从七大江河流域综合规划来看，无一例外都为调水工程留有重要的一席之地。2010 年编制的全国水资源综合利用规划，拟定了全国水资源总体配置方案，从全国、流域、区域层面对水资源配置进行了系统谋划，确定了跨流域、跨区域重大水资源配置工程布局，为今后工程建设提供了规划依据。

70 年来，我国先后建成了一批跨流域调水和区域水资源配置工程。南水北调工程从构想变成现实，初步形成"南北调配、东西互济"的水资源配置总体格局。除此之外，还相继建成淮水北调、牛栏江-滇池补水、辽宁大伙房输水、甘肃引洮一期、青海引大济湟等一批区域性引调水工程，以及四川亭子口、贵州黔中等重点水源工程，为国民经济和社会区域均衡发展提供了坚实的水资源保障。

五、水力发电事业蓬勃发展，为经济社会发展提供不竭清洁能源

作为国际公认的清洁可再生能源，水电开发历来被世界各国所重视，也是我

国国家能源战略的重要组成部分。 我国地形西高东低，高差悬殊、河流落差巨大，决定了我国水能资源蕴藏量极其丰富。 据计算，我国水能资源理论蕴藏量达6.8亿千瓦，居世界第一位。 新中国成立之初，为尽快恢复生产，振兴国民经济，缓解能源紧张局面，国家大力发展水电事业。 20世纪50年代编制的长江、黄河等流域综合规划都对流域水能资源开发和水电站梯级布局进行了论证。1954年编制的《黄河流域综合利用规划技术经济报告》就提出了黄河干流44座电站的梯级开发规划；1959年编制的《长江流域综合利用规划要点报告》也提出了长江干支流70座电站的梯级开发规划，对流域水能资源开发起到了很好的指导作用。

70年来，在流域综合规划引导下，我国水能资源开发有序进行，水电从无到有、从弱到强，先后建成新安江、三峡、溪洛渡等一批大型水电站和数以万计的农村小水电，实现了从跟跑到并跑、再到领跑世界的跨越式发展。 截至2018年底，我国水电装机容量约3.5亿千瓦，年发电量1.2万亿千瓦时，分别占全球总量的27%和28%，双双位居世界第一，水电发电量占全国总发电量的15.8%。2018年我国已建农村小水电达到4.6万座，总装机容量8044万千瓦时，年发电量2346亿千瓦时，是三峡电站年发电量的2倍多。 水电在优化国家能源结构、促进节能减排和生态文明建设、服务脱贫攻坚等方面的综合效益持续显现。

中国特色社会主义进入新时代，水利事业发展进入了新时代，治水主要矛盾发生了深刻变化。 面对新老水问题，必须坚持以习近平新时代中国特色社会主义思想为指引，牢固树立新发展理念，按照"节水优先、空间均衡、系统治理、两手发力"的治水思路，积极落实"水利工程补短板、水利行业强监管"的水利改革发展总基调。 下一步，水利规划计划工作将结合水安全保障"十四五"规划编制，统筹谋划水灾害防治、水资源管理、水生态保护和水环境治理，不断强化规划引领和约束作用，加快补齐水利工程短板，强化涉水事务监管。 同时，聚焦健全体制机制、调整利益关系、完善水利相关法律法规制度等，深入推进水利重点领域改革，进一步增强规划实施内生动力，为推动水利高质量发展，保障国家水安全打下更加坚实的基础。

撰稿人：石春先

完善水法规体系　强化水行政执法
全面提升依法治水管水能力

水利部政策法规司

新中国成立 70 年来，党和政府高度重视国家法治建设。改革开放以来，坚持依法治国基本方略和依法执政基本方式，国家法治建设取得重大进展。党的十八大以来，以习近平同志为核心的党中央把全面依法治国作为坚持和发展中国特色社会主义的本质要求和重要保障，提出了建设中国特色社会主义法治体系、建设社会主义法治国家的总目标，确立了"科学立法、严格执法、公正司法、全民守法"的新十六字方针，推动国家法治建设取得历史性成就。伴随国家法治建设进程，70 年来水利法治建设取得了全面进步，实现了历史性跨越，依法治水管水进入了新时代。

一、水法规制度体系更加完善

法律是治水之重器，良法是善治之前提。新中国成立后，水利立法从顺应根治水害、兴修水利起步破题，到有效破解水旱灾害、水资源短缺、水生态损害、水环境污染，保障国家水安全拓展延伸。1954 年，我国第一部《宪法》明确规定：水流属于国家所有；国家保障水资源的合理利用，禁止任何组织或者个人用任何手段侵占或者破坏水资源。改革开放以来，我国水利立法在注重质量的同时，加快了立法步伐。从 1978 年开始，经过十年不懈努力，1988 年 1 月 21 日，第六届全国人大常委会第二十四次会议审议通过了《中华人民共和国水法》（以下简称《水法》），新中国第一部全面规范水事活动基本法的颁布实施，是我国水利法治建设的里程碑，标志着水利事业进入了依法治水的新时期。

2002 年 8 月 29 日，《水法》经第九届全国人大常委会第二十九次会议修订通过，确立了人与自然和谐相处的治水理念，强化了水资源统一管理，突出了水资源的配置、节约、管理和保护的制度建设。新《水法》的颁布实施，是我国水利法治建设史上又一次新飞跃。为全面贯彻实施《水法》，水利部制定并四次修订《水法规体系总体规划》，不断完善了水法规体系建设的思路、重点和路径，强化顶层设计和规划指导作用，并将水法规体系建设作为中国特色社会主义法律体系的重要组成部分加快推进落实。

党的十八大以来，水利立法坚持以习近平总书记全面依法治国新理念新思想新战略为指导，顺应社会主要矛盾、治水主要矛盾、水利改革发展形势和任务的变化，紧紧围绕实施党和国家重大发展战略，紧紧围绕践行"节水优先、空间均衡、系统治理、两手发力"治水思路，紧紧围绕落实"水利工程补短板、水利行业强监管"的水利改革发展总基调，以提高立法质量和效率为关键，积极开展综合性、战略性水法规制度前期研究，加大立法调研和协调工作力度，立改废释并举，完善流域综合管理、重大调水工程供用水管理、重大水利枢纽工程安全保卫、农田水利建设管理、水土保持等相关水法规,加快推进长江保护、节约用水、地下水管理、河湖管理、河道采砂、流域水量调度、农村饮水安全等水法规立法进程,制修定部门规章和规范性文件,将全面依法治国部署要求贯彻到水利改革发展的全过程各方面。

四部水法律

目前,我国已经建立了以《水法》为核心较为完备的水法规制度体系,涵盖了水资源开发利用与保护、水域管理与保护、水土保持、水旱灾害防御、工程管理与保护、执法监督管理等方面,主要包括《水法》《防洪法》《水土保持法》《水污染防治法》四部水法律,《河道管理条例》《防汛条例》《长江河道采砂管理条例》《取水许可和水资源费征收管理条例》《南水北调工程供用水管理条例》《大中型水利水电工程建设征地补偿和移民安置条例》《农田水利条例》等 24 件行政法规,《水行政处罚实施办法》《建设项目水资源论证管理办法》《水行政许可实施办法》等 53 件部门规章,各地共出台地方性法规和政府规章 900 余件,为全面依法治水管水奠定了坚实的制度基础。

二、水行政执法更加严格规范公正文明

法律的生命力在于实施,法律的权威也在于实施。 新中国成立以来,在党中央国务院的坚强领导下,水行政执法从无到有、从点到面、从单一到综合、从零散到规范,在不平凡的历程中取得了显著成绩。

1978 年,党的十一届三中全会开启了改革开放和社会主义现代化的伟大征程,特别是提出了健全社会主义法制的任务,确立了"有法可依、有法必依、执法必严、违法必究"的十六字方针,开辟水行政执法工作新天地。 1988 年《水法》颁布后,水利部适应行政执法从注重实体法、注重程序法、系统性执法到全面依法治国的发展需求,以全面正确履行水行政许可、水行政征收、水行政检查、水行政处罚、水行政强制等法定执法职权为目标,部署开展了水行政执法体系建设。 1989 年 6 月 24 日,水利部专门下发《关于建立水利执法体系的通知》,从执法队伍建设入手,开展水行政执法工作。 经试点示范引领、全面复制推广,到 1992 年全国水行政执法体系基本建成。 1995 年 12 月,水利部在总结江苏省建立专职水政监察队伍经验的基础上,在全国水利系统部署开展了水政监

察规范化建设，2000 年以来持续推进了水行政执法能力建设，以执法队伍建设和执法能力建设保障执法工作落实到位。

党的十八大以来，水行政执法坚持全面依法治国基本方略，紧紧围绕党中央国务院关于深入推进依法行政、加快建设法治政府的部署要求，严格规范公正文明执法。

誓言

执法舰艇编队

一是创新健全水行政执法体制机制。按照原则上一个部门只能有一支执法队伍的要求，加强水利综合执法，实现执法重心下移，目前全国已成立水政监察队伍 3500 余支，专兼职水政监察人员近 6 万人，形成了流域、省、市、县四级执法网络。依托河长制湖长制平台综合协调优势，探索推广区域与区域、流域与区域、水利部门与相关部门联合开展河湖执法的机制。积极探索推行立体执法，实现从岸上（水保监管）到水体（水资源监管）再到水底（河道采砂监管）、从审批（许可监管）到建设（建设市场和项目监管）再到运管（工程和设施保护监管）的全覆盖。

二是健全执法制度和责任。全面落实执法人员持证上岗和资格管理制度，全面推行水行政执法公示制度、全过程记录制度、重大执法决定法制审核制度和行政执法责任制，强化执法监督，水行政执法规范化和效能显著提高，年均查处水事案件 3 万多起，有效促进了法律制度的实施。

三是推进执法信息化。积极推行"互联网＋水政执法"，运用卫星遥感监测、无人机航拍、视频监控等信息技术，查处违法水事案件的比例超过 70％。

四是严格公正执法。加大水行政执法力度，结合河湖执法、河湖"清四乱"、长江干流岸线保护和利用等专项整治活动，对挑战水法规权威、挑衅水事秩序、侵犯人民群众利益等违法犯罪行为，坚决依法予以惩治。将平等保护贯彻到执法全过程各环节,对滥用强制措施、搞选择性执法、"放弃"执法的,严肃追责问责。

三、依法行政能力和水平进一步提升

依法行政是依法治国在行政领域的具体体现,是法治政府的基本要求。 自1993年3月政府工作报告中首次提出"各级政府都要依法行政,严格依法办事"的要求后,特别是党的十八大以来,各级水利部门坚持依宪行政、依法行政、简政放权,恪守法定职责必须为、法无授权不可为,全面梳理水行政职权,将治水管水活动全面纳入法治轨道,运用法律和制度规范行政职能,解决越位、缺位、错位等问题。 职能科学、权责法定、执法严明、公开公正、廉洁高效、守法诚信的水行政管理体制逐步建立,政府职能实现重大转变。

一是实行科学民主依法决策。 强化党政主要负责人履行法治建设责任考核,健全水法治建设成效考评奖惩机制,推动落实法治政府建设任务。 健全公众参与、专家论证、风险评估、合法性审查、集体讨论决定等重大决策法定程序,行政决策科学化、民主化、法治化水平显著提高。 坚持以公开为常态、不公开为例外,实行政务决策、执行、管理、服务、结果"五公开"。 强化对权力运行的制约,自觉接受人大监督、民主监督、监察监督、司法监督、审计监督、舆论监督和群众监督,加强反腐倡廉工作。

二是水事矛盾纠纷防范化解机制不断健全。 增强风险防范意识,落实水事矛盾纠纷调处责任制,完善属地为主、条块结合,政府负责、部门配合的工作机制。 加强不同行政区域边界断面的水文监测和跨行政区域河流的水量分配,严格执行水工程建设规划同意书审核、不同行政区域边界水工程批准和河道工程建设项目审批。 完善水事矛盾纠纷排查化解制度和应急预案,年均调处水事纠纷2725起,依法有效维护水事稳定。

三是行政复议行政诉讼妥善办理。 针对行政复议与应诉案件增长较快、信息公开类案件居高不下的状况,明确解决涉水行政争议责任,认真贯彻落实《行政复议法》《行政诉讼法》等法律法规和最高人民法院有关司法解释,办理行政复议、行政应诉案件的能力和质量明显提高。 一批违法、不当的行政行为及其依据的规范性文件得到纠正,有力维护了行政相对人的合法权益。 行政规范性文件、法律文书的合法性审查和公平竞争审查全面开展。

四是水利"放管服"改革持续推进。 党的十八大以来,水利部行政审批事项由48项减至16项,减少66.7%,做到"应放尽放";取消行政审批中介服务事项10项,减少91%;11项职业资格已分批取消了8项,减少73%。 取消中央指定地方实施的行政审批事项 12 项，将 5 项许可事项纳入"证照分离"改革，各类变相审批和许可得到有效防范。 加强事中事后监管，创新监管方式，推行"双随机、一公开"监管和"互联网＋监管"，做到该管的管好管到位。 对保留的行政审批事项，围绕"一网""一门""一次"办理，统一和优化审批流程，减环节、减材料、压时限，取消没有法律法规设定依据的证明，企业和群众办事便利度、满意度明显提高。

四、全社会尊崇和遵守水法规氛围更加浓厚

全民守法是全面推进依法治国的基础工程，是依法治水管水的关键环节。自 1986 年以来，各级水利部门圆满完成了六个五年普法任务，正在落实第七个五年普法规划明确的各项任务。 水利部建立普法工作联席会议机制，完善普法工作机制，制订实施普法规划及年度计划，组织开展水利法治宣传教育活动，切实落实各项普法措施，保障了普法任务的全面完成，全社会尊崇水法规、学习水法规、遵守水法规、运用水法规的良好氛围基本形成，营造了更加有利于贯彻落实水利改革发展总基调的法治环境。

长白山天池北景区

一是深入开展学习宣传和贯彻实施宪法。把习近平总书记关于全面依法治国重要论述、宪法法律和涉水法规列入水利部党组中心组的重要学习内容，纳入水利部年度干部教育培训计划，制定实施《水利部关于深入学习宣传和贯彻实施〈中华人民共和国宪法〉的意见》。组织开展"12·4"国家宪法日和"宪法宣传周"活动，举办知识竞赛、举行宣誓仪式、组织专题讲座等，全国水利系统尊崇宪法、学习宪法、遵守宪法、维护宪法、运用宪法的意识不断增强。

二是扎实开展纪念"世界水日""中国水周"集中宣传活动。20多年如一日，"世界水日""中国水周"已经成为我国水利公益性宣传和水利法治宣传的最重要阵地之一。

三是以提高领导干部这个"关键少数"的法治思维与依法行政能力水平为目标，连续四年举办全国水利系统司局级领导干部法治专题培训班，部机关、流域机构及省级水利部门司局级领导干部参训，效果良好。面向水利行业基层，围绕水政监察队伍、水行政执法统计等专题开展各类培训班，加大了相应的法律专业知识课程比重。制播水利普法课件，通过"全国党员干部现代远程教育平台"中的"民生水利"栏目，开展水法治宣传教育。

四是落实"谁执法谁普法"，制定水利部普法责任清单。2017年9月。水利部办公厅印发《关于实行水利系统"谁执法谁普法"普法责任制实施意见的通知》，要求各级水行政主管部门认真实行"谁执法谁普法"普法责任制，把任务和职责层层分解，压实责任，促进水法治宣传融入水法治实践，推进全面依法治水管水。

五是注重水法治文化建设。围绕增强水利普法的针对性和吸引力，鼓励和指导各地因地制宜开展水法治文化建设，以沿河、沿湖为特色的水法治文化宣传体系逐步建立，沿水系建设的宣传水法规的法治文化长廊、法治文化主题公园、法治文化主题广场等已成为周边群众休闲娱乐的重要场所和普法阵地，逐步实现"宣传方式多样化、宣传内容具体化、宣传力度最大化、宣传效果最佳化"。

五、70年水利法治建设经验

我国70年来水利法治建设成就巨大，其生动的实践、丰富的经验、规律性的认识值得认真总结并长期坚持。

一是坚持党的领导。坚持以党的政治建设为统领，牢固树立"四个意识"，坚定"四个自信"，坚决做到"两个维护"，坚持以习近平新时代中国特色社会主义思想及治水重要论述和全面依法治国新理念新思想新战略为指引，确保党的治水主张通过法定程序成为国家意志，确保党的治水方针政策和决策部署得到全面

贯彻和有效执行。

二是坚持以人民为中心。 恪守以民为本、法治为民理念，以解决好人民群众关心的水问题为依法治水管水的出发点和落脚点，把体现人民利益、反映人民愿望、维护人民权益、增进人民福祉落实到依法治水管水全过程和各方面。

三是坚持问题导向。 坚持从我国国情和存在的水资源短缺、水生态损害、水环境污染、水灾害四大新老水问题出发，把落实依法治国基本方略和建设法治政府的目标同水利改革发展要求有机结合，善于运用法治思维和法治方式发现并解决水利改革发展中的矛盾与问题，确保水法治建设更好适应水利工作新形势新要求新任务。

四是坚持改革与法治相衔接。 准确把握水利改革发展的历史方位，顺应治水主要矛盾的深刻变化，更新治水观念，转变治水思路，在法治下推进改革，以改革完善法治，使水利法治建设与水利改革发展协调同步，做到水利重大改革于法有据。 坚持水利"放管服"改革结合，创新健全机制与方式，全面强化水利行业监管。

五是坚持立法质量与效率并重。 坚持科学立法、民主立法、依法立法，完善立法机制和程序，创新公众参与水法规制度起草和制修订方式方法，确保立法符

黄河九曲（四川若尔盖唐克乡）

合宪法精神和上位法规定、立法程序符合法律法规要求，确保水法规制度能够遵循经济社会发展规律，增强针对性、系统性、操作性和有效性。

六是坚持严格执法与规范执法并举。严格依法履职，敢于动真碰硬，做到有法必须依、执法必严、违法必究。加强宪法、法律和涉水法规制度的宣传教育，深入推进执法规范化建设，全面推行水行政执法公示、全过程记录、重大执法决定法制审核等制度，公平公正维护公共利益、人民群众涉水权益和良好水事秩序。

治国必先治水。70年我国水法治建设的巨大成就和丰富实践弥足珍贵，不仅为维护国家水安全、促进经济社会可持续发展、保障和改善民生作出了重要的不可替代的贡献，而且积累了在国情特殊、水情特别、水资源条件极其复杂的发展中大国推进水利法治建设的宝贵经验，为实现中国特色水治理体系和治理能力现代化提供了坚实法治保障。

撰稿人：周　玉
审稿人：王爱国

强支撑　促改革　严监管
开启水利财务新征程

水利部财务司

新中国成立 70 年来，水利财务工作紧跟我国经济体制、财税改革步伐，不断总结创新，着力保障水利中心任务，全面服务水利事业发展，取得了显著成效。进入新时代，面对治水矛盾新变化，贯彻落实水利改革发展总基调，水利财务工作开启新征程。

一、水利财务工作的历史成就

在水利部党组的坚强领导下，各级水利财务部门认真贯彻落实党中央、国务院决策部署，锐意进取、扎实工作，在强支撑、促改革、严监管、保安全等方面取得实效。

（一）水利资金保障不断强化

1. 投资力度不断加大。新中国成立以来，党中央、国务院高度重视水利工作，持续加大水利投入，有力促进了水利事业蓬勃发展。与财政部联合印发了《关于中央财政统筹部分从土地出让收益中计提农田水利建设资金有关问题的通知》，解决了土地出让收益与农田水利建设需求不匹配的矛盾。2016 年以来，由各类中央财政水利专项资金整合形成的中央财政水利发展资金，重点支持灾后水利薄弱环节建设、农田水利建设、地下水超采区综合治理、水土保持工程建设等。

2. 投入机制日趋多元。水利投入由最初主要靠国家财政拨款，另有以工代赈、以粮代赈等方式，转为财政资金、银行贷款、利用外资、水利建设基金、吸引社会资本等多渠道、多层次、多形式的水利投资格局，地方探索创新水利投融资体制，采取收益权抵质押、PPP 等多种方式吸引社会资本投入水利。近年来，水利部与国家开发银行、中国农业发展银行、中国农业银行深入开展战略合作，加大金融信贷支持水利力度。联合人民银行、财政部等七部委发布了《关于进一步做好水利改革发展金融服务的意见》，协调中国农业发展银行出台了《水利建设中长期政策性贷款业务管理办法》《关于加强对水利建设政策性金融支持的意见》《关于专项过桥贷款支持重大水利工程建设的意见》，指导地方切实用好用足金融支持水利政策。

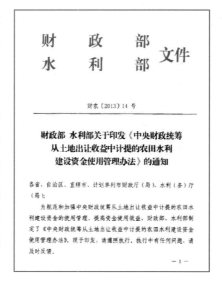

（二）水利价格税费改革不断深化

1. 水价改革取得新进展。 新中国成立以来，水利价格收费制度从无到有，从分散到统一，对促进节水和工程良性运行发挥了重要作用。 1965 年国务院批准颁布实施的《水利工程水费征收使用管理试行办法》，是新中国成立以来第一个全国统一的收费制度。 1985 年国务院批转水电部拟定的《水利工程水费核定、计收和管理办法》，首次提出了以供水成本为基础核定水费的征收标准。1988 年《水法》规定使用供水工程供应的水应当缴纳水费，水利工程供水进入依法收费新阶段。 2003 年以来，水利部与国家发展改革委联合发布《水利工程供水价格管理办法》《水利工程供水定价成本监审办法（试行）》，水利部出台《水利工程供水价格核算规范》，水价制度体系进一步完善。 进入 21 世纪以来，水利部协调国家发展改革委调整了黄河下游引黄渠首、岳城水库、引滦枢纽、漳河上游渠首、漳卫南拦河闸等一批中央直属水利工程供水价格，配合拟定了南水北调中线一期工程水价政策。 为充分运用价格杠杆挖掘农业节水潜力，在深入开展试点的基础上，2016 年，国务院办公厅印发《关于推进农业水价综合改革的意见》，为今后一个时期的农业水价改革提供了基本遵循。 农业水价综合改革的推进，在健全农业水价形成机制、促进水资源节约利用、保障农田水利工程良性运行等方面发挥了重要作用。

2. 费税改革取得新成效。 1988 年《水法》将水资源费纳入法律范畴，2006 年《取水许可和水资源费征收管理条例》和 2008 年《水资源费征收使用管理办法》颁布实施，进一步完善了水资源费征收使用管理制度。 2013 年，水利部协调国家发展改革委印发《关于水资源费征收标准有关问题的通知》，进一步规范水资源费征收使用。2014年，联合国家发展改革委印发《关于调整中央直属和跨省水力发电用水水资源费征收标准的通知》，调高了中央直属和跨省水力发电用水水资源费征收标准下限。为贯彻落实"两手发力"要求，更好发挥政府作用，按照党中央、国务院决策部署，2016年水利部与财政部、国家税务总局联合印发《水资源税改革试点暂行办法》，自2016年7月1日起在河北省实施水资源税改革试点；2017年联合印发《扩大水资源税改革试点实施办法》，新增北京、天津、山西、内蒙古、河南、山东、四川、陕西、宁夏等9个试点省份。水资源税改革试点工作进展顺利，节水压采作用明显。

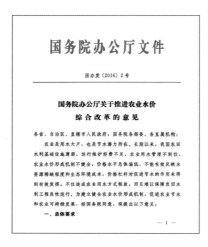

3. 水市场建设取得新突破。为深入贯彻落实党中央、国务院决策部署，特别是习近平总书记保障国家水安全重要讲话精神，充分运用市场机制优化水资源配置，水利部和北京市政府共同发起设立中国水权交易所。2016年6月28日，中国水权交易所正式成立运营，成为我国首个国家级水权交易平台，在水利改革发展中具有里程碑意义，是水资源管理和资源要素市场建设领域一项重大变革。中国水权交易所成立以来，着力完善水权交易系统，积极培育扩大市场规模，扎实推进区域间、行业间、用水户间的水权交易，促进了水权安全高效流转。截至2018年底，中国水权交易所累计促成交易92单，交易水量27.74亿立方米，充分发挥了国家级水权交易平台的示范引领作用。

4. 兴水惠民政策呈现新亮点。2014年，水利部与财政部、国家发展改革委、人民银行联合出台了《水土保持补偿费征收使用管理办法》，成为水生态补偿领域的第一个正式制度；与国家发展改革委、财政部联合出台了《水土保持补偿费收费标准》，进一步完善了水土保持补偿制度。2012年，协调财政部印发通知对农村饮水安全工程建设运营给予税收优惠，2016年和2019年两次延长税收优惠政策执行期限，为打赢水利农村饮水安全脱贫攻坚战提供了有力支持。

清理整顿各类交易场所部际联席会议

清整联发〔2015〕1号

关于设立中国水权交易所相关事宜的复函

北京市人民政府：

《北京市人民政府关于对设立中国水权交易所股份有限公司有关事宜征求意见的函》（京政函〔2015〕161号）收悉。经清理整顿各类交易场所部际联席会议（以下简称部际联席会议）相关成员单位研究，现提出如下意见：

一、对贵市设立水权交易所并在名称中使用"交易所"字样无不同意见，请贵市按照规定履行对该交易所的批准程序，并对该交易所加强监管，确保其设立和运营符合《国务院关于清理整顿各类交易场所切实防范金融风险的决定》（国发〔2011〕38号）和《国务院办公厅关于清理整顿各类交易场所的实施意见》（国办发〔2012〕37号）的规定。

—1—

加急

财　政　部
国家发展改革委　　文件
水　利　部
中国人民银行

财综〔2014〕8号

财政部 国家发展改革委 水利部 中国人民银行
关于印发《水土保持补偿费征收使用
管理办法》的通知

各省、自治区、直辖市财政厅（局）、发展改革委、物价局、水利（水务）厅局，中国人民银行上海总部、各分行、营业管理部、省会（首府）城市中心支行，大连、青岛、宁波、厦门、深圳中心支行：

为了规范水土保持补偿费征收使用管理，促进水土流失预防

—1—

财　政　部
国家税务总局　文件

财税〔2016〕19号

财政部 国家税务总局关于继续实行农村饮水
安全工程建设运营税收优惠政策的通知

各省、自治区、直辖市、计划单列市财政厅（局）、国家税务局、地方税务局，新疆生产建设兵团财务局：

为支持农村饮水安全工程（以下简称饮水工程）巩固提升，经国务院批准，继续对饮水工程的建设、运营给予税收优惠。现将有关政策通知如下：

一、对饮水工程运营管理单位为建设饮水工程而承受土地使用权，免征契税。

二、对饮水工程运营管理单位为建设饮水工程取得土地使用

—1—

（三）水利预算管理机制不断完善

1. 预算管理机制加快健全。 与国家预算管理发展历程相一致，水利事业费管理体制在新中国成立初期到1980年以前，实行"统收统支""收支两条线"，党的十一届三中全会后，实行中央和地方分灶吃饭、包干使用，中央只掌握特大防汛费、特大抗旱费。 国家推行以部门预算为核心的财政体制改革，2000年实现了水利部门一本预算，2004年印发《水利部中央级预算管理办法（试行）》。 为进一步提高水利预算管理水平，水利部2012年制定、2017年修订了《水利部预算项目储备管理办法》《水利部预算执行考核办法》和《水利部预算执行动态监控办法》，构建了水利预算管理"三项机制"。 通过预算项目储备机制，超前组织申报，严格评审入库，切实提高了预算编制的前瞻性、科学性和可行性。 通过预算执行考核机制，严格量化考核，考核结果与预算安排、评优挂钩，强化了预算执行的激励和约束，促进了预算执行序时、均衡、安全、有效。 通过预算执行动态监控机制，开展全覆盖、全过程、全天候实时监控与纠偏，有效防范了资金使用风险。 水利部在中央部门预算管理工作评比中始终名列前茅。

2. 预算绩效管理不断加强。 根据党中央、国务院加强预算绩效管理的决策部署，水利部积极探索推进水利预算绩效管理工作。 2005年，出台《关于进一步加强预算项目成果管理和绩效考评的通知》，初步明确了绩效评价的组织管理、工作程序和结果运用。 从2009年起，水利部推动预算绩效评价工作进入新阶段，从对重点难点项目进行试点，不断拓宽范围，工作重点逐步转移到绩效目标和绩效评价指标确定。 2018年，在中央部门中率先印发《水利部关于贯彻落实〈中共中央　国务院关于全面实施预算绩效管理的意见〉的实施意见》，明确

了水利预算绩效管理的工作任务、目标和保障措施，加快构建具有水利特色的预算绩效管理工作体系，推进全面实施预算绩效管理落地生根。

（四）水利财务管理制度不断健全

1. 财务监管力度持续加大。 始终把资金安全摆在突出位置，着力加强水利资金使用监督管理，逐步建立了内部自查和外审外查相结合的监管体系。 近年来，紧跟水利中心工作和重点任务，有针对性地组织开展了中央财政安排的维修养护费、预算执行情况、企业财务收支、公益性行业科研等专项检查，深入开展贯彻执行中央八项规定严肃财经纪律和"小金库"专项治理重点检查、涉农资金专项整治。 配合开展年度预算执行等情况审计、贯彻落实国家重大政策措施情况跟踪审计，有力促进了资金安全高效利用。 进入新时代，按照"水利工程补短板、水利行业强监管"的水利改革发展总基调，以确保资金安全为目标，进一步加大自查和重点检查的力度和范围，组织开展内部互查、财务大检查等工作的同时，引入第三方中介机构，通过购买服务方式开展监督检查，强化预算执行动态监控，堵塞管理漏洞。 进一步完善配合审计监督工作，建立审计问题通报、约谈

等机制，为水利资金安全保驾护航。 水利部制定了统一的内控制度体系，印发了《水利廉政风险防控手册（资金资产管理分册）》，为单位内部控制建设提供重要参考。 2016 年，组织开展内部控制基础性评价工作，2017 年，全面开展内部控制报告编报工作，内部控制报告受到财政部表扬。 印发《水利部中央级预算项目验收管理暂行办法》，加强项目成果管理。

2. 财务管理基础加快夯实。 按照国家财政国库管理体制改革的总体要求，水利部 2001 年开始参与国库集中支付改革试点，顺利完成全国财政国库管理制度改革的第一笔直接支付——临淮岗水利枢纽工程建设项目直接支付，发挥了试点部门示范表率作用。 截至 2008 年，所有预算单位全部纳入国库改革范围。目前，水利部已实现水利资金国库集中支付全覆盖。 按照政府采购改革部署，2003 年以来，水利部制定了《水利部直属预算单位政府采购实施办法》《水利部部门集中采购管理实施细则》《水利部政府集中采购管理实施办法》等办法，政府采购工作有效开展。 决算编报工作扎实推进，2004—2017 年，连续 14 年获得财政部通报表扬。 2018 年，扎实推进政府会计制度改革，制定印发《水利部关于认真贯彻实施政府会计准则制度的通知》和《水利部行政事业单位会计核算标准

化科目》，组织编写《水利部政府会计制度会计处理范例》。

3. 基建项目竣工财务决算管理不断完善。 全面开展部属单位基建项目竣工财务决算情况清理，推动加快竣工财务决算编报和审批工作。 修订了《水利基本建设项目竣工财务决算编制规程》（SL 19—2014），印发《水利部基本建设项目竣工财务决算管理暂行办法》，规范竣工财务决算编报、审批、监督管理等各个环节，形成一整套完善的水利基本建设项目竣工决算管理制度体系。

（五）水利国有资产管理不断加强

1. 水利资产规模稳步增长。 新中国成立以来，国家对水利建设投入了大量资金，逐步形成了大量的国有资产。 20 世纪 80 年代，原水利电力部组织统计，国家管理的水利工程资产价值约 1200 亿元。 1992 年起，历时 5 年深入开展清产核资，全国水利系统国有资产总额达 3173 亿元。 2007 年底水利资产总额达 5501.12 亿元，其中水利部及直属单位国有资产总额为 1364 亿元。 截至 2018 年底，水利部及所属事业单位资产账面价值为 1473.30 亿元，中央水利企业为 627 户，资产总额为 1398.47 亿元。

2. 资产管理制度日渐完善。 1995 年，水利部与国家国有资产管理局联合印发《水利国有资产监督管理暂行规定》，水利国有资产管理制度基本确立。 2009 年，水利部印发《中央级水利单位国有资产管理暂行办法》，进一步规范了国有资产使用管理行为。 加强国有资产监管关键环节的管控，2019 年制定《中央级水利单位国有资产管理实施细则》；规范基本建设项目竣工资产移交行为，发布《水利固定资产分类与代码》（SL 731—2015）；适应新政府会计制度改革的要

求，规范固定资产使用年限；提高资产使用效益，对大型专用设备共享共用进行专题研究；严格控制资产配置入口，启动并编制水文专用设备配置标准；落实国资报告资产制度，水利部第一个开展水利公共基础设施分类体系研究，多项资产管理工作受到财政部、国管局表扬。

3. 水利企业监管形成体系。 2013年制定《水利部关于加强事业单位投资企业监督管理的意见》，推行10项监管措施；强化水利企业顶层设计，加大企业清理整合力度，推进扁平化管理，2015年印发《水利部办公厅关于进一步加强事业单位对所投资企业监督管理的通知》，基本确立水利企业监管框架；编印《中央级水利单位企业监管手册》，形成国有资产监管能力培养制度体系。 通过开展水利企业清理整合，缩短企业投资链条，优化国有资本投向，增强水利企业核心业务盈利能力和市场竞争力。 加强企业资产负债约束，设定中央水利企业资产负债基准线、预警线和重点监管线，督促事业单位制订工作计划，认真贯彻执行，提高企业防风险能力。 开展水利企业内控制度建设情况、"三重一大"事项报告情况检查，强化事业单位主体责任，规范企业经营行为。

（六）水利财务管理能力不断增强

1. 财务信息化水平显著提升。 70年来，水利财务管理从手工记账向电算化、信息化不断发展。 2014年水利部统一组织建设的水利财务管理信息系统，2017年1月1日正式上线运行，包含十大业务模块，覆盖部直属全部单位，将水利部直属单位的财务核算纳入统一管理，全面提升了水利财务管理工作水平，实现了以信息化促进水利财务管理工作科学化、精细化的目标。

2. 干部队伍建设稳步推进。 各级水利财务部门围绕提高干部队伍业务水平、组织协调能力，加强调查研究，加大培训力度。 近年来，持续开展中初级会计人员继续教育、预算管理、基建财务、专项资金、国有资产、价格税费等培训，每年培训超过1000人次。 组织重点流域机构创新人才选拔，通过开展财会知识竞赛，实施国家和中央国家机关高端会计人才选拔等引导激励广大财会人员加强学习，水利系统优秀会计人才入选财政部高端会计人才培养工程。

3. 党的建设扎实开展。 突出加强思想政治建设，扎实开展"三讲"教育、保持共产党员先进性教育、深入学习实践科学发展观、争先创优、党的群众路线教育实践、"三严三实"专题教育、"两学一做"学习教育、"不忘初心、牢记使命"主题教育等活动。 严格落实中央八项规定精神，认真落实党风廉政建设责任制，持续正风肃纪，保持风清气正、廉洁自律的良好局面。

二、在新起点上开启水利财务新征程

当前和今后一个时期，是奋力推进新时代水利改革发展的重要时期，财税改革新形势、治水矛盾新变化等对水利财务工作提出了新要求、赋予了新使命。水利财务工作将以习近平新时代中国特色社会主义思想为指导，全面贯彻党的十九大、十九届二中、三中全会、中央经济工作会议和中央农村工作会议精神，积极践行"十六字"治水思路，深入落实"水利工程补短板、水利行业强监管"的总基调，全面严格财务监督管理，着力提升资金保障能力，加快推进重点领域改革，持续夯实财务基础工作，不断提高财务管理科学化、精细化、规范化水平，开启水利财务工作新征程。

（一）在严格资金资产监管上有新举措

以资金流向为主线，加强预算执行过程督促指导，进一步扩展在线动态监控覆盖面，强化事前、事中监管，实行对水利资金分配、拨付、使用全过程监管，全方位织密资金安全防护网。 加强顶层设计，推进内部控制建设、廉政风险防控建设。建立健全审计配合机制。 加快建立健全以资本为纽带的资产监管体系，进一步推进水利企业改革发展，防范企业运营风险。 完善资产管理责任制，研究制定加强企业监管、防范风险和创新发展等相关制度和办法。 开展事业单位及所属企业对外投资管理、资产负债约束以及重大事项报告等情况监督检查。 认真履行水权交易监管职责，提高水资源市场化配置效率。

（二）在强化资金保障上有新突破

加强与财政部沟通协调，发挥财政资金主导作用，坚持存量、增量、潜量多头发力，积极协调有关部门落实资金，优先保障突出短板和薄弱环节建设需要。争取在财政投入、金融支持等政策上有所突破，积极引导更多社会资本参与水利建设，指导地方用足用好金融优惠政策。 积极协调落实重点项目资金预算，提高预算资金统筹整合能力，逐步通过压减一般性事项，调整支出结构，加大水利重大改革事项、重点领域、重大项目的资金保障力度。

（三）在深化重点改革上有新动作

深入推进水价水市场建设，协调推进水利工程供水价格改革，完善水利工程供水价格管理制度，加快建立反映市场供求、水资源稀缺程度和供水成本的水价形成机制。 规范水权交易平台建设，指导中国水权交易所规范运营。 全面推进水资源税改革。 推动出台水利领域中央与地方财政事权和支出责任划分改革方案。 稳妥推进水利企业混合所有制改制，推进水利企业国有资本授权经营体制改革，加快推进水利企业公司制改制。

（四）在预算绩效管理上有新进展

加快建立健全覆盖所有水利财政资金、贯穿水利财务工作全过程的绩效管理体系。 出台《水利部部门预算绩效管理暂行办法》，完善预算绩效管理体制工作机制，对绩效目标实现程度和预算执行进度实施"双监控"，防止资金闲置沉淀浪费。 修订完善重点二级项目共性指标体系框架，强化评价结果运用，充分发挥绩效管理的激励约束作用。 加强水利发展资金绩效管理，提高资金使用效益。 继续扩大企业经营绩效评价范围，推动绩效评价与负责人经营业绩考核挂钩。

（五）在夯实基础上有新提高

进一步完善水利财务管理信息系统，提高水利财务工作效率。 加强基建项目竣工财务决算管理。 严格国库支付和政府采购。 做好行政事业性国有资产报告和自然资源资产报告的报送。 坚持两手抓、两手硬，认真落实全面从严治党责任，加强党风廉政建设，大力弘扬"忠诚、干净、担当，科学、求实、创新"的新时代水利精神，加强宏观政策、财经法规、财务制度等培训和交流，建设一支作风过硬、业务精通、支撑有力、服务到位的财务干部队伍，为新时代水利改革发展提供强有力保障。

撰稿人：姜　楠　沈东亮　周　飞
审稿人：杨昕宇　周明勤

健全机构体系　锤炼干部队伍
为水利改革发展提供坚强支撑

水利部人事司

新中国成立 70 年来，水利人事部门坚决贯彻落实党中央的决策部署，在水利部党组的坚强领导下，通过广大水利人事工作者的接续奋斗，努力实现水利机构体系健全、领导干部担当有为、人才队伍提档升级等各项目标，为 70 年水利改革发展提供了坚强的组织保障和有力的人才支撑。

一、坚持党管干部，打造忠诚干净担当的高素质干部队伍

70 年来，部党组始终致力于建设一支忠诚干净担当的高素质水利干部队伍。目前，各级领导班子坚强有力，干部队伍结构日趋合理，履职能力不断增强，成为推进新中国水利事业发展的中坚力量。

（一）突出政治标准"选"

始终把政治标准作为干部选拔任用的"硬杠杠"，特别是党的十八大以来，认真贯彻落实习近平总书记在两次全国组织工作会议上的重要讲话精神，牢固树立正确导向和选人标准，按照"信念坚定、为民服务、勤政务实、敢于担当、清正廉洁"的新时期好干部标准，把政治标准贯穿干部选拔任用全部环节，准确识别干部的政治觉悟、仔细甄别干部的政治素养、认真辨别干部的政治表现，对政治不合格的"一票否决"，注重选拔树牢"四个意识"、坚定"四个自信"、做到"两个维护"的干部。坚持选准配强一把手，择优配备班子副职，加强对领导班子的分析研判，注意考虑班子知识结构、素质结构、性格搭配等，选好各年龄段干部，不断优化干部队伍结构。

（二）坚持理论武装"育"

以教育培训、实践锻炼、干部交流为重点，不断加强各级领导班子和领导干部的思想政治建设和能力建设。党的十八大以来，坚持理论教育和党性教育为首，着力抓好部管干部、公务员等重点对象的教育培训。坚持把基层实践锻炼作为砥砺干部品质、锤炼干部作风的重要途径，通过援藏、援疆、援青、定点扶贫滇桂黔石漠化片区扶贫、水利扶贫和支援地方水利建设等多种方式，安排干部到情况复杂的岗位、条件艰苦的地方去磨炼，加强党性锻炼，积累实践经验，全面提高干部的思想政治素质和处理实际问题的能力。坚持把干部交流作为开阔视野、提升素质的重要手段，探索建立开放式、多层次、全方位的干部交流机制，将干部交流融入到干部日常选拔任用工作中，与领导班子补充调整相结合，

与优秀年轻干部培养相结合，不断提升干部队伍活力。 党的十八大以来，共选派 13 名省部级干部、263 名局处级干部参加中央党校、国家行政学院和中组部三所干部学院调训，选派 163 名干部到基层挂职锻炼。

（三）聚焦担当作为"用"

始终坚持贯彻执行党中央关于干部任用的各项工作要求，坚持"德才兼备、任人唯贤"的干部任用原则，严格执行《干部任用条例》，严格遵守组织人事工作纪律和任用程序。 尤其是党的十八大以来，坚持贯彻习近平总书记重要讲话精神，注重抓好三个方面：一是紧抓用人标准，坚持因事择人、人岗相适，始终围绕事业需要选干部、配班子，把工作实绩作为干部选拔任用的重要依据，把作风建设贯穿干部选拔任用全过程，一批工作业绩突出、推动改革发展有力、破解难点问题成效显著、担当作为、开拓进取的干部被选拔到各级领导班子中来。 二是紧抓配套制度，明确任用标准，认真学习贯彻《干部任用条例》，制定了贯彻《干部任用条例》实施意见和选拔任用干部议事规则。 认真落实中央推进干部能上能下和激励干部担当作为的有关精神，率先出台了《推进领导干部能上能下实施细则》《防止干部"带病提拔"实施意见》《关于进一步激励广大干部新时代新担当新作为的实施意见》等办法，着力解决为官不正、为官不为、为官乱为等问题，推动形成干事创业、担当作为的良好氛围。 三是紧抓干部典型，发挥示范作用。 通过树立先进干部模范，弘扬和传承新时代水利精神品质，先后涌现了"时代楷模"余元君等一大批先进典型，彰显了水利人"忠诚、干净、担当"的可贵品质，厚植了水利行业"科学、求实、创新"的价值取向；同时对履职无担当、群众不满意的干部及时调整、及时整改、引以为鉴。

（四）注重严管厚爱"管"

坚持严管厚爱、激励约束并重，一方面，坚持贯彻落实全面从严治党和从严管理干部要求，以预防和监督为主要抓手，建立了水利干部人事领域廉政风险防控机制，对直属单位正处级岗位全部实施任前备案管理，重点开展了领导干部兼职清理、个人有关事项报告抽查核实、超职数配备干部整改等工作，一旦发现问题，立即严肃处理。 结合民主生活会、年度考核、巡视等工作，对领导干部存在的苗头性、倾向性问题及时提醒，严格责任追究。 另一方面，从思想上、工作上、生活上全方位关心关爱干部，密切关注干部思想动态和心理状态，通过谈话交流、调查问卷、廉政提醒等方式，夯实干部的思想基础。 准确掌握干部履职情况，对任务分配有想法、工作推进有困难、提升技能有需求的干部，通过谈话疏导、政策引导、培训教导等方式及时解决。重点帮扶生活困难的干部，通过政策倾斜等方式帮助干部解决后顾之忧。

二、坚持党管人才，建设规模适中结构合理的专业化人才队伍

部党组始终坚持党管人才原则，持续实施水利人才优先发展战略，不断优化人才队伍结构，努力提升水利人才素质，取得了明显成效。截至目前，水利系统在岗职工 87.9 万人，具有大学专科以上学历人员比例达 61.7%；8.5 万名党政人才中具有大学专科以上学历人员比例达 93.2%。高级水利专家中，有两院院士 9 名（1 人同时获评英国皇家工程院院士），中组部直接掌握联系的专家 21 名，全国工程勘察设计大师 12 名，国家"万人计划"人选 14 名，百千万人才工程国家级人选 40 名，突贡专家 26 名。高级水利技能人才中，有"中华技能大奖"3 名，"全国技术能手"89 名。

（一）加强顶层设计

为进一步加强对水利人才工作的统一领导，专门成立水利部人才工作领导小组，推动实施水利人才优先发展战略。与此同时，把水利人才工作纳入水利发展整体布局和各级水利部门工作目标。编制实施了《"十一五"水利人才规划纲要》《全国水利人才队伍建设"十二五"规划》《全国水利人才队伍建设"十三五"规划》，引导和保障人才队伍建设与水利改革发展目标同向、举措同步。印发实施《关于深入实施水利人才战略，进一步加强人才工作的意见》《水利部人才奖励办法》《水利部关于支持和鼓励事业单位专业技术人员创新创业的实施意见》等一系列规章制度，人才工作机制不断完善，人才创新创业活力不断激发。大力实施创新领军人才推进工程、高技能人才培养工程、基层人才能力提升工程、人才精准扶贫助推工程等重点工程，统筹推进各类水利人才队伍建设，为水利改革发展提供了强有力的人才保障。

（二）突出两个重点

以高技术人才、高技能人才为重点，引领带动水利人才队伍建设。研究制定了新时代水利人才发展创新行动方案，聚焦水利高层次人才培养，大力实施人

才库、创新团队、人才梯队和人才培养基地建设等重点行动。探索建立首席专家制度，完善和推广"首席专家＋创新团队"的人才培养模式，注重依托国家重点工程、重大科研项目等选拔培养人才。创新高技能人才培养模式，建立首席技师制度，连续开展行业职业技能竞赛，启动了水利部水文首席预报员、全国水利行业首席技师选拔工作，不断提升技能人才培养能力。开展高层次人才选拔培养工程，组织实施5批"5151"人才选拔、6批"水利科技英才"评选等，重点化解水利改革发展需要与人才结构不合理、高层次人才短缺的突出矛盾。

（三）打好一个基础

坚持把基层实用人才队伍建设作为水利人才队伍建设的基础，作为支撑水利工作的基础。以万名县市水利局长培训计划为导向，大力实施基层水利人才文化和专业素质提升工程，不断推动基层水利人才队伍建设，为水利跨越式发展提供坚实的人才保障。同步开展万名基层水利站所长培训、基层水利业务骨干培训、基层水利职工学历文化水平提升和基层水利职工职业技能鉴定等计划，累计培训基层业务骨干3万余次，共为基层输送3000多名高校毕业的优秀专业人才，基层水利人才队伍学历层次明显提升，具有大专及以上学历的人员比例由43％提高到52％。此外，针对青海藏区水利专业人才严重匮乏的实际，会同青海省探索"订单式"培养，突出专业化、本土化、民族化特点，定向招生、专班培养、定向就业，先后在青海玉树、果洛、黄南三个藏族自治州培养了118名订单式人才，有效破解基层水利人才"引不进、留不住"难题，为当地脱贫攻坚积蓄了后备力量。

三、坚持精简高效，构建适应发展协同推进的水利管理体制机制

水利部自成立以来，始终坚持服务经济社会发展大局，持续深化体制机制改革，不断推进职能转变，确立了作为主管全国水行政工作的国务院组成部门的重要定位，基本构建了优化协同高效、为经济社会发展提供水安全保障的水利管理体制机制。

（一）水利职能体系不断完善

随着经济社会的不断发展，水利的战略定位不断提升，水行政管理工作的重

点从水利工程建设向水资源管理、水生态保护转变，向为经济社会发展提供水安全保障转变，水利职能体系不断丰富和完善。尤其是党的十八大以来，我们坚持贯彻习近平总书记治水重要论述精神和"节水优先、空间均衡、系统治理、两手发力"的治水思路，加快推动职能转变，2018年机构改革，进一步强化统一管理，加强了重大水利工程建设运行和水资源配置调度的统一管理，加强了最严格水资源管理、节约用水、河湖管理保护等职责；进一步聚焦主责主业，在保持水利部主体职责完整性的基础上，划出了部分职责，更好发挥各相关部门的专业和管理特长，形成了水利部与相关部门各负其责、有效衔接、协同高效的运行机制。水利部的职责更加清晰明确，履职更加顺畅高效。

（二）水行政管理机构不断健全

水利部历经多次机构改革，特别是2018年机构改革，原国务院三峡工程建设委员会及其办公室、国务院南水北调工程建设委员会及其办公室并入水利部，水利部的组织机构进一步健全完善。目前水利部机关行政编制504名，内设22个司局，涵盖了综合政务、规划计划、政策法规、财务、人事、水资源管理、节约用水、水利工程建设、运行管理、河湖管理、水土保持、农村水利水电、水库移

黄河鄂陵湖——青海玛多

民、监督、水旱灾害防御、水文、三峡工程管理、南水北调工程管理、调水管理、国际合作与科技、机关党务、离退休干部管理等各方面工作。此外，国家实行流域管理与行政区域管理相结合的水资源管理体制，水利部在长江、黄河、淮河、海河、珠江、松辽、太湖等7个流域设置了流域管理机构，在所管辖的范围内依法行使水行政管理职责，在黄河、淮委、海河流域还设立了延伸到基层的各级河务管理机构。经过70年发展形成的水利部、流域管理机构、各级河务管理机构"1＋7＋N"的水行政管理架构，保障了水行政管理职责的有效履行。

（三）水利事业单位等支撑力量不断强化

随着水利职能体系和水行政管理机构的发展变化，提供支撑力量的水利事业单位也发生了从弱到强、从单一到多样的变化。近年来，水利部改造组建了建设管理与质量安全中心、水资源管理中心、宣传教育中心、节约用水促进中心、河湖保护中心、南水北调规划设计管理局等多家单位。目前，水利部有28家部直属事业单位，事业编制38418名，业务范围覆盖了水行政管理工作的方方面面，为水文水资源监测预报、水利规划设计、水利科技研发与应用、水利宣传教育、水利政策研究、农村饮水安全、水利工程建设与管理、水资源管理、节约用水、河湖管理保护、水土保持等各水利业务领域提供了全方位的技术支撑和保障。此外，水利部高度重视发挥水利社团作用，近年来支持成立了国际沙棘协会、世界水土保持学会、中国水资源战略研究会。目前，水利部共主管17家社团，通过规范管理、加强监管，各社团健康有序发展，为政府公共服务提供了有益补充。

四、立足规范科学，建立于法周延行之有效的干部人事管理制度体系

部党组坚持用制度管人管事管权，稳步推进干部人事工作的科学化、制度化、规范化，干部人事制度在深化改革、开拓创新中取得重大进展。

（一）完善教育培养制度

着眼解决当前水利人才发展的突出问题，印发了《新时代水利人才发展创新行动方案（2019—2021年）》，瞄准国家发展战略和"补短板、强监管"对水利人

才的需求，提出了 4 项行动，为进一步加快高素质专业化水利人才队伍建设指明了方向，提出了目标。 研究制定了《水利国际化人才合作培养项目选派人员管理办法》，进一步加大了水利国际化人才培养力度，努力解决适应水利"走出去"需要的问题。 认真落实干部教育培训要求，组织编制了《水利干部教育培训规划（2019—2022）》《加强和改进水利干部教育培训工作实施方案》，进一步提高干部教育培训工作的有效性和针对性。

（二）完善考核评价制度

结合水利实际，研究制定《水利部年度考核办法（试行）》，把考核结果作为干部选拔任用、评先奖优、问责追责、能上能下的重要依据，通过健全容错纠错机制，客观公正地评价干部，引导干部心无旁骛、专心工作。 建立健全分类评价机制，不断完善水利专业技术人才职称评审制度、水利技能人才资格评审制度，不断完善水利企业负责人综合考核评价和经营业绩考核制度，充分激发各类水利人才的干事创业积极性。

（三）完善监督管理制度

补齐选人用人和干部监督管理工作中存在的"短板"。 认真梳理排查廉政风险点，组织编修干部人事廉政风险防控手册。 将七个流域机构纪检监察机构由部党组直接管理，研究制定纪检监察机构设置清单，进一步规范了部属单位纪检监察组织机构设置和人员配备。 修订了《水利部因私出国（境）管理办法》，不断规范和加强因私出国（境）管理工作；修订完善了《水利部领导干部个人有关事项报告查阅、调取办法（试行）》，规范领导干部个人有关事项材料的使用；制定了《水利部人事司干部监督举报查核工作暂行办法》，强化了干部监督举报查核工作。

（四）完善激励保障制度

认真贯彻落实《关于进一步激励广大干部新时代新担当新作为的意见》，结合水利工作实际，研究制定了《水利部援派干部人才有关待遇的规定》《水利部扶贫干部管理办法》《水利部扶贫干部关心关爱办法》以及《异地交流部管干部周转住房及回家探望交通待遇的规定》等各种制度，畅通晋升渠道、保障各项补贴待遇，激励引导广大水利干部贯彻新理念、担当新使命、展现新作为、落实新要求。

五、坚持公道正派，打造政治可靠作风过硬的水利人事干部队伍

水利人事干部队伍始终是一支忠诚于党、忠诚于水利事业的队伍。多年来，各级水利人事部门始终坚持加强思想建设、能力建设和作风建设，努力打造"讲政治、重公道、业务精、作风好"模范部门和过硬队伍，有效地推动着水利各项人事人才工作正常开展。2018年，水利部的干部人事工作经验在全国组织工作会议上作为部委唯一代表进行交流。

（一）加强思想建设，提高政治站位

政治过硬是人事干部忠诚于党、服务为民的根本前提。水利部人事司始终将思想政治建设摆在人事干部队伍建设的首位，坚持融入日常、抓在经常，做到全面覆盖、贯穿始终。尤其是党的十八大以来，通过扎实开展党的群众路线教育实践活动、"三严三实"专题教育，稳步推进"两学一做"学习教育常态化制度化，高质量组织实施"不忘初心，牢记使命"主题教育，反复深入学习党章党规、学习习近平总书记治水重要论述精神和组织人事、人才工作的重要讲话精神，切实用习近平新时代中国特色社会主义思想武装头脑、指导实践、推动工作，进一步提升了政治站位，增强"四个意识"、坚定"四个自信"、做到"两个维护"。

（二）加强学习锻炼，提高业务素质

能力过硬是人事干部干事创业、担当作为的必然要求。面对不同时期的人事工作任务，人事司全体干部先学一步、学深一步，始终坚持发扬"安专迷"精神，把学习与实践紧密结合，不断锤炼工作能力，努力提升业务水平。尤其是党的十八大以来，每年都周密制订学习计划，科学选定学习内容，充分利用"一刊一网一群一APP一讲堂"平台，个人自主学，集中研讨学，联系实际学，不断深化对党中央和部党组各项重大决策部署的理解把握。连续举办水利人事部门学习党的十八大精神、十九大精神以及全国组织工作会议精神等专题培训班，长年坚持举办人事处长、人事干部的业务培训班，把中央精神、部党组要求传到贯彻落实到各级水利人事部门，不断持续提升人事干部的政治素质和业务水平。

（三）改进工作作风，增强服务本领

打铁必须自身硬，作风过硬是人事干部做好服务、干好工作的重要保障。一方面，持之以恒加强作风建设，深入贯彻落实中央八项规定及实施细则精神，坚持抓常、抓细、抓长，坚决反对形式主义、官僚主义、享乐主义和奢靡之风，严格执行组工干部"十严禁"纪律要求。 另一方面，始终把为人民服务作为人事工作的根本出发点和落脚点，坚持问题导向，紧紧围绕水利人事改革重点、难点、热点、痛点问题加强调查研究，建立了司领导负责、各处室参与的调研工作机制，每年都研究确定好调研方向，精选重点调研课题，强化调研成果转化，努力将书面的调研方案最终转化为解决问题的具体措施。 仅 2019 年就开展了 8 项专题调研，为基层单位和基层群众解决了一批实际困难，切实提升了人事工作质量和服务水平。

湿地日月——西藏日土县

进入新时代，承担新使命，迈向新征程。下一步，水利部人事司将继续认真学习习近平新时代中国特色社会主义思想，努力贯彻落实新时代党的组织路线，按照部党组的决策部署重点做好四项工作，为新时代水利改革发展提供更为坚强的组织保障和人才支撑。一是顺体制、理机制。研究理顺水利体制机制，科学设置机构、优化配置职能，为"水利工程补短板、水利行业强监管"提供强有力的体制机制保障。二是选干部、配班子。落实部党组的选人用人决策部署，坚持正确选人用人导向，突出加强对精通"四类"工程（防洪、供水、生态修复、信息化）干部、胜任监管要求干部的选拔培养。三是抓教育、聚人才。研究制定水利系统人才规划及相关政策，做好水利人才队伍建设与干部教育培训管理工作，突出对扶贫领域以及中西部、东北地区等基层水利专业技术人才培训、人才帮扶。四是严管理、重激励。坚持严管厚爱，不断丰富干部日常管理监督手段，织密监督网，为敢担当善作为的干部撑腰鼓劲。

撰稿人：王　静　巩劲标　喜　洋
审稿人：侯京民　郭海华

强基础　严管控　促治理
水资源管理水平不断提高

水利部水资源管理司

新中国成立 70 年来，在党中央、国务院高度重视下，我国水资源管理逐步建立健全制度框架，强化统一监督管理，着力强化水资源配置、节约、保护和管理工作。特别是党的十八大以来，国家在生态文明建设、水资源节约保护和管理等方面采取了一系列政策措施，全国用水总量保持基本平稳，用水效率和效益不断提高，江河湖泊的水质逐步得到改善，为经济社会可持续发展提供水安全保障。

一、水资源管理工作稳步推进

新中国成立初期，我国水利基础设施薄弱，水旱灾害频发，给人民群众生命财产安全带来严重威胁。治水工作重点是解决水资源供需矛盾和以防洪为重点的水安全问题。1978 年后，经济社会快速发展，国家开始大规模的水资源开发利用工程的建设，水资源短缺、水污染严重、水生态系统退化等问题逐步显现，水资源管理工作开始得到重视。从 1975 年开始，流域水资源保护机构相继成立，水资源保护工作步入有序管理轨道。1979—1984 年，开展了第一次全国水资源评价，基本摸清了水资源开发利用状况。1984 年，国务院决定由水利电力部负责全国水资源管理工作。1985 年，成立全国水资源协调小组，办公室设在水利电力部。1987 年，国务院颁布实施黄河可供水量分配方案，我国水资源管理理念、组织架构和管理手段逐步明晰和形成。

1988 年，《中华人民共和国水法》（以下简称《水法》）颁布实施，确立了流域管理和行政区域管理相结合的管理体制，水资源管理纳入法制化发展轨道。

1993 年，国务院颁布《取水许可制度实施办法》，取水许可和水资源费征收管理制度全面实施，初步建立了水资源管理制度基本框架。 1997 年，开始制订全国水资源中长期供求计划。 水资源保护工作逐步加强，编制了各大流域水资源保护规划。 充分发挥流域管理机构在流域水资源保护工作中的作用，组织编制了各大流域水资源保护规划。 水务一体化体制改革稳步推进，1988 年上海市率先成立省级水务局，1993 年陕西洛川县成立首个县级水务局。

1998 年，国务院赋予了水利部统一管理全国水资源的职能，水资源管理工作以水资源配置、节约和保护为重点，逐步从供水管理向需水管理转变。 2001 年，国务院相继批复《21 世纪初期首都水资源可持续利用规划》、《黑河水资源综合治理规划》和《塔里木河水资源综合治理规划》，组织完成了全国地下水资源开发利用规划、水资源开发利用现状调查，水资源管理工作取得较大发展。 2002 年，新《水法》颁布实施，确立了水资源管理的基本制度框架，进一步强化流域水资源统一管理。 2006 年，国务院颁布实施《取水许可和水资源费征收管理条例》，标志着取水许可和水资源费征收管理向规范化和制度化方向转变。

2011 年以来，特别是党的十八大以来，以习近平同志为核心的党中央高度重视水资源问题，明确要求"实行最严格的水资源管理制度，以水定产、以水定城，建设节水型社会"，全面实行用水总量控制红线、用水效率控制红线和水功能区限制纳污红线管理，制定出台了一系列严格水资源管理的制度措施，并对各省区市人民政府落实情况进行考核。 2014 年，"节水优先、空间均衡、系统治理、两手发力"的治水思路的提出，成为我国水资源管理的根本遵循。 水利部党组提出"水利工程补短板、水利行业强监管"的总基调，把水资源监管作为水利行业强监管的重点领域，以"合理分水、管住用水"为工作目标，强化监管能力基础，严格取用水管控，推动突出问题治理。 我国水资源管理工作正向全面加强水资源监督管理，推动经济社会高质量方向发展。

二、水资源管理成效显著

（一）水资源管理制度体系基本建立

一是建立了水资源管理法律法规体系。 1988 年《水法》正式颁布，2002 年、2016 年进行了修订。 各省区市依据《水法》，制定和出台了一系列法规、规章和规范性文件，初步建立了以《水法》为核心、以取水许可和水资源有偿使用制度为基础的水资源管理配套法规体系，确立了水行政主管部门实施水资源统一管理的职能，建立了水资源开发、利用、节约、保护和管理的制度框架体系。 二是建立最严格水资源管理制度。 深入贯彻落实党中央国务院关于全面实行最严格水资源管理制度的决策部署，全面加强水资源管理"三条红线"控制，实施水资源消耗总量和强度双控行动，促进水资源可持续利用和经济发展方式转变。三是"十六字"治水思路为水资源管理确立方向。 2014 年，习近平总书记站在党和国家事业发展全局的战略高度，精辟论述了治水对民族发展和国家兴盛的极端重要性，深刻分析了中国水安全面临的严峻形势，系统阐释了保障国家水安全的总体要求，明确提出了"节水优先、空间均衡、系统治理、两手发力"的治水思路，成为水资源管理的根本遵循。 2019 年，习近平总书记在黄河流域生态保护和高质量发展座谈会上，要求以水而定、量水而行，把水资源作为最大刚性约束。

桂林河湖连通

（二）水资源调配水平明显提升

　　一是跨省江河水量分配工作取得进展。 全国已批复淮河干流、太湖、松花江干流等 43 条跨省江河流域水量分配方案，为全面落实以水而定、量水而行，把水资源作为最大刚性约束创造了条件；新启动 30 条跨省江河流域水量分配。二是水资源统一调度能力显著增强。 实施黄河、黑河、塔里木河、汉江等流域水量统一调度，黄河干流实现连续 20 年不断流，黑河下游东居延海连续 15 年不干涸。 强化国家重大跨流域调水工程水量调度，南水北调东中线一期工程累计调水 255 多亿立方米，有力提升了受水区供水安全保障能力。 三是水资源配置能力

有效提升。南水北调东中线一期工程、三峡工程、黄河小浪底水利枢纽等一大批水资源配置工程建成并发挥效益，全国建成水库工程近 10 万座，耕地灌溉面积超过 10 亿亩，供水总量由新中国成立初期的 1031 亿立方米，增加到 2018 年的 6015.5 亿立方米。中国以占全球 6% 的淡水，9% 的耕地，解决了约占全球 20% 人口的吃饭问题。

（三）流域区域取用水管控深入推进

一是强化水资源论证和取水许可管理。加强城市新区、产业园区、重大产业布局水资源论证，26 个省区市出台规划水资源论证政策文件，开展各层级规划水资源论证 240 余项，落实以水定城、以水定产。扩大农业取水许可审批范围，北方地区基本完成大型灌区和重点中型灌区取水许可证发放，南方大部分省区基本完成集中供水的大型灌区和重点中型灌区取水许可证发放。二是启动开展重点取水口监管工作。组织开展长江流域各有关省区启动开展取水工程核查登记工作，截至目前，共录入长江流域（含太湖流域）28 万余个取水工程（设施）信息。印发《水利部办公厅关于建立全国重点监管取水口名录和台账（第一批）的通知》，组织各流域管理机构、各省级水行政主管部门制定取水口名录，落实监管责任。三是开展了水资源承载能力评价工作。开展长江经济带水资源承载能力评价、全国地级行政区评价和全国县域评价，初步完成了全国水资源承载能力试评价。四是水资源管理能力有效增强。从 2012 年起，国家分两期实施国家水资源监控能力建设项目，初步建成重要取水户、重要水功能区和大江大河省界断面三大监控体系。

（四）地下水超采综合治理加快实施

一是完善地下水管理顶层设计。推动《地下水管理条例》立法进程。编制印发《全国地下水利用与保护规划》，明确地下水保护与管理目标与任务，各地按要求加快推动地下水超采区综合治理。二是推进南水北调受水区地下水压采。截至 2018 年底，北京、天津、河北、河南、山东、江苏 6 省（直辖市）充分利用南水北调水置换受水区城区地下水，压减城区地下水开采量约 19 亿立方米。三是加快华北等重点地区地下水压采。2014—2016 年在河北省开展了地下水超采综合治理试点，压减地下水年超采量约 20 亿立方米。2017 年以来，综合治理范围逐步扩大到山东、山西、河南 3 省。2018 年，选择河北省滹沱河、滏阳河、南拒马河的重点河段开展河湖地下水回补试点，利用南水北调中线、当地水库和再生水实施生态补水 13.2 亿立方米，形成最大水面面积 46 平方公里，沿线地下水得到有效回补，河道生态功能逐渐恢复。 2019 年 1 月，水利部联合相关部门印发《华北地区地下水超采综合治理行动方案》，拟通过采取"一减、一增"综合治理措施，系统推进华北地区地下水超采治理。

（五）水生态保护与修复工作得到加强

一是强化水功能区监督管理。 自 1998 年起，水利部组织开展了水功能区划工作，2003 年出台《水功能区管理办法》，2012 年国务院批复《重要江河湖泊水功能区划（2011—2030 年）》，2017 年，水利部印发《水功能区监督管理办法》。完成七大流域水资源保护规划修改和完善工作，开展年度水功能区限制纳污红线考核，2017 年度全国水功能区达标率提高到 76.9%。 二是加强饮用水水源地安全达标建设。 2016 年将全国 618 个重要饮用水水源地纳入名录管理，开展重要饮用水水源地安全保障达标建设年度评估工作，重要水源地安全状况和监管水平不断提高，水源地安全保障水平大幅提升。 三是重要河湖生态流量保障稳步推进。 组织开展河湖生态流量确定研究工作，进一步厘清了生态流量的概念和内涵，提出了分区分类的生态流量确定思路和方法。 选择有代表性的 21 条重点河湖的 46 个断面，制定生态流量（水量）确定及保障工作方案，初步提出《关于做好河湖生态流量确定和保障工作的指导意见》。 四是水生态文明城市建设成效显著。 2013 年以来，分两批深入推进全国 105 个水生态文明城市建设试点工作，目前 99 个试点已完成验收，探索形成了一批可借鉴、可推广的建设模式，水生态文明品牌效应逐渐显现（典型事例附后）。 五是河湖水系连通建设有序实施。2015 年以来，会同财政部下达中央补助资金 135 亿元，支持地方实施了 295 个以水生态修复为主的江河湖库水系连通建设，有效提升了河湖健康状况，改善了人居环境，推动了区域经济社会协调发展。

（六）水资源重点领域改革稳步推进

一是全面完成国家水权试点建设任务。 组织完成了宁夏、内蒙古、广东、河南、甘肃、江西、湖北等 7 个水权试点，在水资源使用权确权、交易流转和制度建设等方面开展了实质性探索，取得了一批可复制可推广的经验，形成了流域间、区域间、流域上下游、行业间和用水户间等多种水权交易模式。 二是搭建国家级水权交易平台。 2016 年组建成立中国水交所，截至目前，已累计成交水权交易 254 单，交易水量 28.38 亿立方米，促进了水资源高效、规范流转。 三是健全水资源有偿使用制度。 会同国家发展改革委、财政部制定印发了《关于水资源有偿使用制度改革的意见》（水资源〔2018〕60号），差别化水资源费征收体系初步建立。 四是加快推进水资源税改革试点。 在河北、北京、天津、山西等10省区开展水资源税改革试点，2018年试点省份累计征收水资源税219.3亿元，与同期水资源费征收规模相比均有较大增长，水资源税的经济杠杆在减少开采地下水、促进用水方式转变、规范取用水行为等方面的调节作用逐步显现。 取水许可电子证照应用取得重大进展。 根据国务院推进全国一体化在线政务服务平台建设部署要求，将取水许可纳入国家第一批高频推广应用的电子证照。 制定《国家政务服务平台取水许可电子证照》标准。 于2019年6月，经国务院电子政务办公室审定颁布实施。 开发全国取水许可电子证照系统，选取北京市、上海市、江苏省、浙江省、安徽省以及浙江衢州市开展取水许可电子证照应用试点。 2019年11月4日，全国第一张取水许可电子证照在浙江衢州市发放。

徐州云龙湖

三、水资源管理工作展望

我们将以习近平新时代中国特色社会主义思想为指导，深入学习领会总书记

"3·14"重要讲话精神，牢牢把握中央治水思路这一基本遵循，认真贯彻落实部党组"水利工程补短板、水利行业强监管"的总基调，紧紧围绕"合理分水，管住用水"两大工作目标，以解决水资源短缺、水生态损害等突出问题为导向，以严格监督和问题处置为抓手，强化水资源监管基础，严格取用水和生态流量管控，促进水生态突出问题治理，不断提升水资源监管能力和水平，通过强监管不断调整人的行为，纠正人的错误行为，促进以水资源的可持续利用支撑经济社会可持续发展。

（一）加快跨省江河水量分配

加快推进跨省江河水量分配工作，尽快明晰主要江河流域取用水控制指标，将用水总量控制指标落到具体河流，为实施流域取用水总量管理提供依据。 指导地方开展跨市县的江河水量分配工作，做到应分尽分。 对已经批复分江河水量分配方案，研究制定配套措施，逐河建立台账，强化监管，督促水量分配方案的落实。

（二）抓好生态流量确定与管控

要在深入研究的基础上，尽快制定出台关于做好河湖生态流量确定和保障工作的指导意见，明确河湖生态流量监管措施和保障措施，指导全国河湖生态流量保障工作。 按照"一河（湖）一策"要求，组织编制生态流量保障实施方案，明确管控措施、责任分工和预警方案等，开展重点河湖生态流量调度与监管工作，保障河湖基本生态流量（水量）下泄，维护河湖健康生命。

美丽中国水

（三）严格取用水监督管理

开展水资源管理监督检查，落实取水口监管责任。 做好长江流域先行组织开展取水工程核查登记工作，摸清取水工程情况，规范水资源开发利用行为。 研究制定《规划水资源论证管理办法》，推进中央和地方层面重大规划和产业布局水资源论证工作。 强化取用水总量监管，对达到或超过取用水总量管控指标的流域区域，严格实施取水许可限批。 做好年度最严格水资源管理制度考核工作。

（四）加快推进地下水超采区综合治理

加快推进南水北调东中线一期工程受水区地下水压采，组织做好受水区压采评估考核工作。 继续在河北、河南、山东、山西四省推动地下水超采综合治理试点工作。 以京津冀地区作为治理重点，加快组织实施《华北地区地下水超采综合治理行动方案》，推进"一减""一增"综合治理，逐步遏制地下水严重超采局面。 圆满完成河北地下水回补试点任务，做好试点评估工作。 启动地下水监管指标制定工作，组织提出地下水监管指标确定技术要求，为地下水管理与保护提供支撑与保障。

（五）加强水资源保护工作

制定印发做好饮用水水源保护相关工作的通知，提出饮用水水源分级分类管理要求，强化饮用水水源保护与监管。 开展饮用水水源安全评估工作，建立问题通报和整改销号机制，推动重要饮用水水源整改提升。 实现河湖水系连通建设，进一步改善河湖水生态环境。

（六）强化水资源监管能力建设

加快大中型灌区、工业和生活服务业领域取用水计量监测设施建设，推动重点用水户实现在线监控。 强化取用水统计与计量工作，制定出台用水统计调查制度，适时开展取用水统计和计量违法行为监督检查，着力解决统计监测数据存在"失实""水分"的现象，为强监管提供重要数据支撑。

（七）稳步推进水资源重点领域改革

推行取水许可电子证照，将取水许可管理尽快纳入全国一体化在线政务服务平台，规范审批程序，提高审批效率。 会同有关部门，制定全面推行水资源税工作方案，进一步发挥税收刚性作用，倒逼规范取用水行为。 积极稳妥推进水权确权，培育发展水市场。

水资源管理相关典型案例

案例一：塔里木河 20 年治理成效显著

塔里木河是我国内陆第一长河，自西向东隔开了天山南坡绿洲与塔克拉玛干沙漠，干流全长 1321 公里，流域总面积 102 万平方公里，是南疆最重要的也是最脆弱的生态屏障。 20 世纪 50 年代以来，受气候变化和人类活动的影响，塔里木河下游近 400 公里一度出现断流，大片胡杨林死亡。 党中央、国务院高度重视塔里木河下游的生态问题，2001 年 6 月，国务院正式批复实施《塔里木河流域近期综合治理规划报告》，提出对塔里木河流域实施水资源统一管理。 党的十八大以来，党中央大力推进生态文明建设，塔里木河流域管理机制逐渐理顺，打破了原来区域管理，九龙治水、各自为政的局面，塔里木河流域管理局实施"四源一干"统一管理，统一调度，累计下泄生态水量 77 亿立方米，彻底结束了下游河道连续干涸近 30 年的历史。

塔里木河河治理前的台特玛湖　　　　　　　　塔里木河河治理后的台特玛湖

案例二：福建莆田木兰溪治理是"变害为利、造福人民"的生动实践

木兰溪发源于福建戴云山脉，自西北向东南流经莆田市全境，干流全长 105 公里，流域面积 1732 平方公里，是福建省六大重要河流之一，被当地老百姓称为"母亲河"。

福建省莆田市木兰溪治理，是习近平同志亲自擘画、全程推动治水和生态保护工作的先行探索，他在福建工作时就针对木兰溪治理提出了"变害为利、造福人民"的愿景目标和"既要治理好水患，也要注重生态保护；既要实现水安全，也要实现综合治理"的总体要求。 从 1999 年至今的 20 年来，历任莆田市委、市政府始终贯彻落实习近平同志要求，坚持"一张蓝图绘到底"的精神和全流域系统治理的方法，从攻克技术、资金和拆迁等难题建设木兰溪下游防洪工程开始，逐步走向全流域防洪、生态、文化的统筹兼顾，实现了从"水患之河"到"安全之河"的华丽转身，继而向"生态之河"挺进，成为推动当地经济腾飞的"发展之河"。 莆田市也成为"全国水生态文明建设试点城市"，打造出全国生态文明的木兰溪样本。 木兰溪治理的主要经验：一是坚持为民情怀；二是坚持科学决策；三是坚持久久为功。

治理后的木兰溪流域东圳水库

木兰溪治理是"变害为利、造福人民"的生动实践，为加强流域水资源节约、水生态保护修复、水环境治理、水灾害防治以及全面推进生态文明建设提供了借鉴，为坚持绿色发展理念和久久为功、系统治理的思想提供了经验，为建设美丽中国提供了生动范本。

案例三：黑河下游东居延海连续 14 年不干涸

黑河是我国第二大内陆河，发源于祁连山中段，全长 900 多公里，流经青海、甘肃、内蒙古，最终汇入巴丹吉林沙漠西北缘的两片戈壁洼地，形成东、西两大湖泊，西湖即西居延海，东湖即东居延海，两湖总称居延海。 从 20 世纪六七十年代起，黑河中游地区大规模农业开发，用水量不断增加，致使黑河下游到额济纳的水量逐年减少，1961 年西居延海干涸，1992 年东居延海干涸。

统一调度后的东居延海

党中央、国务院高度重视黑河流域治理工作。2000年，国务院制订实施黑河向下游分水计划，成立了水利部黄河水利委员会黑河流域管理局，启动黑河干流水量跨省区统一调度。自2000年，实施黑河水量统一调度以来，调入额济纳旗境内水量共计109.32亿立方米，东居延海累计调入水量9亿立方米，东居延海水域面积达40平方公里左右，沿河两岸近300万亩一度濒临枯死的胡杨、柽柳得到抢救性保护，以草地、胡杨林和灌木林为主的绿洲面积增加100余平方公里，周边生态环境得到明显改善。

案例四：东深供水工程，支撑香港繁荣发展

香港三面环海、淡水奇缺，历史上曾经历过多次缺水危机，长期制约着经济社会发展。1965年3月，在周恩来总理的亲切关怀下，中央政府拨款近4000万元，建成了广东东江—深圳供水工程。工程随后经历了1974年、1979年和1989年3次扩建，并于2000年实施东深供水改造工程。经彻底改造建设的东深供水工程北起东江之畔的东莞市桥头镇太园泵站，南达深圳水库，全长69公里，设计流量100立方米每秒，设计供水保证率99%，年供水总量约24亿立方米。

香港回归以来，广东省积极采取措施，加强东江流域水资源保护，强化水量统一调度，确保东深供水工程对港供水安全。1997年至2017年6月底，累计对港供水超140亿立方米，实现质优、量足不间断供水，有力地支撑了香港经济社会的高速发展与繁荣稳定。

案例五：徐州市水生态文明城市试点经验与成效

2013年，水利部确定徐州市为首批全国水生态文明城市建设试点。按照江苏省人民政府批复的《徐州市水生态文明城市建设试点实施方案（2014—2016）》的要求，徐州市采取"综合整治、源头控污、清淤疏浚、综合开发"等多种措施，系统开展了水管理、水安全、水环境、水节约、水生态和水文化六大体系建设，完成了云龙湖综合治理、南水北调清水走廊尾水导流利用、矿坑塌陷地综合治理等6大类、90个具体项目，累计投资113.51亿元。

通过三年多的试点建设，徐州市全面完成了试点建设任务，在水生态文明建设的推进机制、融资模式、矿坑塌陷地和地下水超采综合治理等方面做出了富有成效的有益探索，形成了"九河绕城、七湖润彭"的水系新格局，以青山绿水的全新景致和"楚韵汉风"的城市气质，成就了名副其实的生态园林宜居之城。

撰稿人：毕守海　齐兵强　黄利群
审稿人：杨得瑞　杜丙照

继往开来　砥砺前行
开创节约用水新局面

全国节约用水办公室

水是万物之母、生存之本、文明之源，是人类以及所有生物存在的生命资源。节约利用水资源是治水全过程中的一个重要方面，是可持续发展的必然要求。新中国成立以来，随着我国经济社会的不断发展，节约用水的重要性越来越显现，从最初的"逐步认识"到今天的"节水优先"，节约用水工作进入了崭新的发展阶段。回顾总结节约用水的发展历程，对于我们正确把握节约用水工作的今天，更好谋划节约用水工作的明天具有十分重要的意义。

一、新中国成立 70 年来节约用水发展历程

1949 年以来，节约用水发展经历了三个阶段。

（一）新中国成立后至改革开放前

这一时期是节约用水研究的起步阶段。自 20 世纪 50 年代始，全国开展了大规模的农田水利建设，随着农田灌溉面积不断扩大和城乡用水需求持续增加，水资源供需平衡问题逐步出现，缺水地区开始关注节约用水问题。60 年代初，开始探索研究农业节水灌溉技术，一些灌区推行了沟灌、畦灌和计划配水等相对节水的灌溉模式，一些缺水城市节水工作开始纳入当地政府工作议程。70 年代初，一些地区对自流灌区土质渠道进行防渗衬砌。70 年代中期开始，北方地区试验推行喷灌、滴灌等高效节水灌溉技术。

（二）改革开放后至党的十八大前

这一时期是节约用水筑基固本阶段。自 20 世纪 80 年代开始，我国在北方灌区开始推广低压管道输水技术和高效节水灌溉技术。1985 年，国民经济第七个五年计划明确提出，要把十分注意有效地保护和节约使用水资源作为长期坚持的基本国策。1988 年，我国颁布的《水法》提出，国家实行计划用水，厉行节约用水，各级人民政府应当加强对节约用水的管理，各单位应当采用节约用水的先进技术，将节约用水的规定以法律形式固定化。1998 年，中央提出要把推广节水灌溉作为一项革命性措施来抓，国务院机构改革在水利部设立全国节约用水办公室，负责全国节约用水工作。2000 年，国民经济和社会发展第十个五年计划明确提出，建设节水型社会。2004 年，中央人口资源环境工作座谈会要求，把节水作为一项必须长期坚持的战略方针，把节水工作贯穿于国民经济发展和群众生产生活的全过程。"十一五"时期以来，全国开展了 100 个国家级节水型社会

全国节水型社会试点城市南昌

试点建设，推动建立用水总量控制和定额管理等基本节约用水制度。 2011 年，
中央水利工作会议明确提出，加快建设节水型社会。

（三）党的十八大至今

这一时期是节约用水全面发展阶段。 中央财经领导小组第五次会议上提出
"节水优先"方针，为新时期节约用水提供了重要指针和根本遵循。 2013 年，
中央提出健全资源、水、土地节约集约利用制度。 2015 年，中央提出实施水资
源消耗总量和强度双控行动。 近年来，国务院有关部门统筹协作，出台了一系
列重大政策，总量强度双控、节水评价等重要制度基本建立，水价改革加速推
进，国家和省级取用水定额进一步完善，节约用水制度框架体系基本形成。
2019 年，经中央深改委审议，国家发展改革委、水利部联合印发《国家节水行动
方案》，部署实施国家节水行动，大力推动全社会节水。

二、新中国成立 70 年来节约用水取得的成就

新中国成立后特别是改革开放以来，我国节约用水工作的力度不断加大，节约用水的成效不断提升。

（一）节约用水政策制度不断完善

我国《水法》明确规定了总量控制、定额管理、计划用水、累进水价等一系列节约用水制度。 在国家层面，国务院有关部门制定了节水型社会建设"十一五""十二五""十三五"规划，明确了节水型社会建设阶段性工作目标和重点任务；制定了水资源消耗总量和强度双控行动方案，将双控指标逐级分解到县级行政区，强化节水约束性指标管理；制定了《全民节水行动计划》，推动各行业、各领域加大节水工作力度；加快推进农业水价、城镇居民用水阶梯水价、非居民用水超定额累进加价改革，制定了《关于推行合同节水管理促进节水服务产业发展

节水型社会工程建设

的意见》《水效领跑者引领行动实施方案》《水效标识管理办法》，推动建立节水市场化政策机制。 水利部出台《计划用水管理办法》，对纳入取水许可管理的单位和其他用水大户实行计划用水管理，建立800家国家重点监控用水单位名录；组织制定火力发电、钢铁联合企业等46项取水定额国家标准，基本覆盖高耗水工业行业，把定额作为水资源论证、取水许可、计划用水的重要依据，强化定额管理；制定《关于开展规划和建设项目节水评价工作的指导意见》，对规划和建设项目从源头把好节水关口。 在省级层面，全国23个省级行政区出台综合性节水法规，逐步将节约用水纳入法制化轨道；31个省级行政区全部颁布实施用水定额，累计出台一万余项各行业用水定额。

（二）节约用水技术改造持续推进

农业节水方面，全国累计实施400多处大型灌区、1200多处重点中型灌区续建配套和节水改造，区域规模化高效节水灌溉工程建设持续推进。 截至2018年，全国节水灌溉工程面积达到5.3亿亩，喷灌、微灌和管道输水等高效节水灌溉面积达到3.3亿亩。 工业节水方面，工业和信息化部、水利部联合公布两批"国家鼓励的工业节水工艺、技术和装备目录"和一批"高耗水工艺、技术和装备淘汰目录"，在火电、钢铁、石化、纺织、造纸、化工、食品等高耗水行业大力推广节水技术，淘汰落后用水技术，实施节水技术改造，新型工业园区普遍发展和推广了循环用水和串联用水系统，积极推行废污水"零排放"。 在生活和服务业节水方面，大中型城市家庭推广普及生活节水器具，高等院校推广使用学生用水IC卡自动化

全国节水型社会试点城市成都

系统，加强高尔夫球场、洗浴等高耗水服务业节水管理。 在非常规水源利用方面，各地相继实施一批非常规水源利用工程，2018年非常规水源利用量达到86.4亿立方米，年再生利用量提高到73.5亿立方米，年海水淡化水量提高到1.5亿立方米。

（三）节约用水载体建设逐步推进

2001年起，水利部组织先后建成100个全国节水型社会建设试点和200多个

省级节水型社会建设试点，形成了河西走廊、南水北调受水区、太湖平原河网区、珠三角、黄河上中游能源重化工基地群等典型的节水型社会建设示范带。各地积极探索各具特色的节水型社会发展模式，华北地区突出总量控制、节水压采，西北能源化工基地推进水权转换、节水增效，东南沿海经济发达地区推行清洁生产、节水治污，东北地区结合转型升级、实施国家节水行动，南方丰水地区严格准入门槛、节水减排。 建成了节水型灌区、节水型企业、节水型机关、节水型居民小区等各类载体约 7.9 万个，带动和引领各地区各行业节水。 为进一步加大节水型社会建设力度，水利部在总结节水载体建设经验的基础上，修订完善了节水型社会建设标准，推进以县域为单元的节水型社会达标建设，第一批 65 个节水型社会建设达标县（区）已验收公布。

（四）公众节约用水意识不断增强

1993 年联合国确定"世界水日"和我国确定"中国水周"以来，各地区、各部门在"世界水日""中国水周"期间集中开展节水宣传教育活动，增强全社会节水意识。 水利部、中宣部、教育部、团中央联合印发《全国水情教育规划（2015—2020 年）》，引导公众不断加深对我国水情的认知，增强水资源忧患意识，推动形成全民知水、节水、护水、亲水的良好社会风尚。 水利部向全社会公开征集"国家节水标志"，在全国建设了 34 家国家水情教育基地，组织开展了"节水在路上""节水中国行"等主题公益宣传，企业、机关、学校、社区广泛开展了形式多样的群众性日常节水宣传活动。 近年来，各地区、各部门充分利用新媒体手段，在互联网、移动终端上广泛开展节水宣传教育，将知识普及与观念培育有机结合起来，进一步增强了公众节水知识技能和意识，推动公众主动参与节水行动。

宁夏固原市原州区节水灌溉蓄水池

通过节水型社会建设，全社会用水效率大幅提升。 2018 年，全国万元国内生产总值用水量为 66.8 立方米（当年价），比 1997 年下降 82%；万元工业增加值用水量为 41.3 立方米（当年价），比 1997 年下降 83%；农田灌溉水有效利用系数为 0.554，比 1997 年提高了 0.204。

三、当前节约用水工作面临的新形势和新要求

（一）新三大水问题越来越突出，对节约用水提出更高要求

当前，我国新老水问题交织，水资源短缺、水生态损害、水环境污染等问题日益突出。用水方式粗放、用水效率不高进一步加剧了水资源短缺。一些地区水资源开发利用过度，造成部分河道断流、湖泊萎缩。节约用水作为治水的关键环节，是破解我国水问题的一项革命性措施。实施"节水优先"方针，通过节水遏制不合理的需求增长，有利于减少水资源消耗，提升用水效率，缓解水资源短缺压力，减少废污水排放，减轻水生态环境损害，解决我国面临的复杂水问题。

（二）用水需求不断增长，对节约用水提出了新要求

1997年以来，全国用水总量总体上呈缓慢上升趋势，2013年后基本持平，近几年稳定在6000亿立方米左右。随着我国人口增长、城镇化进程推进和人民生活水平日益提高，我国经济社会发展的用水需求将进一步增加，而我国2.8万亿立方米的多年平均水资源总量将不会增加，人多水少、时空分布不均的基本水情不会改变。通过优化水量调度、新建供水工程无法从根本上解决水资源短缺问题。为保障水安全，必须强化水资源节约，全面提高水资源利用效率与效益。

（三）绿色发展高质量发展，对节约用水提出了新要求

面对资源约束趋紧、生态环境保护的严峻形势，大力推进生态文明建设，贯彻节约资源的基本国策，对节约用水提出了新的更高要求。实施节约用水，转变用水方式，淘汰高耗水高排放高污染的落后生产方式和产能，倒逼产业转型升级、经济提质增效，推动形成绿色生产方式、生活方式和消费模式，是我国经济转向绿色发展、高质量发展的必然选择。

（四）节约用水是文明生产生活方式的重要体现

厉行节约、制止浪费，是降低成本、提高效益的有效途径，是科学利用资源

的基本要求，是文明生产生活方式的体现。要转变治水思路，坚持从改变自然、征服自然为主转向调整人的行为、纠正人的错误行为为主。节约用水就是调整人的行为、纠正人的错误行为，是"建工程"的前提要求，是"强监管"的重要内容。实施节约用水，提倡文明用水的生活方式和消费理念，使节水理念根植于人们的日常行为，将推动全社会形成节约用水的良好风尚和自觉行动，促进社会文明进步。

（五）我国用水效率总体偏低，节水潜力仍有待深入挖掘

提高水资源利用效率，挖掘各行业节水潜力是保障我国水安全的必然选择。目前我国用水效率与国际先进水平仍有一定差距，万元国内生产总值用水量为66.8立方米，是发达国家的2倍以上。在农业方面，农田灌溉水有效利用系数为0.554，与国际0.7~0.8的先进水平有较大差距；在工业方面，全国万元工业增加值用水量41.3立方米，是英国、日本的4倍，澳大利亚的2倍；在城镇方面，城镇管网漏损率为15%左右，东北地区更是高达20%以上，远高于发达国家8%~10%的漏损水平。总体而言，当前我国节水潜力仍然较大，各行业节水潜力仍有待深入挖掘。

四、下步节约用水工作的目标任务和举措

新时代赋予新使命，新征程呼唤新作为。我们要深入贯彻落实"节水优先、空间均衡、系统治理、两手发力"的治水思路和"水利工程补短板、水利行业强监管"水利改革发展总基调，攻坚克难，迎难而上，抓基础，强机制，快突破，奋力开创节约用水工作新局面。

（一）总体思路

以习近平新时代中国特色社会主义思想为指导，深入贯彻新时期中央治水方针，把节水作为解决我国水资源短缺问题的重要举措，落实目标责任，加强监督管理，大力推动节水制度、政策、技术、机制创新，使市场在资源配置中起决定性作用和更好发挥政府作用，激发全社会节水内生动力，增强全社会节水意识，加快推动用水方式由粗放向节约集约转变，提高用水效率，以水资源可持续利用促进经济社会可持续发展。

（二）工作目标

2020年全面建成小康社会时，节水政策法规、市场机制、标准体系趋于完善，技术支撑能力不断增强，管理机制逐步健全，节水效果初步显现。万元国内生产总值用水量、万元工业增加值用水量较2015年分别降低23%和20%，规模以上工业用水重复利用率达到91%以上，农田灌溉水有效利用系数提高到0.55以上，全国公共供水管网漏损率控制在10%以内。建立覆盖主要农作物、工业产品和生活服务业的先进用水定额体系，地级及以上缺水城市全部达到国家节水型城市标准，力争颁布节约用水条例。

到2022年党的二十大召开时，节水型生产和生活方式初步建立，节水产业初具规模，非常规水利用占比进一步增大，用水效率和效益显著提高，全社会节水意识明显增强。万元国内生产总值用水量、万元工业增加值用水量较2015年分别降低30%和28%，农田灌溉水有效利用系数提高到0.56以上，用水总量控制在6700亿立方米以内。京津冀地区城镇力争全面实现地下水采补平衡，缺水城市非常规水源利用占比平均提高2个百分点，北方50%以上、南方30%以上县（区）级行政区达到节水型社会标准。

（三）主要任务

以实施国家节水行动为统领，在重点领域实施重大行动，从政策制度推动和市场机制创新两个方面深化体制机制改革。

一是严格实施总量强度双控。建立覆盖省、市、县三级行政区的双控指标体系，强化节水约束性指标管理。强化取水许可和水资源论证，加强对重点用水户、特殊用水行业用水户的监督管理。以县域为单元推进节水型社会达标建设。

二是持续推进实施农业节水增效。加快灌区续建配套和现代化改造，分区域规模化推进高效节水灌溉，推广喷灌、微灌、滴灌、低压管道输水灌溉等节水技术。推进适水种植、量水生产，发展节水渔业和牧业。加强农村生活用水设施改造，推广使用节水器具，创造良好节水条件。

三是大力推进实施工业节水减排。大力推广高效冷却、洗涤、循环用水、废污水再生利用等节水工艺和技术，促进高耗水企业加强废水深度处理和达标再利用。推进现有企业和园区开展以节水为重点内容的绿色高质量转型升级和循环化改造，加快节水及水循环利用设施建设，促进企业间串联用水、分质用水，一水多用和循环利用。

四是持续推进城镇节水降损。 将节水落实到城市规划、建设、管理各环节，重点推动管网高漏损地区节水改造，大幅降低供水管网漏损。 深入开展公共领域节水，提高公共建筑节水器具安装率和城镇居民节水器具普及率。 严控高耗水服务业用水，洗车、高尔夫球场、人工滑雪场等特种行业积极推广循环用水技术、设备与工艺。

五是深入推动重点地区节水开源。 在超采地区消减地下水开采量，禁止工农业及服务业新增取用地下水。 在缺水地区加强非常规水利用，推动非常规水源纳入水资源统一配置，逐年提高非常规水源利用比例。 沿海地区高耗水行业和工业园区优先利用海水。

六是加快推动节水科技创新引领。 建立政用产学研深入融合的节水技术创新体系，推动关键节水技术装备研发和工艺创新，加强新一代信息技术与节水技术的深度融合。 拓展节水科技成果及先进节水技术工艺推广渠道，促进节水技术转化推广和成果产业化，构建节水设备及产品的多元化供给体系，培育节水产业。

七是深化节水政策制度改革。 健全节水标准定额体系，严格标准定额执行应用。 实施农业水价综合改革，完善城镇居民阶梯水价制度和非居民用水超定额累进加价制度。 推动水资源税改革。 建立节水统计调查和基层用水统计管理制度，加强有关涉水信息管理。 实行用水报告制度，将规模以上工业和服务业用水单位纳入重点用水单位监控体系。

八是强化节水市场机制创新。 推进水权水市场改革，开展水资源使用权确权，加强水权交易监管，规范交易平台建设和运营。 对节水潜力大、适用面广的用水产品施行水效标识管理。 在公共机构、公共建筑、高耗水工业和服务业等领域推行合同节水管理。 在用水产品、用水企业、公共机构和节水型城市开展水效领跑者引领行动。

节水灌溉

节水灌溉大型喷灌机

（四）重点工作

坚持目标引领，聚焦标准定额、节水评价、监督考核、宣传教育等重点工作，全力打好节约用水攻坚战。

一是完善标准定额体系。 按照先理论后实践、先大后小、先粗后细的原则，制定节水标准定额体系。 加快制定覆盖主要农作物、工业产品、服务行业的国家节约用水定额，完善节水技术规范、节水载体评价、产品水效等方面的节水标准，推进省级用水定额评估，严格标准定额执行应用，强化标准定额监管。

二是组织开展节水评价。 落实《关于开展规划和建设项目节水评价工作的指导意见》有关要求，指导水利行业开展节水评价。 制定《规划和建设项目节水评价技术要求》，细化评价的范围、内容和评价标准等，以节水评价为依据，从严叫停节水论证不充分、节水评价不合格的规划和建设项目。

三是强化节水监督考核。 围绕国家节水行动等节约用水重大决策部署和重点任务落实，强化对地方政府有关部门履行节约用水管理职责、用水单位规范合理用水的监管。 强化最严格水资源管理制度考核中节约用水部分内容，完善考核内容，强化结果运用，全面发挥监督考核作用。

四是加大节水宣传教育。 开展节水主题宣传活动，充分利用各种媒体深入宣传节水的重要性，倡导节水生产生活方式，树立节水光荣的良好社会风尚。开展全民节水教育，把节水纳入干部培训和国民教育体系，提升领导干部和社会公众节水意识，加强高等教育节水相关专业人才培养。 健全节水公众参与机制，强化公众参与和社会监督。

五是健全财政激励机制。 研究设立中央和地方各级财政节水补助资金，重点支持省级用水定额修订、县域节水型社会达标建设、节水技术改造、生活节水器具推广、非常规水源利用等工作。 完善社会资本进入节水领域的相关政策，推行合同节水管理，引导社会资本参与节水项目建设和运营，充分发挥市场机制作用。

六是突出典型示范引领。 结合节水型社会建设，选取具有借鉴和推广意义的企业、灌区、单位作为示范点，在全国范围内推广其先进经验和做法。 大力推动节水型机关建设，率先从水利行业机关做起，从机关、部队、学校等人员集中地区做起，发挥节约用水典型的示范引领作用。

撰稿人：刘永攀　赵志轩
审稿人：许文海

完善工程体系　保证质量效益
水利基础设施建设成就举世瞩目

水利部水利工程建设司

我国水旱灾害频发，治水历来是治国安邦、兴国富民的大事，中华民族数千年文明进步与治水息息相关。清代中期以后，国力日渐衰落，水利建设长期停滞不前。到 1949 年新中国成立前遗留下来的水利工程设施数量很少且残缺不全，全国仅有 22 座大中型水库和 4.2 万公里堤防，大多数江河基本处于无控制或控制很低的自然状态，特别是黄河、淮河、长江大水频繁发生，水利基础设施十分薄弱。

　　新中国成立以来，党和国家把治水兴水摆在关系国家事业发展全局的战略位置，领导人民开展了波澜壮阔的水利建设。毛泽东主席发出"一定要把淮河修好""要把黄河的事情办好""一定要根治海河"的号召，国家在百废待兴、百业待举的情况下，集中力量兴修水利、防治水害，掀起了大规模治水高潮，水利基础设施得到恢复和发展。改革开放以来，水利体制机制发生重大变革，大江大河治理明显加快，特别是 1998 年长江、松花江、嫩江特大洪水后，中央作出灾后重建、整治江湖、兴修水利的决定，水利投入大幅度增加，水利基础设施建设大

荆江大堤

规模展开。 2008 年起，中央把加快水利基础设施建设作为应对国际金融危机、扩大国内需求、保持经济平稳较快发展的重要举措，2011 年首次出台加快水利改革发展的决定并召开中央水利工作会议，持续加大水利投入。 党的十八大以来，党中央、国务院对水利工作高度重视，习近平总书记多次发表重要讲话、作出重要指示，明确提出"节水优先、空间均衡、系统治理、两手发力"的治水思路，国家将水利摆在九大基础设施网络建设之首，着力推进重大水利工程和灾后水利薄弱环节建设，水利基础设施建设进入新的历史时期。

目前，我国已基本建成较为完善的江河防洪、农田灌溉、城乡供水等水利工程体系，水利工程规模和数量跃居世界前列。 截至 2018 年底，全国各类水库从新中国成立前的 1200 多座增加到 9.9 万座，总库容从 200 多亿立方米增加到近 9000 亿立方米，5 级以上江河堤防达 31.2 万公里，是新中国成立之初的 7 倍多，大江大河干流基本具备了防御新中国成立以来最大洪水的能力。 规模以上水闸 10.4 万座、泵站 9.5 万处、2000 亩及以上灌区 2.3 万处，耕地灌溉面积从新中国成立之初的 2.4 亿亩扩大到 10.2 亿亩，约占世界总灌溉面积的 1/5，我国以约占全球 6% 的淡水资源、9% 的耕地，保障了占全球 21% 人口的粮食安全。 以南水北调工程为代表的水资源"南北调配、东西互济"配置格局逐步形成，全国水利工程供水能力达 8600 多亿立方米，城镇供水保障和农村供水保障水平得到大幅度提升。 累计治理水土流失面积 131.5 万平方公里，修筑梯田 2000 万公顷，修建淤地坝近 6 万座，年均减少土壤侵蚀量 16 亿吨左右，增加蓄水能力 300 多亿立方米。 建成农村水电站 4.6 万多座，总装机容量 8000 多万千瓦，年发电量 2300 多亿千瓦时。 据中国工程院研究成果，目前我国防洪能力和供水保障能力均已升级至较安全水平，水旱灾害防御能力已达到国际中等水平，在发展中国家相对靠前。

70 年来，我国水工技术艰难起步、曲折前行，实现由跟随模仿到自主创新的历史性跨越。 长江三峡、南水北调、黄河小浪底、治淮、治太、长江干堤等世界级大型水利工程以及溪洛渡、向家坝、小湾、水布垭、龙滩等巨型水电项目的建成运行，标志着我国水利水电工程设计、施工和建造技术实现重大突破，跻身国际先进水平。 目前，我国水工专业基本形成了较为完整的技术体系，已建成世界上最高的混凝土拱坝、碾压混凝土坝和面板堆石坝，拥有 200 米级以上高坝数量位居世界第一，水电站装机容量和建筑物泄洪规模在世界上首屈一指，超高筑坝、大流量泄洪、超大洞室、复杂地基及特高边坡处理等技术达到国际领先水平，以超大型水轮机组等关键设备为代表的"大国重器"已牢牢掌握在自己手里，我国已成为名副其实的水利水电强国。

水利工程建设管理体制机制不断迈向现代化。 新中国成立至改革开放前的

小浪底水利枢纽工程

30 年，水利工程建设采用的是计划经济体制下的建设管理模式，政府是单一的投资主体，水利建设投资由政府按条块分层拨付，以自营的方式或指挥部的形式进行工程建设。 1982 年，云南鲁布革水电站首次使用世界银行贷款建设，对引水隧洞工程采用国际招标方式选择施工单位，揭开了水利水电建设管理体制改革的序幕。 以黄河小浪底、长江干堤加固等工程的成功建设为里程碑，适应市场经济要求的水利工程建设管理体制机制逐步建立。 水利建设投资由单一的财政预算内拨款，逐渐转变为财政拨款、水利建设基金、金融机构贷款、社会融资、利用外资等多种形式，初步形成以政府投资为主导、社会投资为补充的多元化、多层次、多渠道的新格局。 项目法人责任制、招标投标制、建设监理制、合同管理制全面推行，水利建设市场准入制度和市场监管体制日趋完善，信用体系建设成效凸显，代建制、设计施工总承包等模式应用，工程建设管理专业化、市场化水平进一步提高。

水利工程建设质量显著提升。 新中国成立特别是改革开放以来，水利行业通过改革体制机制、完善规章制度、强化监督检查，不断提升质量管理能力和水平，建立了具有水利特色的制度标准体系、质量责任体系、质量检验评定和验收体系以及政府监督体系，形成了政府监管、企业负责、社会参与的质量管理与监督工作局面，水利工程质量安全得到进一步保障。 中国已成为世界溃坝率最低的国家之一，水利工程建设连续多年未发生重特大质量安全事故。 重大水利工程质量得到国内外充分肯定，我国长江三峡、黄河小浪底等 13 个水利枢纽获得国际大坝委员会里程碑工程奖，获奖数量最多，20 项工程荣获国家优质工程鲁班奖，10 项工程获中国土木工程詹天佑奖，100 余项工程获中国优质水利工程大禹奖。

涉港澳台地区水利工程建设成效突出。 东深供水工程向香港供水 50 多年，为香港繁荣发展作出重要贡献。 福建向金门供水工程实现通水，"两岸一家亲，共饮一江水"的美好愿景成为现实。 大藤峡水利枢纽建设进展顺利，对于抑制咸潮上溯，保障澳门及珠江三角洲供水安全将发挥重要作用。 跨界河流国际水利工程建设稳步推进。 中哈霍尔果斯河友谊联合引水枢纽工程和苏木拜河联合引水工程改造投入运行并发挥效益，中哈霍尔果斯河阿拉马力（楚库尔布拉克）联合泥石流拦阻坝开工建设，工程建成后将有效保障下游重要基础设施和河流沿岸两国人民生命财产安全。

中国水利水电成为国内最早"走出去"的行业之一。 中国水电企业积极促进国际合作，经过多年海外经营和发展，成功占领了水利水电国际工程承包、国际投资和国际贸易三大业务制高点，具备了先进的水利水电开发、运营管理能力、金融服务及资本运作能力以及包括设计、施工、重大装备制造在内的完整产业链整合能力。 与 100 多个国家和地区建立了水电开发多形式的合作关系，承接了 60 多个国家的电力和河流规划，业务覆盖全球 140 多个国家，拥有海外权益装机超过 1000 万千瓦，在建项目合同总额 1500 多亿美元，国际项目签约额名列我国"走出去"的行业前茅，累计带动数万亿美元国产装备和材料出口。

中国特色社会主义进入新时代，对水利基础设施建设提出新的更高要求。随着我国经济社会不断发展，水安全中的老问题仍有待解决，新问题越来越突出、越来越紧迫。 目前，我国部分区域、领域防洪减灾和供水保障体系尚不完善，部分大江大河控制性工程不足、堤防不达标，部分水库存在病险问题，有防洪任务的中小河流还需治理，西南等地区工程性缺水严重，水利基础设施补短板任务仍然繁重。 水利工程建设司将以习近平新时代中国特色社会主义思想为指导，认真贯彻党中央、国务院各项决策部署，落实"水利工程补短板、水利行业强监管"水利改革发展总基调，强化质量，有序推进重大水利工程、灾后水利薄弱环节建设等重点任务，全面提高工程建设水平，推动水利基础设施建设取得新的更大成效，以优异成绩庆祝新中国成立 70 周年。

典 型 事 例

黄河小浪底水利枢纽工程

　　该工程是国家"八五"重点建设项目，是新中国成立以来黄河治理开发里程碑式的特大型综合利用水利枢纽工程，具有防洪、防凌、减淤、供水、灌溉和发电等综合效益，水库总库容126.5亿立方米，总装机容量180万千瓦。 工程规模宏大，地质情况复杂，水沙条件特殊，技术难题多，运用要求严格，是世界坝工史上极具挑战性的工程之一。 工程在规划、设计、施工等阶段积极推广应用新技术、新工艺、新材料，设计建造了当时国内最深的混凝土防渗墙，填筑量最大、最高的壤土斜心墙堆石坝，世界坝工史上罕见的复杂进水塔群、最密集的大断面洞室群、最大的多级孔板消能泄洪洞及最大的消能水垫塘，总体设计、施工居国内领先水平，多项成果达到国际先进水平。 主体工程于1994年9月12日开工，1999年10月下闸蓄水并投入拦沙初期运用，2001年12月6台机组全部并网发电，主体工程完工。该工程是我国利用外资最多的水利项目，主体土建工程、水轮机采购等实行国际招标，在我国率先全面开展施工现场环境保护工作，外资财务管理严格执行世界银行有关规定，实现了工期提前、投资节约、质量优

小浪底工程"蜂窝煤"式的洞群施工原貌

良，被世界银行誉为该行与发展中国家合作项目的典范。 工程建成投入运行后，有效缓解了黄河下游洪水威胁，黄河下游防洪标准由不足60年一遇提高到千年一遇，发挥了巨大的社会效益、生态效益和经济效益。

长江干堤加固工程

　　'98大水过后，党中央、国务院作出了灾后重建、整治江湖、兴修水利的重大决策，大幅度增加了以长江中下游干流堤防建设为重点的长江防洪工程建设的投入。 涉及湖北、湖南、江西、安徽和江苏等5省，堤防加高加固长度3576公里，崩岸治理长度805公里，堤顶公路长度3397公里，工程总投资282亿元，相当于1998年以前近50年长江堤防建设投入总和的10多倍。2002年底，工程基本完工，2010年，所有项目全部通过竣工验收。 工程建成

后，加上三峡工程开始发挥防洪效益，标志着以堤防为基础，以三峡等控制性枢纽为骨干的长江防洪体系框架基本形成。工程建设推动了堤防工程建设体制的重大转变，建设模式由岁修式转变为按基建程序建设，管理模式由以行政手段为主的指挥部形式转变为以项目法人责任制为核心的"四项制度"，施工方式由农民投工投劳人工土方上堤为主、疏于质量管理转变为以机械化施工为主、严格控制质量，同时大力推广应用新技术、新材料、新工艺，促进了水利工程建设管理水平的整体提高。

安徽省铜陵河段加固前后对比

湖北省武汉市长江干堤加固前后对比

撰稿人：王　殊
审稿人：王胜万

总结 70 年经验　把握新时代要求
全面提高水利工程运行管理水平

水利部运行管理司

新中国成立 70 年来，在党中央和国务院的坚强领导下，水利工程运行管理工作取得了显著成效，安全状况得到明显改善，水利工程体系防洪抗旱减灾能力大幅增强，综合效益显著提升，为经济社会发展提供了重要保障。

一、水利工程运行管理工作回顾

水利工程是国民经济和社会发展的重要基础设施。 70 年来，我国兴建了一大批水利工程，形成了防洪、抗旱、灌溉、供水、发电等工程体系。 水利部一直高度重视水利工程运行管理工作，水利工程安全总体可控，运行总体平稳，效益发挥正常。

（一）水利工程管理体制不断健全

国有大中型水管单位管理体制改革成效显著，两项经费渠道保持稳定，管养分离不断推进。 截至 2018 年底，全国纳入改革范围的国有水管单位 14325 个，经精简撤并调整为 12908 个，较改革前下降 10％。

小型水利工程管理体制改革不断深化，工程产权逐步明晰，管护主体和责任逐步落实，管护经费明显增加，管理水平不断提高。 截至 2018 年底，全国纳入改革范围的小型水利工程 1445.3 万处，涉及 2554 个县（市、区）。 其中，2506个县（市、区）出台了改革实施方案，占全部改革县的 98.1％；1401.8 万处小型水利工程明晰了工程产权，占比 97％；1171 万处小型水利工程落实了管护主体，占比 81％；1040.5 万处工程明确了工程管理模式，占比 72％。

（二）水利工程运行管理基础不断夯实

1. 工程底数逐步摸清。 各地积极开展水库和水闸注册登记工作，逐步摸清工程底数。 截至目前，全国已有 9.6 万余座水库完成注册登记并建档入数据库；北京、天津、河北、山东等地基本完成了水闸注册登记。 建成全国水库大坝基础数据管理信息系统，具有水库大坝安全管理和工程基本信息存储、查询、统计以及水库大坝注册登记资料汇总管理等功能，在 2008 年"5·12"汶川地震险情处置等工作中发挥了重要作用。 全国大型水库大坝安全监测监督平台一期工程、堤防水闸等工程基础信息数据库建设有序推进。

2. 大坝安全责任基本落实。 严格落实水库大坝安全责任制和防汛"三个责任人"，每年汛前在媒体公布水库大坝安全责任人，接受社会监督，实现水库安

江苏省溧阳市天目湖镇砂子岗小（2）型水库

全管理责任全覆盖。

3. 水利工程划界工作有序推进。各地建立部门联动机制、细化实化工作方案、拓宽资金筹措渠道，加快推进划界工作。目前，各省直属工程的划界工作总体进展顺利，天津、江苏、浙江等地已基本完成。

（三）水利工程运行管理制度体系基本建立

1. 制度体系不断完善。形成了以《水法》《防洪法》《水库大坝安全管理条例》《河道管理条例》为核心的法律法规体系，建立了注册登记、安全鉴定、除险加固、降等报废、调度运用、维修养护、监测预警、应急预案等安全管理制度和技术标准体系，为水利工程运行管理提供了制度保证。

2. 标准化管理有序推进。组织开展了水利工程管理标准化研究，积极推动水利工程制度化、规范化管理。浙江省、江西省以省政府办公厅名义颁布指导意见，在全省范围内推行水利工程标准化管理。 江苏省、上海市由省级水行政主管部门发文，指导水管单位开展水利工程精细化管理。 海南省结合实际制定《水库运行管理标准化要点》，统一全省水库运行标准化管理要求。

（四）水利工程安全状况进一步掌握

1. 水库、水闸安全鉴定工作积极推进。 建立水库大坝安全鉴定提示制度，督促各地及时开展安全鉴定工作；对拟实施除险加固的大中型病险水库及时组织安全鉴定成果核查；组织开展小型水库病险问题摸底调查。 稳步推进水闸安全鉴定工作，河南省完成了全部 1703 座小（1）型以上规模水闸的安全鉴定。

2. 水利工程安全监测系统逐步建立。 各地积极推进水利工程监测预警系统建设，湖北省建成了全省小型水库水雨情信息管理系统，5200 多座水库实现了自动报汛、短信预警和实时图像传输；广西壮族自治区 4313 座水库建立了监控终端；四川省 2700 多座水库完成动态监管预警系统；宁夏回族自治区启动实施了黄河宁夏段堤防安全监测系统建设。

江苏省丹阳市上湾小（2）型水库

（五）水利工程运行管理监督考核不断强化

1. 持续开展水利工程安全运行督查暗访。 2018 年首次采取暗访形式，对全国 4702 座小型水库安全运行进行专项督查，以"一省一单"方式分 9 个批次印发了专项督查整改意见，并通过进展通报、现场督导、重点约谈、暗访检查等方式督促整改落实。 2019 年对 6549 座小型水库开展安全运行专项督查。

2. 深入开展水利工程运行管理督查。 坚持"检查督促、帮助提高"的原则，持续深入开展水利工程运行管理督查。 自 2009 年开展运行管理督查工作以来，先后派出 69 批次、238 个督察组，对 857 座（处）水利工程开展了运行管理督查，其中， 水库 612 座、水闸 128 座、河道堤防 117 处，共发现问题 6103 个；派出 15 批次、50 个复查组，对 620 座（处）水利工程开展了运行管理复查，其中水库 597 座、水闸 10 座、河道堤防 13 处，共复查问题 1687 个。

3. 稳步推进水利工程管理考核。 建立了水利工程管理考核制度，积极推进水利工程规范化管理，有效推动工程管理提档升级，目前全国已有 135 家水管单位管理考核通过水利部验收。

二、准确把握新时代水利工程运行管理面临的形势

习近平总书记 2014 年 3 月 14 日专门就治水发表重要讲话，明确提出了"节水优先、空间均衡、系统治理、两手发力"的"十六字"治水思路，为做好水利工作提供了思想武器和根本遵循。 2018 年 10 月，习近平总书记主持召开中央财经委员会第三次会议，研究提高我国自然灾害防治能力，将防汛抗旱水利提升工程作为一项重要内容进行安排部署。 当前，我国治水主要矛盾已经发生深刻变化，2019 年全国水利工作会议确定了"水利工程补短板、水利行业强监管"水利改革发展总基调。 这些都对水利工程运行管理工作提出了新的更高要求。

一是新时代对水利工程安全提出更高要求。 水利工程安全直接关系经济社会发展和人民群众生命财产安全，随着经济社会发展，水利工程安全涉及的人口数量、重要基础设施规模和经济总量大幅增加，一旦失事损失巨大，容不得半点疏忽。 确保安全是水利工程运行管理的核心和落脚点，也是水利工作补短板强监管的重要目标，必须牢固树立以人民为中心的发展思想，坚持以人为本，将保障人民群众生命财产安全放在首位，将水利工程运行管理作为补短板强监管的一项重要内容，切实加强水利工程运行管理，努力提高工程管理水平，确保工程安

全运行。

二是水利工程补短板对水利工程运行管理提出更高要求。 保证水利工程安全运行，需要摸清工程底数，掌握安全状况，及时发现并消除隐患。 目前，水库基础信息数据库尚不完善，水闸、堤防基础信息数据库刚刚起步，近一半水库未能正常开展大坝安全鉴定，多数水闸、堤防未进行安全鉴定或安全评价，工程安全状况未能全面掌握，这是水利工程运行管理的重要短板。 落实

江苏省溧阳市社渚镇野毛岕小（1）型水库

水利工程补短板的要求，必须进一步摸清工程底数，健全基础信息，把工程管理的基础打牢；同时要将大坝安全鉴定制度作为强制性制度严格执行，定期开展安全鉴定和安全评价，在科学判定工程安全状况的基础上，科学制定调度运用方案，及时实施除险加固、降等报废，及时消除安全隐患。

三是水利行业强监管对水利工程运行管理提出更高要求。 健全的制度标准体系是规范水利工程运行管理行为的重要基础，也是开展水利工程运行管理督查的重要依据。 我国水利工程类型多，地域跨度广，管理要求差异大，对制度标准体系要求高。 现行水利工程管理制度标准体系不健全，制度适用性差、操作性不强，有的管理领域还有些制度空白，导致监管工作依据不充分，难以满足强监管的要求。 落实水利行业强监管的要求，必须抓紧健全和完善水利工程运行管理制度标准体系，把制度执行落实纳入监管的重要内容，常态化地开展督查工作，切实抓好督查发现问题整改，让强监管在运行管理领域落地生根。

三、下一步工作展望

下一步，我们将紧紧围绕我国当前治水主要矛盾，按照"水利工程补短板、水利行业强监管"水利改革发展总基调，以工程安全为核心，将保证水库安全特别是小型水库安全作为首要任务，近期要摸清工程底数、夯实管理基

础，中长期要抓标准化、信息化、现代化管理，全面提高水利工程运行管理水平。

（一）切实抓好小型水库安全运行管理三年行动方案实施

小型水库是水利工程运行管理的薄弱环节。我们正在组织制定《加强小型水库安全运行管理三年行动方案》，拟从落实安全管理责任、摸清安全底数、保障安全度汛、消除安全隐患、强化监督检查等方面，着力加强小型水库安全运行管理，逐步实现小型水库运行管理规范化、标准化，确保小型水库安全运行。

（二）全面摸清水利工程底数

抓紧组织办理已建水库大坝申报、审核和发证手续，尽快将相应的基础信息入库，完善全国水库大坝基础信息数据库；组织开展全国水闸工程注册登记，加快堤防水闸工程基础数据库建设，逐级建立险工险段名录，全面摸清水利工程基本情况。

（三）抓紧完善水利工程运行管理制度体系

按照新时代对小型水库运行管理提出的新要求，以问题为导向，抓紧修订小型水库安全管理办法，并研究制定安全鉴定、调度运用方案以及年度报告等管理制度；依据现行法律法规和相关制度，结合工程运行管理实际，组织制订堤防、水闸工程运行管理办法，填补制度空白，规范工程管理行为。

（四）准确掌握水利工程安全状况

开展小型病险水库抽查复核，摸清今后三年拟实施除险加固的小型病险水库数量和初步名单，对安全鉴定或安全认定成果进行抽查复核；针对病险问题和工程实际提出治理方案，最终形成小型病险水库除险加固和降等报废建议名单，并大力推进水库降等报废工作。制订堤防险工险段判定指南，组织开展3级以上堤防险工险段排查，通过重点抽查复核，初步建立3级以上堤防险工险段名录。推进水闸工程安全鉴定工作，定期组织开展安全鉴定成果核查，准确掌握工程安全状况。

江苏省溧阳市天目湖镇平桥石坝小（2）型水库

（五）深入推进水利工程管理体制改革

以小型水库管理体制改革为重点，整体推进各类小型水利工程改革工作，全力打好小型水利工程管理体制改革攻坚战。 推进深化小型水库管理体制改革示范县创建工作，为区域乃至全国小型水库管理体制改革提供新的标杆、样板，促进小型水库管护主体、管护人员和管护经费进一步落实，加强运行管理，确保水库安全。 在管好用好县级以下公益性水利工程维修养护中央财政补助资金的基础上，积极协调地方财政加大扶持力度，建立水利工程运行管理经费补助机制，多渠道筹措管理经费，稳定经费渠道。 大力推进管养分离，督促直属水管单位认真开展维修养护项目招投标工作，确保 2020 年全面完成部直属水利工程维修养护市场化的目标任务。

（六）大力提升水利工程信息化水平

推广使用全国水库大坝基础数据信息管理手机 APP，做到基础信息及时更新、实时查询；扎实推进全国大型水库大坝安全监测监督平台建设，尽快实现大型水库安全监测信息动态汇集和水库大坝运行安全实时预警；逐步完善水雨情监测和大坝安全监测预警设施，推进重点堤防和水闸安全监测系统建设，逐步实现工情水情自动采集、远程传输、定期分析、自动预警相结合的现代化监测体系。

（七）深入开展水利工程督查和问题整改

以基础条件差、安全风险高、管理条件薄弱的小型水库为重点，以深化管理体制改革、责任制和责任主体落实、管理制度执行为切入点，持续深入开展水利工程运行管理督查。 全面梳理问题，深入分析原因，提出整改措施，从完善制度、强化监管的层面推动问题整改。 督促各地高度重视整改工作，举一反三，确保问题整改落实到位。

（八）推进水利工程标准化管理和划界工作

争取用 3～5 年的时间，按照顶层设计、统筹考虑，因地制宜、逐步推进的原则，建立健全有利于水利工程良性运行、效益充分发挥、与经济社会发展相适应

璀璨明珠——曹娥江大闸

的水利工程管理标准化体系。 牢牢抓住全面推行河长制湖长制的有利机遇，把
水利工程管理和保护范围划定与河湖管理范围划定有机结合，紧紧围绕 2020 年
完成国有水利工程划界任务的目标要求，对划界工作进行再动员、再部署、再
落实。

（九）全力做好水利工程安全度汛工作

规范防汛"三个责任人"职责和任职要求，实现各类责任人和工作职责从有
名到有实。 做好除险加固，及时消除水库等工程存在的运行安全隐患；督促各
地加强对未能实施除险加固的病险部位的巡查监测，并根据需要采取降低水位等
限制运用措施，甚至空库迎汛，确保工程安全度汛。

（十）着力加强水利工程运行管理队伍建设

努力加强水利工程运行管理队伍建设，从抓廉政建设、改进工作作风等方面

浙江省宁波市白溪大（2）型水库

切实加强行风建设，从充实管护人员、加强培训等方面切实加强能力建设，为水利工程运行管理提供坚实的思想和组织保证。

撰稿人：万玉倩　郭健玮　吕　燕
审稿人：阮利民

精准发力 综合施策
河湖管理保护事业取得重大成就

水利部河湖管理司

江河湖泊是水资源的重要载体，是生态要素和国土空间的重要组成部分，是经济社会发展的重要支撑，也是我国新老水问题体现最为集中的区域。新中国成立后，党中央、国务院高度重视河湖管理保护工作，针对不同时期河湖面临的突出问题，精准发力，综合施策，确保了江河安澜；党的十八大以来，随着一系列治水管水重大政策措施的落地生效，河湖治理保护力度显著加强，河湖的资源功能、经济功能和生态功能得到进一步释放，防洪、供水、航运、生态等综合效益得到进一步发挥。

一、河湖管理保护事业发展历程

纵观新中国 70 年历程，水利工作主要围绕不同时期不同治水矛盾，集中在应对自然灾害对人的威胁和约束人对大自然的破坏行为两个方面。体现在江河湖泊，前者就是防治水害，即依靠工程、科技等手段改变自然、征服自然，保障江河安澜，保护人民群众生命财产不受损害，贯穿了新中国水利事业 70 年发展史，成绩斐然；后者就是河湖管理保护，即随着经济社会发展、人类活动对河湖的影响逐步扩大，通过建立健全体制机制和机构队伍、建立健全政策法规和规划标准，以社会企事业单位、个人为监管对象，以调整和纠正人们侵占河湖、破坏河湖的错误行为主要内容，以行政审批、日常监管、违法违规行为查处为主要手段，不断规范河湖开发利用行为。 70 年来经历了依法治河和河湖强监管两次重大飞跃，成效显著。

淮河

（一）实现依法治河的历史性转变

1988 年以来，《水法》《防洪法》《河道管理条例》《长江河道采砂管理条例》等法律法规相继出台，逐步构建起加强河道管理、保障防洪安全和发挥江河湖泊综合效益的法治保障，河湖管理保护实现有法可依的历史性转变。

一是明确了河湖管理体制。按照职能法定的原则，国务院水行政主管部门是全国河道（包括湖泊、人工水道、行洪区、蓄洪区、滞洪区）的主管机关，并在国家确定的重要江河、湖泊设立流域管理机构。县级以上地方人民政府水行政主管部门是本行政区域的河道主管机关。国土、环保、住建、林业等其他部门按照职责分工，负责本行政区域内河道治理、保护和利用的有关工作。

二是依法开展涉河建设项目管理工作。改革开放以来，我国经济社会快速发展，涉河建设项目迅速增多，违法围垦河湖、侵占河湖水域岸线的行为不断增加。1992年起，以确保江河防洪安全，保障人民生命财产安全和经济快速发展为目标，开展了河道管理范围内建设项目管理，重点是涉河建设项目行政审批，以及违法违规项目查处等工作。水利部依法划定了各流域管理机构行政审批权限，各省级水行政主管部门划定了各级地方人民政府水行政主管部门行政审批权限。

三是依法开展河湖采砂管理工作。河道采砂始于20世纪70年代末，从20世纪90年代末开始大量开采。由于采砂管理薄弱，采砂秩序混乱，部分河道无序采砂导致河势恶化，危及防洪安全。为规范采砂乱象，实行了河道采砂许可制度。2002年以来，以河道采砂形势最为严峻的长江流域为重点，颁布实施了《长江河道采砂管理条例》，先后编制长江中下游、长江上游干流宜宾以下河道采砂规划，逐步实现长江采砂有法可依，采砂秩序总体可控。

（二）开启河湖强监管的历史新阶段

近年来，随着我国治水矛盾发生深刻变化，按照习近平总书记"从改变自然、征服自然转向调整人的行为、纠正人的错误行为"的重要指示精神，水利部党组提出"水利工程补短板、水利行业强监管"的水利改革发展总基调，将河湖管理保护作为水利行业强监管的重要内容，以全面推行河长制湖长制为抓手，开启河湖强监管的新时代，让河湖空间成为不可触碰的高压线。

一是全面落实属地责任。按照2016年以来党中央、国务院全面推行河长制湖长制的部署安排，建立健全以地方党政领导负责制为核心的责任体系，以保护水资源、防治水污染、改善水环境、修复水生态为主要任务，构建责任明确、协调有序、监管严格、保护有力的河湖管理保护机制，一级抓一级、层层抓落实，全线拉紧河湖管理保护责任链条，维护河湖健康生命。

二是加强人才队伍建设。按照河湖管理保护工作的需要，2018年机构改革，加强了河湖管理队伍建设。水利部成立了河湖管理司和河湖保护中心，各流域管理机构明确了河湖管理职能部门和督查队伍，各省级水行政主管部门组建了河长制工作机构，有的还成立技术支撑单位，市、县级机构改革也加快推进，河湖管理队伍能力明显加强。

三是全方位强化河湖监管。 针对河湖管理面临的严峻挑战，各地加快推进河湖管理范围划界，大力推动大江大河岸线保护利用规划和河道采砂规划编制，严格河湖水域岸线空间管控和河道采砂管理，不断加强河湖开发利用行为的顶层设计和规范化管理。 以河长制湖长制为抓手，突出问题导向，以全国河湖"清四乱"（乱占、乱采、乱堆、乱建）、长江大保护等专项行动为突破口，坚决清理存量、严控增量，坚持水岸同治，全面推进河湖系统治理。 同时，强化暗访督查，打造智慧河湖，建立河湖管理保护严密网络。

博斯腾湖

二、河湖管理保护事业取得重大成就

　　回顾 70 年河湖管理保护历程，我们有过违背自然规律、侵占河湖、破坏河湖带来的惨痛教训，更有调整人的行为、纠正人的错误行为、实现人水和谐的成功经验。 在不断吸取教训、积累经验中前行，河湖管理保护事业取得重大成就。

（一）河长制湖长制"有名"向"有实"转变

全面推行河长制湖长制以来，在党中央、国务院的坚强领导下，各地各部门全力推动，狠抓落实，2018年底前全面建立河长制湖长制，百万河长湖长上岗履职，河长制湖长制从"有名"向"有实"转变，河湖面貌呈向好态势，人民群众的获得感、幸福感、认同感增强。

一是全面建立河长制湖长制。 各地各部门将全面推行河长制湖长制作为重大政治任务，增强责任担当，按照习近平总书记在2017年新年贺词中发出的"每条河流要有'河长'了"的重要指示，逐河逐湖明确河长湖长，全面构建河湖管护责任体系。 全国60位省级党委政府主要负责同志担任总河长，共设立省、市、县、乡四级河长湖长30多万名，村级河长湖长（含巡河员、护河员）90多万名，实现河长湖长"有名"。 各地还因地制宜设立河道警长、招募民间河长、河湖保洁员，发挥志愿者服务队的作用，调动全社会参与管水、治水、护水热情。

二是各级河长湖长上岗履职。 党政主要负责同志召开总河长会议部署年度工作，签发总河长令部署河湖"清四乱"等专项整治行动，主动认领问题突出、管理保护任务重的河湖作为"责任田"，带动各级河长湖长积极巡河履职，找问题、抓督办、促整改。 据统计，2018年省、市、县、乡四级河长湖长巡河巡湖717万人次，其中，省级河长湖长巡河巡湖1610人次，省级总河长巡河巡湖347人次。 有的省份省级总河长巡查河湖超10次，有的省份河长湖长巡查发现并督办整改河湖问题超10万个。

三是法规制度不断健全。 各地加强河长制法规制度建设，浙江、福建、海南、江西专门颁布河长制地方性法规，10多个省份在水资源管理保护、河道管理、采砂管理、湖泊管理保护、环境保护、水污染防治等地方法规中对河长制作出明确规定。 各地按照统一要求，建立了河长会议制度、信息共享制度、信息报送制度、工作督察制度、考核问责与激励制度、验收制度等，还结合本地实际出台了河长巡河、工作督办等配套制度，保障了河长制湖长制顺利推行。

四是严格河长湖长考核奖惩。 水利部会同有关部门开展全面推行河长制湖长制总结评估，将河长制湖长制纳入最严格水资源管理制度考核。 国务院将河长制湖长制实施情况作为30项督查激励措施之一，水利部联合财政部对河长制湖长制工作推进力度大、成绩突出的省份实施奖补。 各地建立落实考核制度，多个省份将河长制湖长制工作与干部选拔任用挂钩，对河长制工作优秀的地方、单位和个人进行表彰，对不作为、慢作为、虚假作为的河长湖长严肃问责。据不完全统计，2018年各地共问责河长湖长4624人次，其中市级39人次、县级1287人次、乡级3298人次。

（二）铁腕治理河湖突出问题成效明显

各地各部门按照山水林田湖草系统治理的总体思路，聚焦"盆"和"水"，突出问题导向，坚持水岸同治，重拳治理河湖乱象，向河湖顽疾宣战。

一是开展全国河湖"清四乱"专项行动。针对乱占滥用、乱采滥挖等河湖突出问题，水利部部署开展全国河湖"清四乱"专项行动，集中整治乱占、乱采、乱堆、乱建等河湖顽疾。各地以县为单元全面调查摸底，逐项建立问题清单，边查边改，边改边查，发现一处、清理一处、销号一处。据统计，截至2019年11月底，全国共清理整治河湖"四乱"问题12.9万个。同时，结合乡村振兴战略实施和农村人居环境整治三年行动工作安排，以保洁清洁为重点，加快推进农村河湖"清四乱"，着力解决农村河湖"脏乱差"等突出问题。

二是开展长江大保护专项行动。 根据习近平总书记"共抓大保护、不搞大开发"重要指示，按照"超常规措施、超常规力度、超常规成效"要求，组织开展长江干流岸线、采砂和长江经济带固体废物三大专项整治行动。 长江干流溪洛渡以下岸线共排查出涉嫌违法违规项目2400多个，依法依规制定了清理整治工作方案，清理整治工作正在全面推进。 长江经济带11省市排查出固体废物点位1376处，已全面完成清理整治任务。 2018年，先后组织长江河道采砂统一清江行动，与交通运输部开展联合检查，沿江各地共开展巡查3.5万余次、专项打击行动3317次，查获采运砂船1541艘，处理违法采砂案件884起，保障了长江采砂管理依法、有序、可控。

三是因地制宜开展河湖清理整治专项行动。 各地因河湖施策，建立一河（湖）一档，编制实施一河（湖）一策，组织开展"清河""碧水""清流""生态河湖"等专项行动，推进水岸同治，实施系统治理。 有的实施退圩还湖、退田还湖，恢复河湖水域岸线生态空间；有的实施雨污分流、水系连通、生态补水、清淤疏浚，消除黑臭水体和劣Ⅴ类水体；有的高标准建设"万里碧道"、安全生态水系，打造清水绿岸；有的以河湖治理倒逼工业产业转型、农业结构升级、经济

青海湖

发展方式转变，形成了河湖管理保护与经济发展的良性互动。 通过实施河长制，一些"黑臭河""牛奶河"变成了"清水河""西施河"，消失多年的珍稀生物重现河湖，老百姓的获得感、幸福感明显上升。

（三）建立健全河湖强监管体系

严格监管是推动河湖问题"清存量""控增量"的重要举措。 近年来，通过暗访发现河湖问题、挂牌督办重大问题、督促问题整改落实，向各级河长湖长传递了压力，推动河湖问题及时发现、妥善处理、整改到位。

一是加大暗访督查力度。 水利部建立以暗访为主的河长制湖长制督导检查机制，2018 年组织开展 2 轮暗访督查，采取"四不两直"方式，对全国 31 个省（自治区、直辖市）所有设区市进行全覆盖暗访督查，主要问题以"一省一单"督促整改，实行销号管理。 不少省份党委政府主要负责同志作出批示，推动暗访发现问题的整改落实。 不少地方还将河长制湖长制纳入党委、政府、人大、政协监督检查，加强对河长湖长履职、部门尽责的监督检查。

新安江安徽歙县段

二是挂牌督办重大问题。 按照中央领导同志重要批示，水利部会同有关部门挂牌督办，指导督促有关地方严肃查处涉河湖重大违法违规案件，形成有力震慑。 湖南省拆除洞庭湖下塞湖矮围，近 3 万亩"私家湖泊"基本恢复湖洲原貌；河北省拆除潮河滦平段 70 多栋违法建筑；山西、陕西两省针对黄河晋陕峡谷段非法采砂乱象，全力开展集中整治，600 多公里河段采砂乱象得到遏制，1131 艘采砂船撤出河道；河南省强力整治淮河罗山段、沙河鲁山段非法采砂乱象，在全省范围内打击非法采砂，破获非法采砂黑恶团伙案件 34 起，查处"保护伞" 16 人。

三是加强社会监督和科技监管。 水利部向社会公开监督邮箱和举报电话，不少地方公布微信公众号、开通 24 小时监督电话、创建"随手拍"栏目，为群众提供投诉举报渠道。 水利部在官网设立河湖问题曝光台，对河湖管理中的突出问题予以集中曝光，用身边事教育身边人。 社会公众自觉关爱河湖、守护河湖，对涉河湖违法违规行为形成有效监督。 水利部利用卫星遥感抽查复核河湖"四乱"问题，各地在河湖布设视频监控实现可视化实时监控，运用卫星遥感、无人机、无人船查清查实河湖问题，使科技监管成为河湖日常监管的有效手段。

三、主动作为，在河湖强监管上持续发力

新中国成立 70 年来，河湖管理保护取得显著成效，得益于党中央、国务院的高度重视和坚强领导，得益于全国人民同心协力、团结奋斗，得益于广大河湖管理保护工作者顽强拼搏、无私奉献。 站在河湖管理保护的新起点，我们要肩负起时代赋予我们的责任，以习近平新时代中国特色社会主义思想为指导，认真践行"节水优先、空间均衡、系统治理、两手发力"的治水思路，以"调整人的行为、纠正人的错误行为"为牵引，认真落实"水利工程补短板、水利行业强监管"水利改革发展总基调。 坚持问题导向，局部和整体相配套、治标和治本相结合、渐进和长远相衔接，立足河湖水域岸线主阵地，聚焦管好"盆"和"水"，主动作为，持续发力，踏石留印、抓铁有痕，全力打好河湖管理攻坚战，推动河长制湖长制"有名"到"有实"、实现名实相副，力保江河安澜、人民安全、民生幸福。

撰稿人：胡忙全　孟祥龙　王佳怡
审稿人：祖雷鸣　刘六宴

保护优先　防治结合
水土保持工作步入快车道

水利部水土保持司

我国是世界上水土流失最严重的国家之一。新中国成立以来，党和政府高度重视水土保持工作，组织开展了大规模水土流失预防保护和治理工作。进入新时代，以习近平同志为核心的党中央把生态文明建设作为中华民族永续发展的根本大计，我国生态文明建设进入快车道，水土流失综合防治取得显著成效。

一、新中国成立以来水土保持取得显著成效

经过 70 年的不断发展，我国水土保持地位不断增强，水土流失防治进程持续加快。1952 年政务院发布《关于发动群众继续开展防旱抗旱运动并大力推广水土保持工作的指示》，1957 年国务院水土保持委员会成立。1955 年、1957 年、1958 年、1982 年、1992 年、1997 年陆续召开了六次全国水土保持工作会议。1993 年，国务院印发《关于加强水土保持工作的通知》，明确水土保持是山区发展的生命线，是国土整治、江河治理的根本，是国民经济和社会发展的基础，是我们必须长期坚持的一项基本国策。进入 21 世纪，我国大力推进资源节约型、环境友好型社会建设，把水土保持摆在突出位置。2002 年我国在北京首次成功召开第 12 届国际水土保持大会，水土保持影响不断扩大。进入新

福建省光泽县邓家边梯田

时代，生态文明建设被纳入中国特色社会主义"五位一体"总体布局，建设美丽中国成为我们党的奋斗目标，水土保持作为生态文明建设的重要内容，战略地位进一步提升。

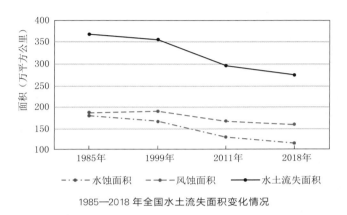

1985—2018 年全国水土流失面积变化情况

通过 70 年的不懈努力，我们走出了一条适合我国国情、符合自然规律、具有中国特色的水土流失综合防治之路，水土流失状况明显改善。 根据水利部年度动态监测成果，2018 年全国水土流失面积为 273.69 万平方公里（其中水力侵蚀面积为 115.09 万平方公里，风力侵蚀面积为 158.6 万平方公里），占国土面积（不含港澳台地区）的 28.6%，较 1985 年水土流失面积减少 93.34 万平方公里，占国土面积的比例由 38.2% 下降到 28.6%，减少近 10 个百分点。 与 1999年相比，2018 年中度及以上水土流失面积减少 88 万平方公里，减幅达 45.5%。当前全国中轻度水土流失面积占比 78.7%，水土流失主要以中轻度侵蚀为主。我国水土流失已呈现出面积逐年减少、强度逐步降低的趋势，我国水土流失严重的状况得到全面遏制，生态环境得到明显改善。

（一）着力强化法律法规体系建设，水土保持工作全面步入法治化轨道

1957 年，国务院发布我国第一部水土保持法规《中华人民共和国水土保持暂行纲要》。 1982 年国务院发布了《水土保持工作条例》，1991 年全国人大第二十次会议通过《中华人民共和国水土保持法》，标志我国水土保持工作步入法制化轨道。 1993 年国务院颁布《中华人民共和国水土保持法实施条例》。 2010 年全国人大常委会审议通过修订后的《水土保持法》，进一步强化了政府水土保持责任、规划的法律地位、水土保持方案制度、补偿制度和水土保持法律责任。 全国31 个省（自治区、直辖市）相继颁布了水土保持法实施办法或条例，形成了自上而下、系统完备的法律法规体系。

（二）持续推进水土流失综合治理，治理区生产生活条件和生态环境明显改善

新中国成立 70 年来，我国的水土流失治理逐步由单一措施、分散治理、零星开展的群众自发行为步入国家重点治理与全社会广泛参与相结合的规模治理轨道。 1983 年，我国第一个国家水土保持重点工程——八片国家水土流失重点治理工程启动实施。 之后国家先后启动实施了黄河中游、长江上游、黄土高原淤地坝、京津风沙源、东北黑土区和岩溶地区石漠化治理等一大批水土保持重点工程，治理范围从传统的黄河、长江上中游地区扩展到全国主要流域，基本覆盖了水土流失严重的贫困地区。 国家发展改革、财政部门逐步加大水土保持投入支持力度，相关部门陆续实施三北防护林、退耕还林还草、天然林资源保护、草原保护建设、国土整治、沙化和石漠化土地治理、山水林田湖草生态保护修复等一系列重大工程。 同时，通过政策机制鼓励和引导社会力量参与水土流失治理，形成全社会共同治理水土流失的局面。 截至 2018 年底，全国累计治理水土流失面积 131 万平方公里，水土保持措施年均可保持土壤 16 亿吨，治理区生产生活条件显著提升，粮食产量增加，农民增收显著，乡村面貌焕然一新。 进入 21 世纪，水利部进一步拓展工作领域，围绕新农村建设和乡村振兴战略，逐步推动建设生态清洁小流域，为改善农村面貌、防治面源污染积累了宝贵经验。

四川省宁南县小流域

（三）深入开展水土保持生态修复，水土流失防治步伐进一步加快

进入 21 世纪，在加大水土流失综合治理力度的同时，充分发挥大自然力量，依靠生态自我修复能力，促进大面积植被恢复，保护和改善受损生态系统的结构和功能，加快了水土流失防治步伐。 水利部先后启动实施了 2 批水土保持生态修复试点工程，并在青海省"三江"源区安排了专项资金开展大面积封育保护。 国家实施天然林保护、退耕还林等重大生态修复工程。 全国有 27 个省（自治区、直辖市）的 136 个地市和近 1200 个县实施了封山禁牧，国家水土保持重点工程区全面实施了封育保护，各地总结出以草定畜、以建促修、以改促修、以移促修和能源替代等许多做法，生态自然修复技术路线逐步成熟，取得了很好的生态效果，坚持预防为主、保护优先、充分发挥大自然自我修复能力防治水土流失的理念深入人心。

（四）依法强化水土保持监管，人为水土流失得到有效控制

20 世纪 80 年代我国经济快速发展，生产建设活动造成的人为水土流失日益严重，开展水土保持监管成为经济社会发展的必需。 1988 年原国家计委、水利部联合发布的《开发建设晋陕蒙接壤地区水土保持规定》，开启水土保持监督执法试点。 1991 年《中华人民共和国水土保持法》颁布之后，我国的水土保持工作逐步走上了依法防治轨道，"三同时"制度得到深入贯彻落实。 水利部相继在水土保持方案审批、水土保持设施验收、水土流失防治费和水土保持设施补偿费征收等方面制定并出台了一系列配套法规和政策，与环保、铁路、交通、国土、电力、有色金属、煤炭等部门联合制定和出台了关于生产建设项目水土保持方面的一系列规章制度，全面加强了人为水土流失的监管。 进入新时代，在国家简政放权、加强事中事后监管的新要求下，各级水行政主管部门认真履行生产建设项目水土保持监督管理职责，强化对生产建设活动造成的人为水土流失监管。依法履行水土保持方案审批职责，强化源头控制，严把审批关，对不符合生态保护和水土保持要求的生产建设项目，坚决不予审批。 切实加强水土保持方案实施情况跟踪检查，建立健全水行政主管部门依法履职逐级督查制度，加强事中事后监管，依法严格查处违法行为。 同时，充分应用卫星遥感影像和无人机等信息化手段，创新监管方式，提高监管效能。《水土保持法》颁布实施以来，全国共有 54 万多个生产建设项目实施了水土保持方案，落实水土保持措施，减少因开发建设可能产生的人为水土流失面积 22 万平方公里。

三江源巴颜喀拉山生态修复

青藏铁路水土保持

（五）加快推进监测和信息化应用，水土保持管理效能明显提升

70 年来，水土保持监测工作逐步强化，信息化进程明显加快。 1955 年，水利部首次组织了全国范围的水力侵蚀人工调查，之后在 1985 年、1999 年、2011 年先后开展了 3 次全国水土流失遥感普查（调查），基本摸清了全国水土流失情况和动态趋势。 实施全国水土保持监测网络和信息系统二期工程建设，建成了 175 个监测分站和 738 个监测点，初步形成了覆盖全国主要水土流失类型区的监测网络系统，水土流失监测预报能力显著增强。 水利部从 2003 年起连续 16 年发布全国水土保持公报，在社会上产生了重要影响。 2008 年开始定期对水土流失重点预防、治理区等重点区域实施了水土流失动态监测，2018 年首次实现了 960 万平方公里国土面积年度全覆盖，定量掌握全国到县级行政区及国家关注重点区域的水土流失状况和动态变化。 开发全国水土保持信息管理系统，初步构建了全国水土保持信息管理平台。 十八大以来，适应信息化发展新形势，不断加大信息化手段在监督管理、综合治理、监测评价中的全面应用。 2018 年，在晋陕蒙接壤地区等 4 个重点区域、8 个省全域范围及其他 23 个省 23 个地市开展了区域遥感监管试点，覆盖区域达到 218 万平方公里。 对 394 个生产建设项目和 774 个国家水土保持重点工程采取无人机手段监管，有效提升了水土保持管理水平和管理效率。

（六）统筹推进规划、标准和科技创新，水土保持基础支撑能力显著增强

水土保持经过 70 年发展，规划体系逐步建立，科技水平稳步提升，标准体

系基本形成。 1993年国务院批复《全国水土保持规划纲要（1991—2000年）》，1998年国务院批复《全国生态环境建设规划（1998—2050年）》。 2015年国务院批复《全国水土保持规划（2015—2030年）》，31个省级水土保持规划已全部由省级人民政府或其授权的部门批复。 东北黑土区侵蚀沟综合治理、坡耕地水土流失综合治理等专项规划陆续编制批复，水土保持顶层设计日趋完善。 建成了一批水土保持科学研究试验站、国家级水土保持试验区和土壤侵蚀国家重点试验室，水土保持科学研究取得重大进展。 开展了一大批水土保持重大科技攻关项目，与中国科学院、中国工程院联合开展了中国水土流失与生态安全综合科学考察，建成了130个国家水土保持科技示范园，总结推广了以坡改梯、坡面水系、雨水利用为主的水土保持实用技术，科技对水土保持工作的贡献率不断提升。 建立了涵盖了综合、建设、管理三大标准类别、14个功能序列的水土保持标准体系，现行有效水土保持标准达60项，基本构建了符合我国国情和水土保持工作需要的技术标准体系，为水土流失的预防、治理和监督工作提供了基础支撑。

三峡水库水土保持

经过 70 年的不断发展，我国水土保持机构队伍逐步完善，宣传教育深入开展，国际交流与合作领域不断拓展，影响力显著提升，在生态文明建设中发挥了重要作用。

二、水土保持生态建设的主要经验

（一）坚持以人民为中心的指导思想，始终把改善民生作为水土保持工作的重中之重

新中国成立 70 年来，水土保持工作始终立足于我国人口众多、山丘区面积比例大、贫困人口集中、人均土地资源有限、人口生存与发展对土地资源依存度高的基本国情。在指导思想上，坚持以人民为中心，把解决群众生产生活实际突出问题作为水土保持生态建设的前提和手段，把水土流失治理与长远的农业增产、农民增收和农村经济发展紧密结合起来，把水土保持工程建设与群众切身利益紧密结合起来，注意发挥群众的积极性、主动性和创造性，加大群众参与力度，真正实现好广大人民群众的利益，促进农业增效和农民增收，切实增进民生福祉。

（二）坚持人与自然和谐共生的防治理念，注重发挥大自然的自我修复能力，加快水土流失综合防治步伐

人与自然是生命共同体，人类必须尊重自然、顺应自然、保护自然。在水土保持工作中，必须树立人与自然和谐的理念，要在深入研究水土资源和生态环境的承载能力的基础上，因地制宜，分类指导，合理选择水土保持的措施和方案，充分依靠生态系统的自我修复能力，恢复植被，防治水土流失，使生态环境更快更好的改善。多年的实践证明，充分发挥大自然的力量，依靠生态的自我修复能力治理水土流失，不仅在降雨量较多的地区效果明显，而且在干旱半干旱地区也能取得较好的效果，能够大面积改善生态环境，快速减轻水土流失程度，费省效宏。进入新时代，"绿水青山就是金山银山"的理念深入人心，生态自然修复是加快水土流失防治进程，促进区域绿色发展的重要手段，是必须长期坚持的一项重要经验。

（三）坚持保护优先、防治结合的工作方针，预防保护和综合治理并重

新中国成立以来，我国经济社会快速发展，资源开发强度大，资源开发和基

础建设造成的人为水土流失问题一直很突出。 70 年水土保持的探索与实践证明，不解决"增"的问题，无法实现"减"的目标，水土保持工作必须坚决贯彻保护优先、防治结合的方针，严控新的人为水土流失，不欠或者少欠新账，同时，加快严重水土流失地区的治理，快还旧账。 坚持用最严格的制度、最严密的法治保护水土资源，把预防生产建设造成的人为水土流失摆在优先位置，结合自然生态空间用途管制、生态保护红线严格保护和管控，持续加大水土保持预防保护力度，是水土保持工作必须坚持的方针。

（四）坚持以小流域为单元、山水林田湖草系统治理的技术路线，工程、林草、耕作措施相结合，因地制宜开展治理

20 世纪 80 年代以来，小流域综合治理在理论、实践、技术、机制等方面不断创新和发展，实现了从零星的分散治理到以小流域为单元的集中连片治理，从单一措施治理到按流域统一规划、多项措施优化配置的山水林田湖草系统治理，从防护型治理到生态经济型治理，从数量扩张型到质量效益型的重大转变。 以小流域为单元的综合治理，通过集中连片、连续治理、系统整治江河，集中了人财物，优化了工程、林草、耕作各类措施配置，有利于合理调整土地利用结构和农村产业结构，使经济发展和生态保护达到协调和统一，实现各种生产力要素利用的最优化和效益最大化，是治理水土流失、建设生态环境成功的技术路线。这是我们必须始终坚持的一条基本技术路线。

（五）坚持机制创新、放管并重，不断深化水土保持改革

水土保持是一项时代色彩鲜明的基础性工作，必须紧跟形势发展的要求，及时调整转变思路和布局，拓展领域，不断深化改革。 实践证明，水土保持事业之所以实现了快速、健康的发展，最根本的原因就是水土保持部门认真贯彻和落实了中央和水利部党组有关精神，把水土保持工作置身于国家经济和社会发展的大局之中，提出了符合自然规律和经济规律、与经济社会发展相适应的水土保持工作思路、目标和举措。 在工作定位方面，及时跟进服务于国家重大战略；在工作体制方面，推动形成政府主导、部门协作、分级负责、分工明确的水土保持工作格局；在工作领域方面，从以农村为主拓展到城市水土保持，从传统小流域到生态清洁小流域；在机制方面，采取以奖代补、村民自建等多种方式调动全社会参与投入治理水土流失的积极性，形成了治理主体多元化，投入来源多样化，资源开发产业化的多渠道、多层次投资治理、全社会办水保的新格局；在依法监管方

彭阳县大沟湾梯田全景图

面，认真履行法律赋予的职责，坚持依法行政、依法决策、依法管理。不断规范和强化行政许可、行政处罚、行政强制、行政征收等执法行为，进一步优化审批程序，精简审批环节，逐步推进行政决策的公开透明。以改革求发展，通过深化改革，不断创新机制，完善政策措施，是水土保持充满了生机和活力的根本源泉。

经过 70 年的建设，我国水土流失防治工作取得了很大的成绩，但与新时代中央加快推进生态文明建设的要求和人民日益增长的美好生活需要相比，当前水土保持工作仍面临不少问题和挑战，主要表现在：我国水土流失量大面广的现状没有发生根本性改变，水土资源保护和水土流失防治的任务仍然艰巨；东北黑土区坡耕地与侵蚀沟、长江经济带坡耕地等水土流失问题依然突出，贫困地区小流域综合治理亟待加快推进；水土保持监管能力和手段还存在不足，监测、信息化等基础支撑工作还相对薄弱等。

三、新时代水土保持发展展望

（一）总体思路

新时代水土保持工作要深入学习贯彻习近平生态文明思想和习近平总书记治水重要论述精神，认真贯彻落实党中央、国务院决策部署，紧紧围绕"水利工程

补短板、水利行业强监管"水利改革发展总基调，切实把工作重心转变到监管上来，在监管上强手段，在治理上补短板。坚持问题导向和目标导向，狠抓责任落实，以强化人为水土流失监管为核心，以完善政策机制为重点，以严格督查问责为抓手，充分依靠先进技术手段，全面履行水土保持职责，着力提升管理能力与水平，真正做到基础扎实、监管有力、治理有效，为加快推进生态文明建设、保障经济社会可持续发展提供支撑。

（二）主要目标

到 2035 年，重点防治地区水土流失得到全面治理，人为水土流失得到全面控制，水土流失面积和强度大幅下降，水土流失治理质量和效益明显提升，全国水土流失状况根本好转，水土保持治理体系和治理能力现代化基本实现。

到 2050 年，实现水土保持治理体系和治理能力现代化，全国水土流失状况得到全面有效治理，为建成美丽中国、生态文明、基本实现全体人民共同富裕提供坚强有力支撑。

（三）主要任务

1. 实行最严格的水土保持管控。 水土保持监督管理是水土保持法赋予各级水行政主管部门的一项重要职责。当前和今后一个时期，要以看住人为水土流失为目标，建立系统完备、职责明确、严格高效、规范有序的监管体系，实行最严格的水土保持源头预防、最严格的水土保持方案审批、最严格的水土保持事中事后监管、最严格的水土保持执法，综合采取行政处罚、信用惩戒、约谈通报等多种手段，严格查处水土保持违法违规行为。通过调整人的行为、纠正人的错误行为，实现水土资源的可持续利用，为实现绿色发展提供重要支撑。

2. 加快推进水土流失治理。按照山水林田湖草系统思维，加快推进水土流失综合治理，最大限度地发挥水土保持的综合效益，满足人民群众日益增长的美好生活需要。以长江、黄河上中游、东北黑土区为重点，加快推进坡耕地综合整治、侵蚀沟治理和小流域综合治理，构建符合新时代生态文明建设要求的水土流失防治体系。坚持中央统筹、省负总责、市县抓落实的工作机制，抓好水土保持工程建设以奖代补、村民自建等机制创新，加强与相关部门协调配合，充分发挥政府和市场两手共同作用，加快治理进度，提示治理质量和效益，同时，因地制宜积极推进生态清洁流域建设，打造水土流失综合治理升级版，打造水美乡村，建设美丽中国。

3. 构建科学完备的水土保持监测服务体系。监测是水土保持工作的基础。新时代要围绕强监管、补短板的需要，切实履行好水土保持监测这一政府职责，不断优化、持续抓好年度水土流失动态监测，构建布局合理、功能完备、上下协同的监测网络，及时准确掌握县级行政区和国家关注的重点区域水土流失动态变化。积极推动高新科技产品和先进技术手段在监测领域的推广应用，强化监测成果应用，实现监测与管理的有效衔接，为水土保持目标责任考核、水土保持生态安全红线预警、生态文明评价考核等提供有力支撑。

4. 大力推进智慧水保建设。信息化是引领创新和驱动转型的先导力量。新时代水土保持工作，应力推进智慧水保建设，建立互联互通、资源共享的全国水土保持信息系统和数据库，强化行业上下、系统内外数据共享，加快高新信息技术与水土保持监督、治理、监测等各项业务的充分应用和深度融合，实现生产建设活动过程动态监管，准确掌握新增水土流失治理情况，及时反映水土流失防治成效，全面提升水土保持现代化水平。

福建省龙岩长汀县 2001 年 3 月桐坝后山实施水土保持综合治理前原貌

福建省龙岩长汀县 2005 年 3 月桐坝后山综合治理后

（四）保障措施

1. 强化组织领导，发挥政府主导作用。 充分发挥地方政府在规划实施、资金保障、组织发动等方面的主导作用，协调各有关部门和单位按照职责分工，做好相关水土流失预防和治理工作。 通过两级考核评估，构建由地方政府负责、水利部门组织协调、相关部门发挥职能作用、社会广泛参与的水土保持工作格局，为水土保持工作提供坚强保障。

2. 创新机制体制，形成联动共治格局。 创新水土保持投融资机制，用好金融支持水土保持政策，发挥群众在治理中的主体作用。 构建多层级、多元化的水土保持生态补偿机制，切实发挥经济杠杆在调节保护者和受益者利益关系中的作用。 大力推行政府购买服务引入第三方机构参与水土保持管理，培育更多的水土保持技术服务队伍，构建公平开放、竞争有序、监管到位的水土保持市场服务体系，为社会共同防治水土流失提供专业化优质服务。

3. 注重科技引领，提升综合防治水平。 支持科研机构和高等院校水土保持学

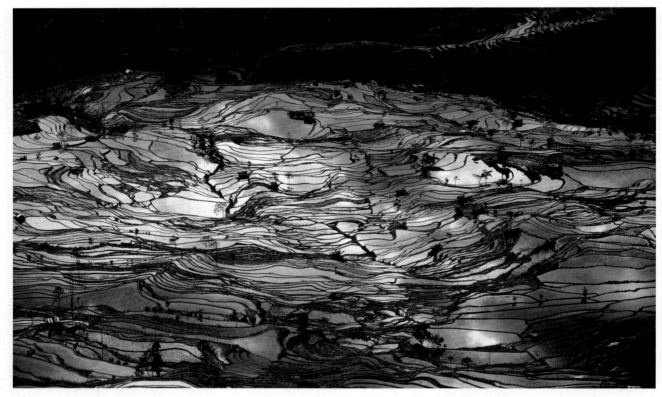

元阳梯田

科发展和产学研体系建设，加强重大基础理论研究和关键技术研发。 围绕水土流失机理、防控原理、治理模式、监测和信息化技术等方面重大问题，开展科技攻关、科技创新和技术推广，取得一批对解决水土流失问题有实实在在作用的科技成果。 注重加强水土保持制度和政策创新，不断创新管理理念、方法和手段，为水土保持管理实践提供理论指导和科技支撑。

4. 强化宣传教育，增强全民水保意识。 深化全国水土保持国策宣传教育行动，不断创新宣传形式和手段，丰富拓展宣传载体，积极发挥新媒体作用，加大对外宣传力度。 强化中小学水土保持科普教育，大力推动示范工程创建活动，深度挖掘水土保持好典型、好经验、好做法，大力宣传先进典型，扩大水土保持的社会影响力，增强全民水土保持观念和意识，营造全社会保护水土资源、自觉防治水土流失的良好氛围。

典　型　案　例

黄土高原主色调由"黄"变"绿"

黄土高原是我国乃至全世界水土流失最严重的地区，生态环境十分脆弱，群众生产生活十分贫困，也是造成下游防洪形势严峻的根源。 根据国务院 1990 年公布的遥感调查资料表明水土流失面积 45.4 万平方公里，占其总面积的 70.9%，其中水力侵蚀面积 33.7 万平方公里，侵蚀模数大于 5000 吨每平方公里每年的强度以上水蚀面积 14.65 万平方公里，多年平均入黄泥沙达 16 亿吨。

新中国成立后，在党中央国务院的高度重视下，黄河流域地方各级政府带领广大群众长期不懈地开展综合治理，经历了由点到面、由单项治理到综合治理。特别是治理理念转到人与自然和谐共生上来，治理形式转变为人工治理和自然修复结合上来，治理目标转变到黄土高原山川秀美的新时代。 20 世纪 80 年代初，推广"户包治理小流域"，开创了"千家万户治理千沟万壑"的崭新局面，总结出"山顶植树造林戴帽子，山坡退耕种草披褂子，山腰兴修梯田系带子，沟底筑坝淤地穿靴子"等治理模式。 1997 年后，黄河流域率先实施"退耕还林（草）、封山绿化、以粮代赈、个体承包"的政策，发挥植被自我修复能力。 党的十八大以后，生态文明、绿色发展理念引领水土流失高标准系统治理。 以坡耕地整治、病险淤地坝除险加固等一系列国家水土保持重点工程为龙头带动黄土高原小流域综合治理，"绿水青山"与"金山银山"相融相生，昔日山光水浊的黄土高原迈进

千沟万壑的黄土高原

山川秀美的新时代。 如今，土高原地区生态环境总体改善，林草植被覆盖率普遍增加了 10～30 个百分点、其中水土流失最严重的河龙区间林草植被覆盖率已由 20 世纪 70 年代末的 23.3% 增加到 2016 年的 55%，主色调已由"黄"变"绿"。

70 年来，黄土高原完成水土流失初步治理面积 22 多万平方公里，建淤地坝 5.9 万多座，建设基本农田 500 多万公顷。 水土流失面积大幅减少，2018 年全国水土流失动态监测结果显示黄土高原水土流失面积 21.37 万平方公里，其中水力侵蚀面积 16.28 万平方公里，较 1990 年时减少了一半以上，强烈以上水蚀面积 3.68 万平方公里，较 1990 年减少了近 75%。 实施的水土保持措施累计实现经济效益 1.1 万亿元，年均拦减入黄泥沙 4.35 亿吨，为改善当地生态环境，确保黄河的健康与安澜发挥了重要作用。

黄土高原水土保持项目加快了植被恢复

红土地上的绿色革命——福建长汀

福建省长汀县曾是我国南方红壤区水土流失最为严重的县份之一，"山光、水浊、田瘦、人穷"是当时生态恶化、生活贫困的真实写照，其水土流失历史之长、面积之广、程度之重、危害之大，居福建省之首。据 1985 年遥感监测数据，长汀全县水土流失面积达 146.2 万亩，占全县土地面积的 31.5%，土壤侵蚀模数达 5000～12000 吨每平方公里每年，植被覆盖度仅 5%～40%。如何将治理水土流失与改善民生相结合、与发展绿色产业相结合，是长汀必须直面解决的难题。

几十年来，长汀人民以"滴水穿石、人一我十"的精神，持续开展水土流失治理。坚持党政主导，成立专门管理机构，建立领导挂钩责任制。创新治理理念和技术，实行工程措施、生物措施和农业技术措施有机结合，人工治理与生态修复有机结合。确立了"反弹琵琶"治理理念，在治理技术路线上变生态系统逆向演替为顺向进展演替，因地制宜实施"等高草灌带""老头松"施肥改造、陡坡地"小穴播草"等新技术。充分发挥群众主体作用，培育大户引导治理、组织农民承包治理、引导企业积极参与治理，形成了水土流失治理的强大合力。截至

2018年，长汀的水土流失面积下降到36.9万亩，水土流失率降低到7.95%，低于福建省平均水平，森林覆盖率提高到79.8%，昔日山光水浊的"火焰山"正成为当地人的"金山银山"。依托生态环境恢复向好，长汀的生态经济蓬勃发展。2012年以来，长汀新增经果林1.56万亩，新种植经济作物1.3万亩。农民年人均可支配收入从8000多元提高到15000多元。6年多时间，长汀累计脱贫3.5万人。

长汀人民用成功实践总结出"党政主导、群众主体、社会参与、多策并举、以人为本、持之以恒"的24字水土流失治理宝贵经验。创造了生态文明建设的奇迹，实现了从全国水土流失重灾区到国家生态文明建设示范县的历史性跨越，释放出经济社会发展的多重效应，在2018年成功摘掉福建省扶贫开发重点县的帽子，成为全国学习推广的典范。

1988年9月 　　　　　　　　　　　　　　　　　2017年8月

福建省长汀县河田镇游坊1988—2017年水土流失综合治理前后对比

撰稿人：尤　伟

审稿人：蒲朝勇

服务"三农" 担当尽责
农村水利水电助推乡村腾飞

水利部农村水利水电司

我国是农业大国，农业是民生之本，水利是农业的命脉。党中央、国务院始终把农村水利水电建设放在经济社会发展的突出位置，作为治国安邦的重要方略，经过 70 年的发展，取得了举世瞩目的成就，为"三农"工作特别是实施乡村振兴战略奠定了坚实的水利基础。

一、灌区建设守住农业命脉

特殊的自然地理条件，决定了我国必须走灌溉农业之路。新中国成立以来，持续开展了以发展灌溉面积为核心的大规模农田水利建设，全国耕地灌溉有效面积由 1949 年的 2.4 亿亩增长到 2018 年的 10.2 亿亩，全国粮食总产量由 2260 亿斤增加到 1.3 万亿斤左右，约占全国耕地面积 50% 的灌溉面积上生产了占全国总量 75% 的粮食和 90% 的经济作物，为保障我国粮食安全及主要农产品供给、农民持续增收、促进现代农业发展和水资源可持续利用作出了重大贡献。

（一）持续完善灌排设施，夯实粮食安全水利基础

新中国成立前，水利基础设施严重缺乏，水利工程破败、失修，灌排能力严重不足，粮食生产能力低下，一遇大的旱涝灾害，往往赤地千里，饿殍遍野。新中国成立后，农田水利建设翻开了新的篇章，毛泽东同志先后发出了"一定要把淮河修好""一定要把黄河的事办好""一定要根治海河"号召，全国人民发挥改天换地的奋斗精神，掀起了大兴农田水利建设高潮，兴建了淠史杭、位山、红旗渠等一批大型灌区。到 1978 年，建成 148 个 30 万亩以上的大型灌区，全国有效灌溉面积达到 7.2 亿亩，基本解决粮食短缺问题。

20 世纪八九十年代以来，国家逐渐将农田水利工作的重点从抓建设新灌区转移到建设与管理并重、注重发挥现有工程效益上。在结合水利枢纽建设、持续推进新建大中型灌区的同时，启动实施了大中型灌区续建配套与节水改造。进入 21 世纪，中央财政加大支持力度，引导地方和受益主体增加投入，农田水利建设进一步提速。经过大规模建设与改造，大中型灌区发展到 7800 多处，小型泵站、机井、塘堰等发展到 2000 多万处，基本形成了较为完善的农田灌排体系，灌溉用水效率和效益大幅提高。截至 2018 年，我国灌溉面积超过 11 亿亩，其中耕地灌溉有效面积 10.2 亿亩，灌溉面积位居世界第一，农田灌溉水有效利用系数提高到 0.554，为促进农业生产、抵御自然灾害和保障粮食安全提供有力保障。

河套灌区

（二）大力发展高效节水灌溉，实现农民增收和节约用水双赢

1998 年，党的十五届三中全会提出"把推广节水灌溉作为一项革命性措施来抓"。2011 年中央一号文件和中央水利工作会议要求把节水灌溉作为一项战略性、根本性措施来抓。2014 年，习近平总书记保障国家水安全重要讲话中，把节水放在新时期治水思路的首要位置，李克强总理主持会议专题研究部署加快节水供水重大水利工程建设。2016—2018 年，每年新增 2000 万亩高效节水灌溉面积成为政府工作报告的庄严承诺。

水利部会同有关部门以东北粮食主产区、西北水资源紧缺地区、华北地下水超采区、南方经济作物种植区为重点，大力发展高效节水灌溉，探索了东北膜下滴灌和喷灌、西北膜下滴灌、华北管道输水和喷灌、南方变频泵站＋管道输水灌溉等区域发展模式，截至 2018 年底，全国高效节水灌溉面积共约 3.28 亿亩。与传统灌溉模式相比，高效节水灌溉亩均可减少用工 2 个工日，减少了渠道占地

5%以上，有力促进了现代农业的发展。近40年来，在灌溉面积扩大、灌溉保证率提高、粮食总产量稳步增加的情况下，农业用水总量基本稳定（零增长），为保障国家粮食安全、缓解水资源供需矛盾作出了突出贡献。

山东位山灌区干渠

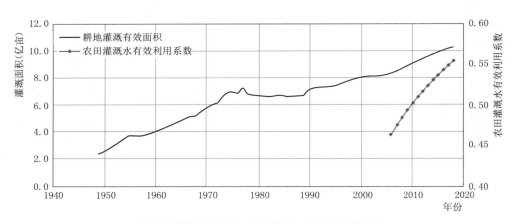

全国耕地灌溉有效面积、农田灌溉水有效利用系数变化

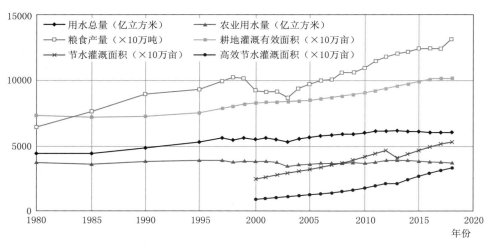

1980年以来粮食产量、灌溉面积、灌溉用水量变化

（三）深化改革创新，推动农业灌溉可持续发展

坚持"先建机制、后建工程"，以水价形成机制为核心，以奖补机制为保障，以工程和计量设施建设为硬件基础，以"总量控制、定额管理"为制度基础，以工程管护机制为重要依托，统筹推进农业水价综合改革，逐步提高农业用水效率和农田水利工程良性运行保障水平，促进实现农业现代化。 截至2018年底，全国累计实施农业水价综合改革的面积超过1.6亿亩，其中2018年新增改革实施面积1.1亿亩左右，改革成效明显。

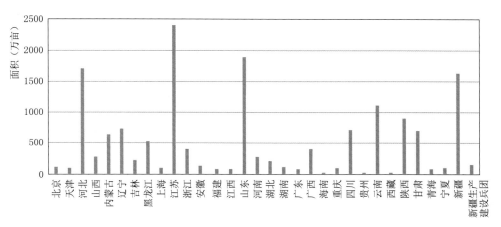

2018年底各地累计实施农业水价综合改革面积

在20世纪90年代积极推进小型农田水利设施产权制度改革并取得积极进展的基础上，自2015年起，水利部、财政部、国家发展改革委联合部署安排开展农田水利设施产权制度改革和创新运行管护机制试点工作。截至2019年底，100个农田水利设施产权制度改革和创新运行管护机制试点县已全部通过验收。 通过改革，农田水利设施产权得以明晰，农田水利多元化多渠道筹资机制逐步形成，农田水利建管一体化稳步推进，"以奖代补、先建后补"建管方式改革步伐加快，管护机制不断创新，基层水利服务体系不断加强。

德清县颁发的农田
水利设施所有权证
和经营权流转证

结合灌区工程改造建设，大力推进标准化规范化管理，督促负责工程运行维护的主体履行责任，落实运行维护经费，建立健全运行管护制度，加强灌排工程运行维修养护工作，确保正常发挥工程效益。 428处大型灌区定性为公益性或准公益性事业单位，"两费"不同程度得到落实，灌排工程管理能力和服务水平得到较大提升。 同时，深入挖掘宣传灌溉文化，组织开展世界灌溉工程遗产评选推荐工作，截至2019年底，我国已有四川都

江堰等 19 处古灌溉工程列入世界灌溉工程遗产名录，成为世界灌溉工程遗产类型最丰富、效益最突出、分布最广泛的国家之一。

二、农村供水工程惠及亿万农村居民

农村供水工程是一项重大民生工程，事关亿万农村居民福祉，党中央、国务院高度重视，将农村供水列为水利建设的重要内容，因地制宜修建了一大批农村供水工程，极大改善了农村居民饮用水条件。

（一）农村供水保障水平显著提高

20 世纪 80 年代以前，受自然、经济和社会等条件制约，我国农村供水设施简陋，水质易受污染，不少农村直接取用河水、溪水、坑塘水，干旱季节要远距离拉水、背水。 改革开放以后，国家结合农田水利基本建设，实施农村人畜饮水和饮水解困工程，大力开展机井建设和水源型氟超标改水工作。 2000—2004 年，解决了 6004 万农村人口的饮水困难问题。 2005—2015 年，我国相继实施农村饮水安全"十一五""十二五"规划，解决 5.2 亿农村居民和 4700 多万农村学校师生的饮水安全问题，于 2009 年提前 6 年实现联合国千年宣言提出的"到 2015 年将无法持续获得安全饮用水的人口比例减半"的目标。 2014 年，中国科学院在对农村饮水安全实施情况进行第三方评估时，认为农村饮水安全工程建设成效显著，数以亿计的农村居民从中受益，各利益攸关方相当满意，是国家许多重大惠民工程中最受农村居民欢迎的工程之一。

"十三五"以来，国家继续实施农村饮水安全巩固提升工程，作为脱贫攻坚和乡村振兴战略重要内容扎实推进，习近平总书记多次作出重要指示批示。 2016—2018 年，中央投资 143.3 亿元，带动各级地方政府投资 1061.7 亿元，巩固提升受益人口 1.73 亿人，其中建档立卡贫困人口 1605 万人。

截至 2018 年底，全国共建成各类农村供水工程达 1100 多万处，农村集中供水率达到 86%，自来水普及率达到 81%，部分地区已实现城乡供水一体化。 目前，我国已经建成比较完整的农村供水体系，可以服务 9.4 亿农村人口，干成了亿万人民群众祖祖辈辈、世世代代想干而没有条件干的大事，得到了国际上的高度认可和赞许。

（二）农村居民幸福感不断提升

农村供水工程让亿万农村群众真正得到了实惠，从喝水难到有水喝、喝好水，

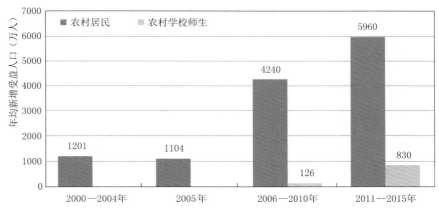

2000—2015年我国农村供水工程年均受益人口

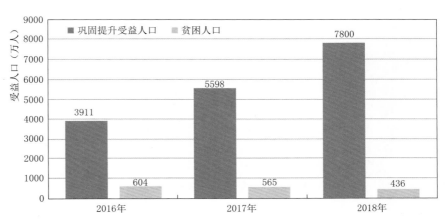

2016—2018年我国农村饮水安全巩固提升受益人口

安徽桐城市新渡自来水厂

陕西安康市汉阴县涧池水厂

从找水拉水到用上自来水，有效提高了农村居民的生活质量，改善了农村人居环境，极大促进了贫困地区农民脱贫增收和农村经济发展。在多次暗访调研中，94%以上的用水户表示满意。

一是降低了介水性疾病传播风险，提高了农民健康水平。农村供水工程建设让广大农村居民用上了清洁卫生的自来水，农村居民介水性疾病大幅降低。我国已查明并列入规划的血吸虫疫区、砷病区等饮水问题全部得到解决，中重度氟病区的饮水问题基本得到解决。辽宁、湖北、江西、广西、新疆等地饮水问题解决后，农户年均减少医疗费支出 100～200 元。

二是解放了农村劳动力，促进了农村居民增收致富。农村供水工程建成后，81%的农民用上了自来水，极大地方便了农民取水，并且提高了农村供水保证率，保障了农村留守老人妇女儿童的饮水安全。解放了农村劳动力，为农民发展生产和外出打工增收致富创造了条件。

农村居民用上"幸福水"

贵州省盘州市淤泥乡彝族乡亲用上了入户自来水

三是提升了农村居民生活品质，促进美丽宜居乡村建设。农村自来水到户的地方，近一半农户购置了洗衣机、太阳能热水器等家用电器，不仅生活品质得到较大提升，还间接拉动了内需，农村居民的饮水安全与健康卫生意识都有大幅度提高。一些地方实现了供水排水一体化，有效改善了农村人居环境，极大促进了美丽宜居乡村建设。

四是增进了民族团结，促进了公共服务均等化。农村供水工程中央补助资金主要向少数民族地区、边疆地区、经济欠发达地区倾斜，中央资金 85% 用于支持中西部地区以及贫困地区，对西部、中部、东部地区采取差异化的补助比例，促进了区域协调发展和城乡基本公共服务均等化，增进了民族团结，维护了边疆稳定。

三、小水电点亮农村新生活

我国农村水能资源丰富，技术可开发量约1.28亿千瓦。截至2018年底，全国建成小水电站4.6万多座，装机容量8000多万千瓦，年发电量2300多亿千瓦时，比两个三峡的年发电量还多。小水电是农村重要的基础设施和公共设施，是国际公认的清洁可再生能源，在解决农村用电、促进农民脱贫致富和推动农村经济社会发展，特别是在山区生态建设和环境保护、节能减排等方面发挥了重要作用。中国小水电发展经验和成效受到国际社会普遍关注，在许多发展中国家得到推广。

（一）以灵活的适应能力弥补农村发展短板

我国小水电从无到有、从小到大，在不同历史时期都发挥了巨大的历史作用，在我国水电建设和农村经济社会发展史上熠熠生辉，成为我国经济社会发展的一个缩影。

第一阶段是新中国成立到20世纪70年代末的30年，国家结合江河治理，提倡开发小水电。小水电从单站发电到联网运行，从建设地方小电网到与国家大电网联结，初步形成了大小电网并举、各有侧重、余缺调剂、共同发展的格局。截至1979年底，全国一半以上的县开发了小水电，近千个县主要靠小水电供电。小水电使1.5亿人告别了无电历史，开始进入现代文明。

第二阶段是改革开放到20世纪末的20年。为解决越来越突出的电力基础设施薄弱和缺电问题，加快电力工业发展和普及，在邓小平同志亲自倡导下，国家大力支持小水电开发，鼓励地方政府和当地农民自力更生兴办小水电，启动了农村电气化建设。到1999年底，小水电总装机容量达到2348万千瓦，使全国1/2地域、1/3县市、3亿多农村人口用上了电，基本解决了农村用电问题，初步实现了农村电气化，被誉为"光明工程"和"德政工程"。

第三阶段是进入21世纪以来的20年，是小水电快速发展、转型升级的重要时期。2003—2015年实施的小水电代燃料工程，解决了320万农民的生活燃料问题，年减少薪柴消耗570万立方米，保护森林1100万亩。

（二）绿色转型发展满足人民美好生活新要求

党的十八大以来，重点围绕河流生态改造、绿色小水电站创建等推进小水电可持续发展，先后出台了《推进绿色小水电发展的指导意见》《绿色小水电评价标准》，组织各地开展了 3200 多条中小河流水能资源规划修编，累计完成近 7000 个电站的增效扩容改造，创建 165 座绿色小水电站，在提高水能

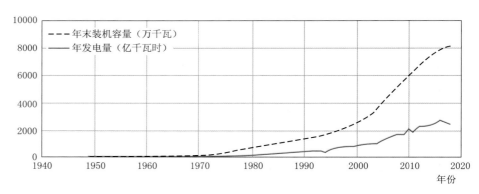

新中国成立以来全国小水电有关情况

资源综合利用效率、修复河流生态、标准化建设等方面发挥了很好的示范引领作用。 各地积极探索，福建建立水电生态电价机制，浙江等 10 个省份出台了水电站生态流量监督管理文件，在生态流量监管方面取得突破。

在新的历史起点上，实现转型升级绿色发展的小水电，在不断满足人民对美好生活需要的同时，必将为我国经济社会发展和生态文明建设发挥新的更大作用。

（三）农村水电扶贫助力脱贫攻坚

为贯彻落实党中央、国务院关于打赢脱贫攻坚战和大力扶持贫困地区农村水电开发的决策部署，2016 年水利部、国家发展改革委联合启动了农村小水电扶贫工程，以保护生态环境为前提，以增加贫困地区建档立卡贫困户收入、增强贫困地区电力保障、促进贫困地区发展为重点，建设农村水电扶贫工程，已累计安排中央预算内投资 18 亿元，在湖北等 7 省（自治区、直辖市）建设扶贫装机 44.9 万千瓦。 截至 2019 年 2 月，已累计投产装机容量 33.7 万千瓦，兑现扶贫收益 1.2 亿元，直接帮扶 3.8 万多建档立卡贫困户，生产帮扶 368 个贫困村。 农村水电扶贫工程建设得到了地方党委政府、项目业主、贫困村组和建档立卡贫困户的欢迎。

（四）小水电推动"一带一路"国际合作

中国发展小水电的经验，得到了国际社会的高度评价。 联合国有关机构和中国政府共同在中国建立了国际小水电中心以及亚太地区小水电研究培训中心，为发展中国家提供小水电技术培训、技术情报交流和科技合作。 已面向"一带一路"沿线国家开展小水电技术培训 109 期，培训人数超过了 2500 名，援助越

南、圭亚那、古巴等亚非拉国家建设了一批小水电站工程项目，为蒙古、卢旺达、巴西、瓦努阿图等 60 多个国家提供了上百座小水电站规划、设计、咨询及设备成套等经济技术服务。

"小水电国际标准编制"作为"一带一路"倡议下国际合作重要成果，列入第二届"一带一路"国际合作高峰论坛成果清单，小水电为中国水利走向国际舞台作出积极贡献。

目前，全国有 2600 多万处农田水利设施、1100 多万处农村供水工程和 4 万多处小水电站，夯实了农业农村发展的基础。随着经济社会的发展，与社会主要矛盾变化一样，当前农村水利水电行业的主要矛盾也发生了深刻变化，农村饮水已从广大农民群众渴望喝上水转为喝好水，灌区建设已从广大农民群众渴望能灌上水、提高亩产转为旱涝保收、优质高效，农村水电建设已从广大农民群众关注用电问题转为改善河流生态。总的来看，对农村水利水电工作的要求已从"有没有"向"好不好"转变。但与人民群众对美好生活的需要相比，农村水利水电改革发展中不平衡、不充分的短板依然十分突出，许多地区的农村水利水电设施配套不全、运行维护薄弱，行业监管严重不足，特别是经济欠发达地区工程短板问题更为突出。

下一步农村水利水电工作将以习近平新时代中国特色社会主义思想为指导，全面贯彻党的十九大精神，认真践行"十六字"治水思路，积极落实"水利工程补短板、水利行业强监管"水利改革发展总基调和部党组决策部署，针对农村水利水电行业主要矛盾变化和存在的不足，在补短板、强监管、转作风上狠下功夫。围绕乡村振兴、脱贫攻坚，把解决农村饮水问题作为脱贫攻坚的底线任务和乡村振兴的政治任务抓紧抓实，抓好大中型灌区现代化改造和农业节水，着力推进农村水电绿色改造，加快补齐农村水利水电工程基础设施和信息化短板；逐级压实管护责任，建立长效机制，以农村饮水安全巩固提升和运行管护、农村水电安全生产和生态流量管理为重点，全面强化农村水利水电行业监管；以政治建设为统领，推进党建各项工作，聚焦坚决破除形式主义、官僚主义，持续加强作风建设和党风廉政建设，以更加求真务实的工作作风，推动农村水利水电工作提档升级。

撰稿人：张学进　邹体峰　何慧凝
审稿人：陈明忠　张向群

创新工作机制　强化监督管理
中国特色水库移民工作取得显著成效

水利部水库移民司

新中国成立以来开展了大规模的水利水电工程建设，共建成各类水库（水电站）近 10 万座，搬迁安置了众多水库移民，其中仅大中型水库农村移民后期扶持人口就达 2400 多万人，是世界上水库移民人口最多的国家。 党和政府历来高度重视水库移民工作，出台了一系列移民政策法规，加大对移民的投入，加强移民工作管理，取得了显著成效。 特别是党的十八大以来，坚持以人民为中心的发展思想，进一步修订完善移民政策，积极创新工作机制，不断强化监督管理，走出了一条具有中国特色的水库移民工作之路。

一、发展历程

根据我国经济社会发展的阶段性特征，大中型水库移民工作 70 年大致可分为五个阶段。

第一阶段（1978 年之前）：我国的近 10 万座水库，大部分是在这一时期建设。 这一阶段又可以分为两个时期，第一个时期是 1950—1957 年，新中国刚成立，百废待兴，先后建成了官厅、佛子岭等 90 多座大中型水库。 这一时期，水库移民安置实行"尽一切努力保证不降低原有生活水平，依据淹没损失计算补偿投资"的政策，大多数移民得到比较妥善安置。 第二个时期是 1958—1978 年，社会主义改造基本完成以后，我国进入多快好省建设社会主义阶段，国家加快了大江大河治理和水电开发步伐，建成了三门峡、新安江、丹江口、密云等 2300 多座大中型水库（水电站）。 这个时期，我国经历"三年困难时期""大跃进""文革"的特殊年代，造成了水库移民许多遗留问题。

第二阶段（1979—1991 年）：改革开放后，我国经济建设进入一个新的发展阶段。 这一时期，建成了葛洲坝、龙羊峡等大中型水库（水电站），并且对特殊时期造成的移民工作和政策进行了纠正，新建水库移民安置逐步理性回归到正常的轨道，移民安置重新受到重视，移民的住房、基础设施较搬迁前有显著改善，生产安置得到较好落实，总体上得到妥善安置。 这个阶段，国家在 1986 年提出了开发性移民的方针，改变过去单纯补偿的办法，利用库区和安置区资源优势发展移民经济，得到了广大移民群众的普遍拥护和支持。 其次是开始解决水库移民的遗留问题，1981 年国家设立库区维护基金，1986 年设立库区建设基金，用于解决水库移民遗留问题，但力度比较小。

第三阶段（1992—2005 年）：这个阶段是新中国历史上水库移民工作的重要阶段。 一是正式步入依法移民阶段。 1991 年国务院颁布第一部水库移民法规《大中型水利水电工程建设征地补偿和移民安置条例》，标志着移民工作进入法制化轨道。 二是重大水利水电工程陆续开工。 1994 年长江三峡工程和小浪底水利枢纽主体工程开工，2002 年南水北调工程开工，期间工程建设进展顺利，水库移民均得到了妥善安置，小浪底工程移民安置工作被世界银行称为发展中国家水利水电工程的典范。 三是加大处理移民遗留问题的力度。 1996 年增设后期扶持基金，加大扶持移民发展生产的力度。 2002 年国务院办公厅转发了水利部等五部委《关于加快解决中央直属水库移民遗留问题若干意见》，进一步加大投入力度，由每年的 2.4 亿增加到15 亿左右，要求用 6 年时间解决中央直属水库 580 多万水库移民的温饱问题。

第四阶段（2006—2012 年）：2006 年党中央、国务院审时度势，做出了完善移民政策的重大决策，印发《国务院关于完善大中型水库移民后期扶持政策的意见》（国发〔2006〕17 号，简称 17 号文件），修订颁布了《大中型水利水电工程建设征地补偿和移民安置条例》（国务院令第 471 号，简称《移民条例》）。 之后，国务院召开了新中国成立以来第一次全国水库移民工作会议，并成立了由发展改革委、财政部、水利部等 22 个单位组成的全国水库移民后期扶持政策部际联席会议，水库移民工作进入新的历史阶段。

第五阶段（2013 年至今）：党的十八大以来，水库移民工作深入贯彻新发展理念和以人民为中心的发展思想，2017 年国务院修订了移民条例有关条款，水利水电工程建设征地实行和铁路等基础设施建设征地同地同价。 水利部党组提出了"水利工程补短板、水利行业强监管"的新时期水利改革发展总基调，重大水利工程建设加快推进，继三峡工程之后，南水北调东、中线一期工程相继建成通水，大藤峡、引江济淮等 172 项重大节水供水工程开工建设，水库移民工作以习近平总书记新时代中国特色社会主义思想为指导，大力开展移民脱贫攻坚、美丽家园建设和移民增收计划等后期扶持三大行动，很多移民村成为当地新农村建设、乡村振兴的示范点，库区和安置区总体和谐稳定。

二、工作成就

70 年的水库移民工作，在实践中探索，在探索中前进。 随着对移民工作规律认识的不断深化，移民工作理念、工作思路发生重大变化，管理体制逐步理顺，政策法规丰富完善，工作机制不断创新，队伍建设不断加强，水库移民搬迁安置和后期扶持工作取得显著成效，为我国水利水电事业发展、库区和移民安置区社会和谐稳定、全面建成小康社会作出了重大贡献，走出了一条具有中国特色的水库移民工作之路。

（一）管理体制逐步理顺，提供了有力组织保障

新中国成立后，水利部设立了移民办负责水库移民管理工作，"文革"中移民

办撤销，改革开放后移民办恢复。 为解决中央直属水库移民遗留问题，国家先后于 1981 年、1986 年设立库区维护基金、库区建设基金，水利部移民办承担基金使用管理具体工作。 随着改革深入推进，特别是 1998 年机构改革，以及三峡、南水北调工程相继开工建设，在国家层面形成了水利部、国家能源局、国务院三峡办和南水北调办多部门负责的移民工作管理格局。

2006 年 5 月全国水库移民工作会议召开后，国务院批准成立了全国水库移民后期扶持政策部际联席会议，负责水库移民后期扶持政策实施的组织领导、协调管理，明确了"政府领导、分级负责、县为基础、项目法人参与"的移民工作管理体制。 在地方层面，2006 年以来各省、自治区、直辖市和新疆生产建设兵团进一步明确了承担水利水电工程移民行政管理工作的机构，分别隶属省级人民政府、办公厅、水利、发展改革、国土资源、扶贫、住建、农业等部门。 随着后期扶持工作步入正常轨道，2017 年 6 月部际联席会议撤销，水利部等部门按照国务院要求和职责分工分别负责水库移民后期扶持后续相关工作，其中水利部牵头做好人口核定以及政策执行情况督促检查指导等工作。

党的十八以来，特别是 2018 年党和国家机构改革后，国务院三峡办和南水北调办并入水利部，国务院明确水利部指导水利工程移民管理工作，国家层面的水库移民工作基本实现了统一管理。 在地方层面，有 20 个省级水行政主管部门承担水库移民管理职责。 其他省份的管理体制也在不断理顺，为移民工作提供了有力的组织和政治保障。

（二）政策法规不断完善，推动了依法规范有序开展

1991 年国务院颁布了新中国第一个关于水库移民工作的专项法规——《移民

条例》，明确了移民工作的方针和政策。 2002 年国务院办公厅转发了水利部等 5 部委关于加快解决中央直属水库移民遗留问题若干意见，提出用 6 年时间解决中央直属水库 580 多万移民的温饱问题。 2006 年是我国水库移民政策法规建设史上具有里程碑意义的一年，国务院调整完善了水库移民后期扶持政策，修订颁布了《移民条例》。 围绕贯彻落实移民政策，部际联席会议、水利部、财政部单独或联合有关部门先后制定印发有关移民安置前和后期扶持的配套制度，各地也制定或修订移民工作规章制度，我国水库移民工作政策法规制度体系进一步健全完善。

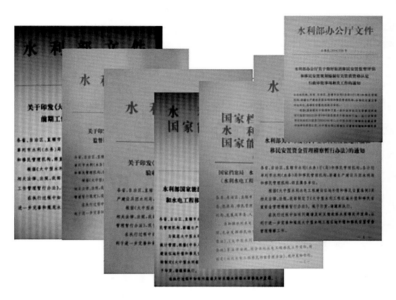

《移民条例》配套制度——规范性文件

党的十八大以来，国家对水利水电工程建设征地补偿标准进行了重大调整，水利水电工程建设征地实行和铁路等基础设施建设征地同地同价。 水利部印发了《关于加强大中型水利工程移民安置工作的指导意见》，出台了相关配套文件，提出了一系列加强移民安置工作的措施和办法。 发展改革委、水利部、财政部等部门先后修订出台了后期扶持基金项目资金管理办法，制定了资金绩效管理等办法，印发了《关于进一步做好大中型水库移民后期扶持工作的通知》，并就有关"十三五"规划、避险解困和项目民主化管理、脱贫攻坚等提出明确意见，进一步加强对后扶工作监督指导，有力推动了移民工作依法规范有序开展。

（三）监督管理进一步强化，推进了政策措施落地落实

在 20 世纪解决中央直属水库移民遗留问题时期，水利部通过开展日常性监

《移民条例》配套制度——技术标准

督检查，认真履行移民资金使用监管职责。 2006 年国家调整完善移民政策以来，设立了移民安置规划大纲（规划）审批、审核机制，实行"资金稽察、监督评估和验收"三项制度，进一步规范和强化对移民安置工作全过程监督管理，促进政策落实。 在 2006 年以来的移民后期扶持工作中，水利部组织开展政策实施情况稽察和资金内部审计等，推动出台了《关于加强水库移民后期扶持政策实施监督检查工作的通知》（发改办农经〔2012〕1131 号），不断强化对政策实施的监督管理，确保"政策兑现、资金安全、社会稳定"。

党的十八大以来，国家进一步推进行政审批制度改革，特别是水利部党组提出新时期水利改革发展总基调以来，不断完善移民工作监督管理顶层设计，研究出台关于加强水库移民工作监督管理的指导意见和水库移民工作监督管理办法，创新监管工作体制机制，构建水利部组织领导、流域机构参与、省级移民管理机构配合和县为基础的管理体制，采取"双随机"、暗访和明察相结合的方式开展监管工作。 近年来，每年组织完成 12 个省 24 个县水库移民后期扶持政策实施情况稽察、8 座在建重大水利工程征地补偿和移民安置资金使用情

移民安置和后期扶持稽察审计意见

况稽察，以及 18 个省 40 个县水库移民后期扶持资金内部审计。 各地也加大对水库移民工作稽察审计力度。 通过上下协同配合，形成强有力监管威慑，推进了风险防范和问题整改。

小浪底水库河南省孟津县清河移民村蔬菜大棚基地

南水北调工程新郑市新蛮子营移民新村

大藤峡水库广西大成塘移民安置新村

（四）移民搬迁安置进展顺利，促进了工程建设顺利运行

移民安置是水利水电工程建设的重要组成部分，是水利水电工程建设成败的关键。 新中国成立以来，数以千万计的水库移民告别家园，完成搬迁安置，其中仅大中型水库农村移民就达到 2400 多万人。 改革开放以来，各方面更加重视移民安置工作，不断完善征地补偿机制，提高补偿补助标准，引导移民群众积极参与，层层落实地方政府责任，积极创新安置方式，不断强化监督管理，总体上水库移民搬迁进展顺利，生产生活条件不断改善。 例如小浪底水库 20 万移民顺利搬迁并得到妥善安置，三峡工程顺利完成的百万大移民正逐步融入当地社会，南水北调丹江口水库移民搬迁超常规实现了"四年任务、两年完成"。 移民搬迁安置进展顺利，为水利水电工程顺利建设和正常运行创造了良好外部环境。

浙江省江山市凤林镇白沙村

党的十八大以来是水利投资规模最大、建设进度最快、群众受益最多的时期，这期间共搬迁安置约 60 万移民，为水利工程立项、开工建设和效益发挥创造了良好环境。 截至 2018 年底，172 项节水供水重大水利工程累计开工 138 项，已有 23 项重大水利工程相继建成，流域区域水安全保障能力不断提升。 据统计，我国已建成各类水库近 10 万座，发挥了巨大的经济、社会和生态效益，为经济社会可持续发展起到了重要的支撑和保障作用。

（五）后期扶持政策顺利实施，加快了脱贫致富奔小康步伐

20世纪80年代以来，中央先后设立了库区维护基金、库区建设基金和后期扶持基金，分别用于解决不同时期水库移民生产生活困难问题。特别是2006年国务院调整完善了大中型水库移民后期扶持政策，考虑历史上多方面的原因以及库区、移民安置区的实际情况，把原迁安置的水库农村移民及其家庭自然增长的人口统一纳入后期扶持范围，并进一步加大投入，通过直接补助和安排项目实施后期扶持。据统计，1981—2005年底，共征收库区维护基金、库区建设基金、后期扶持基金和中央财政预算安排的专项资金约200亿元，用于解决200多座大中型水库移民遗留问题。2006—2018年期间，通过提高省级电网公司全部销售电量的电价，全国累计征收后期扶持资金2924亿元，努力解决全国2400多万大中型水库农村移民后期扶持人口生产生活问题。此外，各省还从有发电收入的大中型水库上网销售电量中按照不高于8厘每千瓦时的标准征收库区基金，从扣除农业生产用电后的全部销售电量中按照不高于0.5厘每千瓦时的加价征收资金用于解决小水库移民困难问题。这些政策实施后取得显著成效，特别是2006年水库后期扶持政策实施以来，水库移民的温饱问题得到全面解决，库区和移民安

福建省漳州市南靖县坪埔村移民村

临淮岗移民新村使迁移群众安居乐业

置区存在的基础设施和社会事业薄弱局面明显改观，发展后劲进一步增强，和谐稳定局面进一步巩固。

党的十八大以来，中央提出了打赢脱贫攻坚战和实施乡村振兴的战略，水利部提出了加快推进水库移民脱贫解困工程、大力开展移民美丽家园建设行动和全面实施移民增收计划三大行动，地方各级政府整合资金，加大倾斜支持，各级移民管理机构积极实践，探索创新后期扶持方式，水库移民的生产生活条件不断改善，移民脱贫致富步伐明显加快，许多移民新村成为当地最美村落。据统计，2018年全国水库农村移民人均可支配收入达到12890元，占同期全国农村居民人均可支配收入的88%，有24%的水库移民收入已经达到或者超过当地农村居民的平均水平，库区和移民安置区逐步呈现生态宜居、兴业富民、文明和谐的新面貌。

湖北省潜江市汉江村移民种植葡萄喜获丰收

三、重大事件

（一）出台各类水库移民后期扶持政策

1981 年，财政部印发《财政部电力工业部关于从水电站发电成本中提取库区维护基金的通知》（电财字〔81〕第 56 号），设立库区维护基金；1986 年，国务院办公厅转发水利电力部《关于抓紧处理水库移民问题报告的通知》（国办发〔1986〕56 号），设立库区建设基金；1996 年，国家计委、财政部、电力工业部和水利部联合印发《关于设立水库和水电站库区后期扶持基金的通知》（计建设〔1996〕526 号），设立水库移民后期扶持基金；2002 年，国务院办公厅转发水利部等部门《关于加快解决中央直属水库移民遗留问题的通知》（国办发〔2002〕3 号），加大力度解决中央直属水库移民遗留问题。

（二）国务院制定并颁布移民条例

1991 年，国务院正式颁布《大中型水利水电工程建设征地补偿和移民安置条例》（国务院令第 74 号），标志着我国水利水电工程移民工作走上了法制化轨道。

（三）国务院调整和完善水库移民政策法规

2006 年，国务院印发《国务院关于完善大中型水库移民后期扶持政策的意见》（国发〔2006〕17 号），决定自 2006 年 6 月 30 日起，统筹兼顾水电和水利移民，新老水库移民、中央和地方水库移民，对纳入大中型水库后期扶持范围的农村移民，按照每人每年 600 元的标准进行为期 20 年的扶持。同年，国务院修订颁布《大中型水利水电工程建设征地补偿和移民安置条例》（国务院令第 471 号），进一步提高补偿补助标准，规范移民安置行为，确立后期扶持制度，切实保护移民合法权益。2017 年，国务院印发《国务院关于修改〈大中型水利水电工程建设征地补偿和移民安置条例〉的决定》（国务院令第 679 号），对第二十二条关于征地补偿补助标准进行了修改，实现了水利水电工程建设征地标准与铁路等基础设施项目用地"同地同价"。

（四）国务院召开全国水库移民工作会议

2006 年 4 月，国务院召开了新中国成立以来的首次全国水库移民工作会议，对全国水库移民工作进行全面安排部署，并征求地方对移民政策调整完善和修订的意见和建议，在新中国水库移民工作史上具有里程碑的意义。

（五）国务院建立全国水库后期扶持政策部际联席会议制度

2006 年，为切实加强水库移民后期扶持政策工作的组织领导，及时协调解决水库移民后期扶持政策实施中出现的问题，国务院批复同意建立全国水库移民后期扶持政策部际联席会议制度，由国家发展改革委牵头，水利部、财政部等 22 个部门组成，联席会议下设办公室，日常工作由水利部水库移民开发局承担。

移民新村风貌——河南省新郑市新蛮子营村

四、基本经验

回顾 70 年我国水库移民工作的实践，既有宝贵的经验，也有深刻的教训，在进行今夕纵向对比、与国外进行横向对比的基础上，主要有六个方面的经验和启示。

一是必须坚持以人民为中心的发展思想。党中央提出以人民为中心的发展思想，反映了坚持人民主体地位的内在要求，彰显了人民至上的价值取向，确立了新发展理念必须始终坚持的基本原则。水库移民工作始终坚持以人民为中心的发展思想，顺应移民对美好生活的向往，把增进移民福祉、促进移民全面发展作为工作的出发点和落脚点，不断丰富和发展水库移民安置和后期扶持的内涵。

二是必须坚持政府领导的体制。 水库移民工作涉及面广，政策性强，社会敏感度高，关系到广大移民群众切身利益、主体工程顺利建设和社会和谐稳定。由我国社会主义制度以及移民安置方式所决定，我国水库移民工作是政府行为，必须实行属地管理，依靠地方各级政府分级负责、组织实施完成。 正是各级政府的高度重视、强有力组织实施和对移民群众高度负责的精神，才完成了大中型水库高达 2400 多万农村移民，才有了新中国 70 年来水利水电工程建设的辉煌成就。

三是必须坚持开发性方针。 移民工作经验教训证明，在人多地少、农村移民占绝大多数的情况下，我国水库移民工作必须坚持以人为本，围绕移民长久生计有保障的目标，采取前期补偿和后期扶持相结合的政策，走开发性移民的路子，这是一条符合我国国情的移民工作方针。 开发性移民，就是以移民搬迁安置为发展契机，把补偿和发展有机结合起来，以开发资源、发展生产、促进就业、增收解困等为主要手段，因地制宜，制定切实可行的政策措施，使水库移民共享改革发展成果，促进库区和移民安置区基础设施建设和经济社会可持续发展，保证移民生活水平不断提高，并逐步融入当地社会。

四是必须科学编制移民规划。 移民安置规划是妥善安置移民的蓝图，后期扶持规划是落实后期扶持政策的基本依据，其深度和质量直接关系到移民安置的成败和后期扶持政策的落实。"大跃进"和"文革"特殊历史时期影响造成移民遗留问题，一个重要的原因就是当时没有科学编制移民安置规划，没有对移民安置的环境容量进行科学分析，导致盲目后靠、简单补偿。 而小浪底、南水北调等水库移民安置的成功案例，都与有一个科学合理、操作性强的移民安置规划有密切关系。 因此，无论大中小水库、水利工程和水电站工程、中央和地方项目，都必须坚持把科学编制移民规划放在重要位置，并切实抓好抓实。

五是必须强化全过程监督管理。 水库移民安置工作关系到移民的妥善安置、工程建设顺利进行，后期扶持政策实施关系到政策兑现、资金安全和社会稳定，强化监管非常重要。 特别是移民资金具有构成复杂、使用点多面广、管理层次较多、涉及主体不一、管理难度较大等特点，必须切实管好用好。 近年来，国家和地方相继在移民安置中开展了规划（大纲）审批审核、监督评估、资金稽察和验收等工作，在后期扶持中开展了稽察、内部审计、绩效评价等工作，强化对移民工作的全过程监督管理，同时积极引导移民群众参与监督，取得了明显成效。 事实证明，只有强化对移民工作的全过程监督管理，才能切实保证移民政

河南省信阳市新县移民乡村旅游蓬勃发展

策落实、资金安全，维护好移民的合法权益。

六是必须要有一支高素质的移民干部队伍。水库移民工作涉及面广，是一项复杂的系统工程。小浪底、三峡、南水北调等水利水电工程移民安置成功的背后，都有一大批甘于献身负责求实创新的移民干部队伍，他们发扬"五＋二""白＋黑""雨＋晴"的大无畏牺牲精神，筑起了移民工作的历史丰碑。审视各地的移民工作，凡是移民管理机构和干部队伍健全的地方，其移民工作无论是制度建设，还是搬迁安置、后期扶持等，都始终走在全省、全国的前列；反之，各项工作滞后特别是移民信访矛盾突出的地方，都与当地移民管理机构力量薄弱有直接关系。因此，适应"水利工程补短板、水利行业强监管"的水利改革发展总基调要求和移民工作发展趋势，各级必须要配备一支高素质的移民干部队伍。

五、总体评价

在党中央、国务院的坚强领导下，在地方各级党委、政府的高度重视下，70年来，水利部等国家有关部门以及地方各级移民管理机构等单位认真履职尽责，通过不断转变移民工作理念、调整完善移民政策法规、建立健全工作机制、层层落实地方政府责任、积极创新移民安置方式、大力推进后期扶持三大行动、强化全过程监督管理，我国水库移民工作取得显著成效，新建在建水库移民总体得到妥善安置，促进了水利水电工程顺利建设，已建水库移民生产生活条件不断改善，收入稳定增长，库区和移民安置区社会总体和谐稳定。

撰稿人：王俊海　盛　晴
审稿人：卢胜芳

精准帮扶　尽锐出战
水利扶贫助力打赢脱贫攻坚战

水利部扶贫办

水利扶贫是指由水行政主管部门主导，主要运用水利资源和水利手段推进、帮助贫困地区发展、促进贫困人群脱贫的扶贫方式。 水利扶贫属于我国大扶贫格局中的行业扶贫范畴，目前我们将行业扶贫、定点扶贫、片区联系和对口支援等水利部承担的扶贫任务，统称为水利扶贫或水利脱贫。

一、水利扶贫发展历程

水利部是中央国家机关中最早参与社会扶贫工作的单位之一，也是行业扶贫工作起步早、参与较多的部门。 从 1986 年开始，经过 30 多年的探索实践，不断创新方式方法，形成了一套行之有效的扶贫模式，为我国各个阶段扶贫目标任务的顺利完成，提供了有力的水利支撑和保障。 30 多年的水利扶贫工作，大体可划分为三个阶段。

第一阶段：1986—2000 年，为水利扶贫起步发展阶段。 新中国成立以来到改革开放时期，是我国水利大发展的历史阶段，重点解决大江大河防洪和改善农业生产条件，恢复和发展社会生产力，同时为改善农村和农民生产生活面貌起到了重要作用。 1984 年，针对一些少数民族地区和为中国革命作出巨大贡献的老革命根据地，以及边远山区和水库移民区，生产生活条件很差，部分农民温饱问题尚未完全解决，中共中央、国务院下发了《关于帮助贫困地区尽快改变面貌的通知》。 1986 年，国务院成立了贫困地区经济开发领导小组，原水电部为成员单位，并召开会议提出，争取在"七五"期间解决大多数贫困地区人民的温饱问题，至此我国开始在全国实施有组织、有计划、大规模的开发式扶贫，并确定原水电部、农业部等 10 个中央国家部委作为首批承担定点扶贫任务的单位。 这是我国开展农村扶贫开发的起点，也是水利扶贫的起点。 当时，水电部开展了三峡地区定点扶贫和对口支援工作，主要承担重庆市原万县和涪陵两市 7 个国定贫困县和 13 个三峡库区县（区）的帮扶任务，实际扶持范围包括 20 个县（区），重点开展以农田水利、人畜饮水、水土保持、农村水电和科技教育为主要内容的"四水加科教"扶贫模式，1986—2000 年连续选派 9 届工作组 65 名干部挂职扶贫。 经过 15 年的努力，三峡地区定点扶贫工作中取得显著成效，不仅促进了三峡地区经济和社会的全面发展，也为长江三峡工程移民搬迁创造了良好条件。1994 年，《国家"八七"扶贫攻坚计划》开始实施，计划用 7 年时间，到 20 世纪末，基本解决 8000 万农村贫困人口的温饱问题。 1995 年，水利部成立了由副部长担任组长的扶贫领导小组。 至此，水利部开始发挥行业优势，从解决水的问题入手，以老、少、边、穷地区及水库移民为重点，加强贫困地区水利建设，在水利工程布局、投资、政策、人力资源等方面向贫困地区倾斜，支持贫困地区实施扶贫开发，为"八七"扶贫攻坚计划目标的实现作出了重要贡献。

第二阶段：2001—2010年，为水利扶贫深入推进阶段。这一阶段的主要特点是，在定点扶贫的基础上逐步加大行业扶贫力度，并开展自选动作——试点扶贫。这期间，国家确定以592个国家扶贫开发工作重点县为重点，在全国14.8万个贫困村开展整村推进工作。国务院印发了《中国农村扶贫开发纲要（2001—2010年）》，这是我国第一个系统性的扶贫开发文件。2001年，水利部印发了《关于加强水利扶贫工作的意见》，在行业内部署开展水利扶贫工作。2002年，国务院扶贫开发领导小组、中组部等部委联合印发《关于进一步做好中央、国家机关各部门和有关单位定点扶贫工作的意见》，明确水利部定点扶贫县调整为湖北省房县和重庆市城口县、巫溪县、开县、云阳县、丰都县、武隆县等7个国家扶贫开发工作重点县。水利部印发了《关于加强水利部定点扶贫的意见》，编制了《水利部定点扶贫规划（2001—2010年）》。2006年，为探索水利在贫困地区社会主义新农村建设中发挥基础保障作用的有效途径，水利部和贵州省政府联合印发了《关于在贵州铜仁地区开展社会主义新农村建设水利扶贫试点的意见》；2008年，水利部与贵州省共同签署了推进国家级农村综合改革试验区毕节试验区水利重点扶持对口支援工作备忘录，编制了《毕节试验区水利重点扶持对口支援实施规划（2008—2015年）》。我们支持贵州铜仁、毕节开展试点扶贫工作，加大项目支持，选派挂职干部，推动试点地区水利工作实现跨越式发展，至2015年底试点扶贫工作结束，但干部选派挂职继续执行。

第三阶段：2011年至今，为水利扶贫全面开展阶段。这一阶段，随着中央对扶贫工作的高度重视，水利扶贫工作任务逐渐加重，扶贫责任更加明确，政策举措要求精准，形成了以行业扶贫、定点扶贫、片区联系、对口支援为主要内容的扶贫体系。

一是行业扶贫。2011年，中共中央、国务院印发《中国农村扶贫开发纲要（2011—2020年）》，水利部组织编制了《全国水利扶贫专项规划（2011—2020年）》，这是水利行业扶贫的第一个专项规划，明确以22个省832个贫困县为重点支持范围。进入"十三五"，我国进入脱贫攻坚新阶段，2015年底，中共中央、国务院印发了《关于打赢脱贫攻坚战的决定》，提出实施精准扶贫精准脱贫方略。2016年，水利部联合有关部委或单独出台了《关于实施水利扶贫开发行动的指导意见》等一批文件，水利部编制印发了《"十三五"全国水利扶贫专项规划》，同时明确要加大对357个贫困革命老区县水利扶贫支持力度。2017年，根据中办、国办印发的《关于支持深度贫困地区脱贫攻坚的指导意见》，水利部印发了《关于加快深度贫困地区水利改革发展的指导意见》，加大对西藏、四省藏区、新疆南疆4地州和甘肃临夏州、四川凉山州、云南怒江州等"三区三州"

135个深度贫困县水利扶贫工作支持力度。2018年，根据中办、国办印发的《关于打赢脱贫攻坚战三年行动指导意见》，水利部印发了《水利扶贫三年行动（2018—2020年）实施方案》。2019年根据国务院扶贫开发领导小组印发的《关于解决"两不愁三保障"突出问题的指导意见》，水利部将农村饮水安全脱贫攻坚作为重点，集中力量攻坚，确保到2020年全面解决贫困人口饮水安全问题。

2018年12月，鄂竟平部长走访慰问巫溪县贫困户

二是定点扶贫。2011年，水利部定点扶贫在原有7个县的基础上，又增加了滇桂黔石漠化片区的6个县，总数达到13个县，是当时中央定点扶贫单位最多的部委，水利部编制印发了《全国水利定点扶贫专项规划》。2015年，国务院扶贫开发领导小组将水利部定点扶贫县调整为重庆市城口县、巫溪县、丰都县、武隆县4个国家扶贫开发工作重点县，水利部和重庆市政府联合印发了《水利部定点扶贫工作实施方案》，我们组织63个司局和直属单位组成4个对口帮扶工作组分别对4个县实行组团式帮扶，并开始实施"八大工程"。2018年，机构改革后，又增加了原国务院南水北调办承担的湖北十堰郧阳区和原三峡办承担的重庆万州区2个区，水利部定点扶贫县在原有4个的基础上增加到6个，也是中央部委承担任务最多的。我们又印发了《水利部定点扶贫三年工作方案（2018—2020）》，明确部机关和直属单位84家，组成6个工作组实施对口帮扶，实施新的"八大工程"。

三是片区联系。2011年中央扶贫开发工作会议划定11个集中连片特困地区，加上西藏、四省藏区和新疆南疆4地州，共14个集中连片特困地区作为扶贫攻坚主战场。2012年，国务院扶贫办、国家发展改革委印发了《滇桂黔石漠化片区区域发展与扶贫攻坚规划》，规划区域范围包括广西、贵州、云南3省区集中连片特殊困难地区15个市（州）80个县，明确水利部和原国家林业局共同负责滇桂黔石漠化片区联系工作，承担片区沟通联系、调查研究、督促指导等职责，合力推进规划实施。水利部会同国家林业局建立了由28个中央单位和3省区政府组成的片区部际联系会议制度，并选派3个工作组驻广西、贵州、云南开展扶贫工作，目前有30名干部挂职，其中水利部15名，国家林草局15名。为支持片区水利扶贫工

巫溪县农村水电扶贫大河电站

作，2017 年水利部编制印发了《滇桂黔石漠化片区水利扶贫总体实施方案》。

四是对口支援。 从 2011 年开始，根据国务院《关于支持青海等省藏区经济社会发展的若干意见》《关于支持赣南等原中央苏区振兴发展的若干意见》等要求和水利扶贫工作需要，水利部陆续在青海贵德县、江西宁都县、河北阜平县、安徽金寨县、甘肃临夏州都等革命老区和民族地区，开展水利重点扶持对口支援工作，通过制定并实施专门规划或方案，夯实当地经济社会可持续发展、群众脱贫致富的水利基础。

二、水利扶贫主要工作及成效

党的十八大以来，中央高度重视水利扶贫工作，要求加强贫困地区水利建设，加快破除发展瓶颈制约。 习近平总书记在 2015 年中央扶贫开发工作会议上强调，要按照贫困地区和贫困人口的具体情况，把脱贫攻坚重点放在改善生产生活条件上，着重加强农田水利、交通、通信等基础设施和教育医疗等公共服务建设，特别是要解决好入村入户等"最后一公里"问题。 李克强总理指出，解决贫困地区缺水问题是一项迫在眉睫的任务，必须下大力气抓好。 水利作为重要基础设施和公共服务领域，在决胜全面小康、打赢精准脱贫攻坚战中具有重要地位和作用。 2016 年，国务院扶贫开发领导小组将水利扶贫纳入脱贫攻坚行业扶贫十大行动之一；2019 年中央将农村饮水安全作为"两不愁三保障"脱贫攻坚目标的重要内容和底线任务，作出部署安排。 按照党中央、国务院的决策部署，水利部主要开展了以下工作：

贵州兴仁县屯脚镇鲤鱼村

城口县农村集中式供水工程

（一）坚持领导主抓，强化责任落实

水利部始终把水利扶贫作为一项重要政治任务和重要民生工程来抓，历任部长亲自部署、亲自督导，部扶贫领导小组具体组织协调。 2018 年，水利部调整扶贫领导小组规格，由党组书记、部长担任组长，其他副部长为副组长，机关 22个司局主要负责同志为成员，分管副部长任扶贫办主任。 党的十八大以来，先后召开 20 多次工作会、座谈会、现场会专题研究部署水利扶贫工作，部领导每年多次深入贫困地区开展调研、访贫问苦。 部扶贫领导小组召开 20 多次会议，研究解决工作中的重大问题。 同时通过印发工作要点、加强工作调度、签订责任书等方式，层层落实扶贫工作各项责任，确保各项措施抓实抓细、落地生根。

（二）坚持规划引领，完善顶层设计

针对贫困地区水利需求，坚持问题导向，精准施策，分类指导，组织制定了"十三五"全国水利扶贫专项规划以及水利定点扶贫、片区扶贫、对口支援和老

区建设等一系列相关水利扶贫规划或实施方案。 同时，会同有关部门出台了水利扶贫开发行动、金融支持水利扶贫、水库移民脱贫攻坚、坚决打赢农村饮水安全脱贫攻坚等文件，印发了水利工程建设和管护就业岗位向建档立卡贫困劳动力倾斜、加快推进深度贫困地区水利改革发展、加强贫困地区水利建设资金和项目管理等政策文件，支持贫困地区脱贫攻坚。 2019年，印发了《中共水利部党组关于进一步加强水利扶贫的意见》。

（三）坚持精准扶贫，提高帮扶实效

城口县高观镇王家山坪塘

督促指导各地不断完善水利扶贫精准工作机制，建立健全水利扶贫需求调查、项目储备、投资倾斜、统计分析等工作机制，建立水利扶贫项目库和重点项目台账，优先安排实施贫困地区水利扶贫项目、落实建设资金，加强水利扶贫项目实施进展和效益的跟踪统计，督促指导各地聚焦贫困地区、贫困村、贫困人口，做到项目安排精准、资金落实精准、工作对接精准、效益发挥精准，切实提高水利扶贫工作实效。

（四）坚持多措并举，注重能力提升

先后选派200多名政治素质高、工作能力强的干部到定点扶贫县、滇桂黔片区、西藏、新疆等贫困地区各级政府、水利部门挂职，或到贫困村任驻村第一书记。 实行组团式帮扶，建立水利部直属单位对贫困地区水利技术帮扶机制，出台加大贫困地区水利技术干部、人才队伍的培训培养政策措施。 积极协调相关水利院校在贫困地区举办水利人才"订单班"，推进水利人才本土化、专业化培养。 共培训贫困地区水利干部1万余人次。

在党中央、国务院的正确领导下，在中央有关部门大力支持，以及地方政府、各级水利部门共同努力下，水利扶贫工作取得显著成效。

行业扶贫方面：2012—2019年底，共安排贫困地区中央水利投资4700多亿元，是贫困地区水利投入最大、水利发展最快、群众得实惠最多的时期。"十三五"以来，全力推进贫困地区水利基础设施建设，取得重要进展。 一是农村饮水安全加快解决。 2016—2019年底，巩固提升农村受益人口2.28亿人，解决了1707多万贫困人口饮水安全问题。 贫困地区农村集中供水率和自来水普及率显

巫溪柏杨河石坎坡改梯工程

著提高，贫困地区群众在农村饮水安全方面的获得感、幸福感显著提升。 二是农田水利灌排设施大为改善。 全面推进贫困地区大中型灌区续建配套与节水改造，发展高效节水灌溉，开展小型农田水利设施建设，新增改善农田有效灌溉面积 6300 万亩，为贫困地区优化农业种植结构、促进农民增收发挥了重要作用。三是防洪抗旱减灾能力不断提升。 国家级贫困县累计新增堤防 6300 余公里，堤防达标率由 45％提高到 51％。 安排贫困地区大中小型水库建设，新增供水能力 100 多亿立方米。 安排 400 条重点山洪沟防洪治理任务。 有效减轻了贫困地区的水旱灾害，降低了因灾返贫的几率。 四是水土流失得到有效治理。 据初步统计，每年平均安排 400 多个贫困县开展项目建设，受益贫困村 1400 多个，受益贫困人口近 50 万人。 累计完成水土流失治理面积 3 万多平方公里、坡耕地治理 300 多万亩。 五是重大水利工程加快建设。 2016 年以来，贫困地区新开工四川蓬溪船山灌区、贵州黄家湾水库、云南滇中引水工程、陕西东庄水利枢纽等重大水利工程。 目前已开工的 142 项节水供水重大水利工程中涉及贫困地区的有 81 项。 六是农村水电扶贫效益明显。 中央累计投资 13 亿元，安排扶贫电站建设项目 99 个，帮扶 5.4 万建档立卡贫困户，每年户均增收 1500 多元。 七是水库移民脱贫步伐加快。 通过几年的扶持，全国已有 74 万贫困水库移民实现脱贫。八是水利劳务扶贫作用突出。 贫困地区水利工程建设与管护就业岗位吸纳贫困家庭劳动力达到 70 万人，人均增收 6000 多元。

　　定点扶贫方面：水利部组建了由 84 个机关司局、直属单位和部属企业参加的 6 个定点扶贫帮扶工作组，分别负责定点扶贫帮扶任务。 编制印发了《水利部定点扶贫三年工作方案（2018—2020）》，明确实施水利行业倾斜支持、贫困户产业帮扶、贫困户技能培训、贫困学生勤工俭学帮扶、水利建设技术帮扶、专业技术人才培训、贫困村党建促脱贫帮扶、内引外联帮扶等新的"八大工程"。2016 年以来水利部精心选派了 26 名优秀干部挂职扶贫，目前共有 14 名干部在定点扶贫地区挂职扶贫，形成了驻市、驻县、驻村帮扶格局。 在有关各方共同努力下，重庆丰都、武隆、万州 3 县（区）已于 2017 年底实现脱贫摘帽；湖北郧阳、重庆城口和巫溪计划 2019 年实现脱贫目标。 我部定点扶贫工作得到中央国家机关工委和国务院扶贫办的充分肯定，2017 年、2018 年连续两年考核中获得第一档"好"的等次。

片区联系方面：水利部会同国家林草局认真履行沟通联系、调查研究、督促指导职责。 2012 年以来，已召开 8 次滇桂黔石漠化片区区域发展与扶贫攻坚现场推进会，及时贯彻落实党中央、国务院关于脱贫攻坚战的决策部署，总结扶贫攻坚经验，部署安排片区扶贫工作。 组织三省（自治区）提出需要部际联系会议成员单位支持的脱贫攻坚事项，协调有关部委加大对片区基础设施建设等脱贫攻坚工作支持力度。 水利部选派挂职干部 48 人次，帮助片区开展脱贫攻坚工作。经过各方面的共同努力，片区脱贫攻坚取得重大进展。 截至 2018 年底，片区 80个贫困县已有 27 个县摘帽（其中广西 7 个，贵州 15 个，云南 5 个）。 据国家统计局监测数据，三年来片区贫困人口累计减少 258 万人，贫困发生率下降了 9.8个百分点。 其中 2018 年片区减贫 81 万人，贫困发生率下降到 5.3%。

对口支援方面：协调有关省级水利部门，加大对口支援的青海贵德、江西宁都、河北阜平、安徽金寨、甘肃临夏水利建设支持倾斜，选派 5 名挂职干部支援地区开展水利建设。 通过综合性帮扶措施，对口支援地区水利基础设施条件有了明显改善，为脱贫攻坚发挥了重要作用。

下一步，水利扶贫工作将以习近平新时代中国特色社会主义思想为指导，深入学习贯彻党的十九大和十九届二中、三中、四中全会精神和习近平总书记关于扶贫工作的重要论述，坚决贯彻落实党中央、国务院关于打赢脱贫攻坚战的决策部署，聚焦深度贫困地区和农村饮水安全薄弱环节，咬定目标、坚持标准、压实责任、持续攻坚，确保 2020 年底全面完成解决全国人口农村饮水安全问题的目标，加快推进全国地区水利基础设施建设，巩固水利扶贫成果，为高质量完成脱贫攻坚任务提供坚实的水利支撑和保障。

撰稿人：靳宏强　蓝希龙

审稿人：卢胜芳　朱闽丰

不断强化水利监督
保障行业安全发展

水利部监督司

新中国成立以来，我国的水利建设事业不断发展，建成了一批世界闻名的大型水利工程，以解决水问题、治理水灾害，在这个过程中，面对行业的发展变化，水利监督管理逐步由安全监督转向全方位行业监督，我们坚持以防范和遏制重大水利风险为根本目的，采取一系列行之有效的监督措施，保障和促进水利行业安全发展。

一、水利监督体系优化升级

进入新时代，为应对水利事业发展主要矛盾的深刻变化，水利部全面加强水利行业监督，2018 年机构改革中设立监督司，成立水利部水利督查工作领导小组及其办公室，协调组建督查队伍，构建"2＋N"水利监督制度体系，从无到有地制定《水利监督规定》《水利督查队伍管理办法》《工程建设质量与安全生产监督检查办法》《合同监督检查办法》《工程运行管理监督检查办法》《小型水库运行监督检查办法》等一系列监督制度，搭建水利监督信息平台，加强水利监督信息化建设，整合信息资源，促进实现水利监督工作有章可循、有人做事、程序清晰，在全国范围内形成监督合力，对全国水利行业实施全方位、全覆盖的监督。

二、安全生产监管持续发力

新中国成立以来，在水利建设规模不断增长、建设项目不断增加的情况下，水利安全生产监管以防范重特大事故、减少较大事故和一般事故为目标，加快完善各项安全生产制度，强化安全生产巡查和专项整治，开展安全生产标准化建设，大力强化安全生产宣教培训。近年来，水利行业未发生重特大事故，水利生产安全事故呈总体下降趋势，水利安全生产形势保持持续稳定向好。

（一）安全生产巡查和专项整治有序开展

进一步建立健全水利重大安全隐患防范和排查治理制度体系，组织开展安全生产巡查和专项整治。出台了《水利工程建设安全生产管理规定》《小型水库安全管理办法》《关于进一步加强水利生产安全事故隐患排查治理工作的意见》《关于开展水利安全风险分级管控的指导意见》等相关制度，进一步完善了水利安全生产监管制度体系。2016—2018 年底，共开展重大水利工程安全生产巡查 141 项次，加强重大水利工程建设隐患排查治理，提升安全生产管理水平。 2017 年，组织开展水利行业安全生产大检查和生产安全事故隐患排查治理专项行动，共检查出各类问题 35692 个，整改落实 35049 个，整改率 98.2％，全行业隐患排查率和整改率分别提高了 7 个和 8 个百分点。 2018 年，组织开展水利工程建设施工安全专项治理行动，全行业摸排具有隧洞工程项目共 956 个，发现安全隐患 26000 余项，整改 25871 项，整改率 99.2％；组织开展水利生产经营单位危化品摸排，年度完成 13956 家，发现重大危险源 14 个、安全隐患 2036 个，整改 1913 个，整改率 94.0％；组织开展水利生产经营单位电气火灾综合治理，年度完成 69933 家，发现电气火灾隐患 63262 个，整改 61702 个，整改率 97.5％。

（二）安全生产应急预案体系进一步完善

组织制定《水利部生产安全事故应急预案（试行）》，对水利部应急管理的组织架构、风险分级管控和隐患排查治理、信息报告和先期处置、水利部直属单位（工程）生产安全事故应急响应、地方水利工程生产安全事故应急响应、信息公开与舆情应对、后期处置、保障措施、培训与演练等方面作出规定，规范水利部生产安全事故应急管理，提高防范和应对生产安全事故的能力。 组织编制水土保持、农村水电站、水利科技等业务领域专业应急预案，组织 39 家直属单位编制专业应急预案 300 余项，合并形成水利安全生产应急预案体系，提升水利应急处置能力。

尼尔基水利枢纽下游全景

（三）安全生产标准化建设不断推进

规范安全生产标准化评审工作，严格标准化评审质量，修订标准化评审标准，制定通用规范，分类指导开展标准化建设工作。以直属单位安全生产标准化创建为示范，带动行业标准化建设工作，建立完善激励约束机制，督促各地各单位加大标准化建设工作力度，加快地方安全生产标准化达标建设。截至 2018 年底，水利部共评审五批水利安全生产标准化达标单位，达标单位 388 家，一级达标单位 384 家，部属二级达标单位 4 家；达标单位类型分布情况为：施工单位 247 家、水管单位达标 48 家、项目法人达标 19 家、农村水电站 74 家，全行业共有 5000 余家水利生产经营单位正在开展安全生产标准化创建工作。

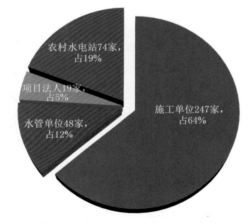

水利安全生产标准化达标单位分布情况（截至 2018 年底）

（四）安全生产宣教培训进一步加强

切实加强水利水电施工企业主要负责人、项目负责人和专职安全生产管理人员等"三类人员"安全生产考核。2016—2018 年底，共考核 30594 人，发证 26080 人（年度考核情况见下表）。每年组织开展安全生产月活动，利用报纸、网络、微信等各种媒体开展安全生产宣传教育，动员各单位各地区开展"一把手"谈安全生产、网络安全生产知识竞赛、安全生产万里行等丰富多彩的特色活动。组织举办中央安全生产改革发展意见宣贯、水利安全生产监督管理培训、水利安全隐患排查治理培训等业务培训，来自各地、各单位的水利安全监管人员和一线工作人员共计 700 余人参加。

2016—2018 年"三类人员"安全生产考核情况　　　　　　　单位：人

"三类人员"考核	2016 年	2017 年	2018 年
考核人数	10517	9148	10929
发证人数	7975	8416	9689

三、行业项目稽察逐步加码

水利行业稽察发展至今已近 20 年，从 1999 年成立水利工程建设稽察办公室，2000 年起组织开展水利项目稽察，到 2008 年稽察办改设在水利部安全监督司，到 2018 年职能划归至新设的水利部监督司，始终坚持以水利建设项目安全、质量、资金、进度为重点，以确保"四个安全"为目标，工作不断深化，稽察规模不断扩大，紧紧围绕水利中心工作开展项目稽察，有力保障了大规模水利建设的顺利实施。

（一）稽察规模不断扩大

2000—2008 年，水利部本级稽察组数从每年 20 余个增长到 60 余个，稽察项目数量由每年的 20 余个增加至近 300 个。先后完成了七大流域 189 个大江大河堤防工程，小浪底、尼尔基、皂市和百色等 65 个国家重点建设项目、657 个病险水库除险加固工、152 个大型灌区续建配套及节水改造和农村饮水安全等民生水利项目稽察。

2008 年后，流域管理机构和地方先后成立了稽察工作机构，稽察力量不断增强，工作范围逐步延伸。稽察项目涵盖重大水利工程、中小河流治理、大型灌区续建配套与节水改造、枢纽水源、中型水库及江河治理、小型病险水库除险加固、农村饮水安全、河湖水系连通、地下水监测工程、坡耕地水土流失综合治理、中小河流水文监测系统建设、农村水电增效扩容改造项目等，稽察范围扩展至全国 31 个省级行政区和新疆建设兵团。

2008—2018 年，共组织派出稽察组（含流域机构）1431 个，对 5383 个项目开展了稽察（复查），发现问题数超过 2.8 万个，平均每年稽察项目 490 个、发现问题 2550 个。此外，从 2012 年开始，地方稽察项目数量逐年增加，2014—2018 年，地方稽察项目总数累计超过 5700 个，发现问题超过 2 万个，平均每年稽察项目 95 个、发现问题数超过 3700 个。

（二）稽察质量不断提高

近年来，部稽察办针对影响工程质量、影响效益发挥、容易引起事故的关键内容深入稽察，有效提升了稽察效能。稽察组针对项目特点，结合工程建设进展，严把稽察工作质量关，紧扣建设关键环节，找准查实水利建设存在的各类问题隐患，特别是查出了一些涉及工程建设质量、资金管理、工程度汛等方面的突出问题，有效发挥稽察体检功效。针对稽察发现问题，仔细梳理、认真研判、归纳概括，分析问题原因，提出合理对策，形成了高质量项目稽察报告，累计提交稽察报告6064份，平均每年提交报告325份。

（三）整改措施不断强化

针对稽察发现的问题，及时向有关省级水行政主管部门下发整改意见通知，明确整改要求，提出整改时限；对突出问题和现象采取严厉的通报方式督促整改；对存在问题多、屡查屡犯的地区和项目，向有关省级人民政府办公厅发函通报。组织问题"回头看"，派出专门稽察组，对重点问题开展"四不两直"复查，督促指导有关地方和项目严格落实整改要求。积极采取约谈等方式督促整改落实，对存在突出问题的单位和项目，采取集中约谈、挂牌督办，督促各地落实整改要求。组织有关地方召开稽察工作促进会、整改落实推进会，摆问题、找差距、明方向，细化深化整改工作措施，推动稽察发现的问题得到整改，将稽察工作成果运用于到相关考核工作，进一步发挥稽察效能。

（四）行业稽察不断推进

2011年和2016年分别印发《关于加强地方水利稽察工作的通知》和《关于进一步加强流域机构和地方水利稽察工作的通知》，对流域机构和地方开展自主稽察提出明确要求，不断强化行业稽察工作体系，推动水利行业稽察。在水利部本级稽察的示范和指导下，流域机构以督促地方加强稽察发现问题整改落实为工作重点，积极开展部稽察项目整改落实情况的复查和相关项目的稽察，如黄委组织对委属重大工程开展自主稽察；长江委和太湖局与流域内有关省份开展联合稽察，对流域内在建水利工程常盯长管。地方水行政主管部门在配合水利部本级稽察工作的同时，积极组建机构和队伍，推动稽察工作的开展。

四、行业监督检查震慑初显

2018年机构改革后，全面加强行业监督，组织对水利行业重点领域开展"四不两直"方式为主的监督检查，坚持问题导向，查找风险隐患，督促整改，强化责任追究，避免重大事故的发生，开创了水利行业监督的新局面。

（一）小型水库安全运行督查纵深拓展

2018 年，第一次在水利行业大范围采取"四不两直"方式，分两阶段组织开展小型水库安全运行专项督查，共派出督查组 385 个、督查人员 1466 人次，对 4702 座小型水库开展了督查暗访，占注册登记水库数量 91754 座的 5.1%，其中小（1）型水库 1245 座、小（2）型水库 3457 座。共发现各类问题 16502 项，其中重大问题 1446 项，一般问题 15046 项；开展特定飞检 3 次，发现问题 117 项。从样本看，约 47% 的水库可以安全运行，约 48% 的水库有一般安全隐患，约 5% 的水库有重大安全隐患，一定程度上反映了全国小型水库安全运行状况。

检测云南滇中引水工程隧洞喷锚厚度

针对发现的问题，进行全面梳理，形成问题清单，印发"一对一"通报 99 份，督促有关单位和部门切实履职，加强问题整改；对有关省、自治区、直辖市水利（务）厅（局）进行了全行业通报，对多次专项督查中发现存在突出问题的地区向省人民政府进行了通报，切实加强了地方政府和各级水行政主管部门的责任意识，发现并消除了部分安全隐患，有效提升小型水库安全管理水平，为"水利行业强监管"提供了可参照可借鉴的具体示范，为建立常态化小型水库督查机制奠定了工作基础。

在 2018 年开展 4702 座小水库暗访的基础上，2019 年进一步拓展暗访覆盖面，派出 384 组次 1326 人次，对 6549 座小型水库开展安全运行专项检查，注重增强工作针对性，以"三个责任人"落实情况、维修养护及除险加固情况、运行管理情况、工程实体和设备设施情况、2018 年发现问题的整改情况等为重点开展检查，并对小型水库效益发挥情况进行调查，将检查发现的问题向相关省水利部门通报，并实施责任追究。

通过开展小型水库安全运行专项检查，基本掌握了小型水库安全运行状况和发挥效益情况，促进了小型水库安全运行管理水平的提高，2019 年在增加金属结构、日常维护等检查内容并拓展检查深度和广度情况下，单座水库平均发现问题数量有所下降，一定程度上反映出地方各级政府对小型水库运行管理工作的重视，水库管理水平有所提升。

浙江临安青山水库除险加固

（二）安全度汛专项督查保障有力

2018 年 8—9 月，水利部会同国家防汛抗旱总指挥部办公室，组织水利部各流域管理机构，派出 46 个组、182 人次，以暗访形式对 29 个省的山洪灾害防御、24 个省的河道防洪相关工作落实情况进行专项督查。

山洪灾害防御督查共涉及 29 个省（自治区、直辖市）、151 个县、373 个乡（镇）、592 个村（含自然村），河道防洪督查共涉及 24 个省（自治区、直辖市）、150 个县、500 个河段，全面查找山洪灾害基层防御责任制落实、监测预警信息传递"最后一公里"和群众转移避险措施落实情况，以及河道防洪防汛行政责任人、"四乱"问题清理、堤防（含穿堤建筑物）维护与管理、应急抢险准备情况等方面存在的问题，针对发现问题，督促问题限期整改，及时消除隐患。

2019 年重点开展了水毁修复项目暗访、山洪灾害防御暗访、水库超汛限水位运行核查、防洪工程调度暗访和淤地坝安全度汛督查等防洪度汛专项督查。 汛前，组织对 16 省及 3 个流域直属、工程规模较大、风险较高的 243 个水毁修复项目进行暗访，督促水毁修复项目按时保质推进；组织开展山洪灾害防御暗访，对 29 个省（自治区、直辖市）及新疆生产建设兵团的 59 个县（区）、240 个村的自动监测站点、无线预警广播、简易雨量报警器等 1649 个山洪灾害预警设施设备开展检查，督促做好汛前防御工作；汛中，组织水库超汛限水位运行核查，对 80

座超汛限水位运行的水库进行了暗访核查，了解核实运行情况，提出意见建议，督促采取有效措施尽快降低水位；组织对 24 个省（自治区、直辖市）内 94 个县（区）的 110 座水库开展防洪工程调度暗访，对发现问题梳理归类、分析原因，提出意见建议，督促问题整改。 6—8 月，配合水土保持司对黄土高原地区 7 省（自治区）393 座淤地坝开展了安全度汛督查，对 57 座整改情况进行了"回头看"，消除度汛隐患，保证度汛安全。

（三）华北地下水超采综合治理督查精准有效

2018 年，水利部统筹采取综合治理措施，着力解决华北地下水超采问题，在地下水超采严重、水资源条件具备的地区，选择典型河流先行开展地下水回补试点工作选定河北省境内的滹沱河、滏阳河、南拒马河三条河流为地下水回补试点河流，并对回补试点工作进行全程监督，开展了 3 批次现场检查，并将发现的问题及时反馈给各相关单位督促整改。 截至 2018 年 12 月，经初步复核，问题综合整改率达 76%，滹沱河、滏阳河、南拒马河三条河流累计补水 5.53 亿立方米，三条河流周边地下水位均有不同程度回升，实现了阶段性补水目标。

中小河流治理

2019 年，组织对滹沱河、滏阳河、南拒马河、永定河等 8 条河流生态补水河段进行了 4 批次检查，并督促地方政府及时对河道障碍物、垃圾、疑似不达标排污等方面的问题进行整改，促进实现绿色补水、洁净补水、安全补水的目标。 之后，对河北省近 200 眼城镇机井关停情况进行抽查，有效促进了对机井关停的规范操作，确保完成 2019 年华北地下水压采任务。

（四）南水北调工程运行监管稳步开展

2018 年机构改革后，组织开展南水北调工程的运行监管，围绕"稳中求进，提质增效"南水北调工作总思路，开展工程运行管理存量问题"回头看"，组织工程运行管理专项稽察、飞检；研究提出南水北调工程重点风险项目清单，加强重点项目和重点时期运行监管；开展消防系统、安全监测自动化系统等典型问题专项研判，组织月度会商，实施责任追究等，确保工程安全平稳运行。

2019 年，以隐患排查为基础，东中线监管全覆盖，加强对丹江口大坝加高工程等重要项目、安全监测等关键环节、新中国成立 70 周年期间和东线北延应急试通水期等关键时期的监管，同时应用侧扫声纳探测、水下蛙人摸查等科技手段，全方位查找工程实体隐患，督促问题整改，加强监管，为南水北调工程运行管理提档升级、设备运转顺畅、供水安全稳定发挥积极作用。

（五）农村饮水安全监督成效明显

2019 年，围绕农村饮水安全先后组织开展了较大规模、较大范围的暗访调研和靶向核查，暗访了 29 个省级行政区 154 个县级行政区 3109 个行政村的 10454 个用水户、2238 处农村饮水工程和 889 处水源地。 在暗访调研的基础上，对 19 个省级行政区 154 个县级行政区的 2740 户贫困户及其他 130 户农村用水户开展靶向核查，并察看了 264 个农村饮水工程和 74 处水源地。 通过暗访调研及靶向核查，基本摸清了农村居民饮水安全现状和农村饮水工程运行管理状况，发现了水质、水量、供水工程等方面存在的一些问题，寻找解决问题的办法，为部署全面解决 6000 万农村人口饮水问题和启动编制农村供水规划提供了基础和支撑。

（六）水利扶贫监督助力攻坚

2019 年，组织开展定点扶贫任务落实情况专项督查，以"定点扶贫责任书"和"八大工程"为主线，对水利部 6 个定点扶贫县区和帮扶组长单位 2019 年定点扶贫工作任务落实情况开展了专项督查，现场察看了 15 个工程建设项目和 17 个农村供水工程，随机走访了 65 户贫困户，电话问询了受益人口 126 人次，通过专项督查督促各定点帮扶组长单位和定点扶贫县区党委政府履行好帮扶责任、主体责任，确保帮扶政策精准落地，促进年度脱贫攻坚任务顺利完成。

（七）其他领域项目监督逐步推进

2019 年，会同相关单位开展河湖暗访督查，对 4178 条河流的 6679 个河段、1612 个湖泊的 1886 个湖区进行督查，督促问题整改，推动河长制湖长制从"有名"向"有实"转变。 开展水闸工程安全运行专项检查，对全国范围内 1086 座水闸的管理责任体系建设及落实、安全管理、日常管理及维护、工程实体等情况开展检查，基本摸清了水闸的运行管理基本情况。

对 167 个县、825 个取水口、826 个用水单位、66 个水源地开展水资源管理和节约用水监督检查，及时督促问题整改。对 9 个省市的水利资金管理使用情况开展专项检查，紧盯水利资金管理使用的安全性、规范性、有效性，抽查了 70 余个工程建设项目，对发现的问题督促有关省市进行整改。对重点举报事项进行现场调查，充分发挥社会监督力量。配合开展水文"千眼百站"专项检查，对地下水监测井的维护管理、监测数据质量和水文站的水文测报、新技术装备应用、设施设备运行、安全生产情况进行检查，促进加强水文测站的规范化管理，进一步提升水文测报质量和时效。

水利监督管理作为落实行业强监管主基调的重要阵地，我们将继续深入贯彻落实"水利工程补短板、水利行业强监管"水利改革发展总基调，以完善法制、体制、机制为着力点，不断夯实基础，开拓创新，建立覆盖全系统、全行业的监管体系，努力形成全国水利监督一张网，实现监督标准化、规范化、信息化、常态化，充分发挥在行业改革发展中的保障作用，防范和遏制水利风险，着力促进解决面临的新老水问题，扭转水利行业"重建轻管"惯性，不断满足人民对美好用水的需求。

撰稿人：马建新　熊雁晖　黄　莹
审稿人：王松春

防御水旱灾害　保障生命安全
为社会经济发展保驾护航

水利部水旱灾害防御司

我国是世界上水旱灾害最为严重的国家之一。新中国成立以来，党中央、国务院始终高度重视水旱灾害防御工作，充分发挥社会主义制度优势，开展了大规模的水利建设，逐步构建了较为完善的水旱灾害防御工程和非工程体系，不断创新防灾减灾理念、完善体制机制，有力防范应对了多次特大洪涝和干旱灾害，保障了人民群众生命安全和城乡供水安全，最大程度减轻了灾害损失，为经济社会发展提供了重要支撑。

一、水旱灾害防御成效显著

新中国成立以来，我国江河洪水、局地暴雨山洪、城市内涝和干旱缺水等灾害频发重发，给人民群众生命财产安全和经济社会发展造成严重威胁和影响。在党中央、国务院的坚强领导下，水利部加强与有关部门的协调配合，周密部署、科学防御，各级党委、政府精心组织、全力应对，广大军民顽强拼搏、团结奋战，战胜了历次重特大洪水和干旱灾害，保障了大江大河、大中城市和重要基础设施的防洪安全，保障了城乡生活、生产、生态供水安全，取得了显著成效。

三峡水库泄洪

（一）保障了江河安澜

依托逐渐完备的监测预报手段和防洪工程体系，科学分析雨情、水情、工情，精细调度水库、水闸、蓄滞洪区等水工程，充分发挥防洪减灾作用；各有关地区党委、政府组织广大军民加强巡查值守，全力做好险情抢护，成功应对了1954年江淮大水、1963年海河大水、1982年黄河大水、1998年长江松花江大水、1999年太湖大水、2003年和2007年淮河大水、2005年珠江大水以及2016年长江太湖大水等江河洪水，保障了防洪安全。 在抗御1998年长江、松花江等江河洪水过程中，在党中央、国务院的直接指挥下，国家防总、水利部组织指导有关地区科学调度水工程，有效开展应急抢险。 长江流域湖南、湖北、江西、四川、重庆等5省（直辖市）763座大中型水库拦蓄洪量340亿立方米，发挥了重要作用；解放军和武装部队20万人、县级以上领导干部15000多人参与抢险，上堤人数维持在400万～500万人，高峰时达900多万人，广大军民克服高温、酷暑，连续与洪水搏斗了60多个日夜，取得了防汛抗洪的全面胜利，形成了"万众一心、众志成城，不怕困难、顽强拼搏，坚韧不拔、敢于胜利"的伟大抗洪精神。

（二）保障了生命安全

始终把确保人民群众生命安全作为首要目标，组织指导各地落实防御责任，细化转移避险方案，提前转移山洪灾害易发区、中小河流影响区、水库下游威胁区、蓄滞洪运用区等区域的受威胁人员，尽最大努力避免和减少了人员伤亡。据统计，新中国成立以来，我国洪涝灾害造成的人员死亡数字不断减少，20世纪50年代、70年代、80年代、90年代和21世纪前十年，洪涝灾害年均死亡人数分别是8976人、5308人、4338人、3744人和1582人，2011—2018年是491人，其中2018年是187人，为新中国成立以来最少。 2010年以来，针对山洪灾害是洪涝造成人员伤亡主要原因的情况，我国大力实施了山洪灾害防治项目建设，基本建立了山洪灾害监测预警系统和群测群防体系，发挥了重要作用，21世纪前十年因山洪灾害年均死亡人数是1079人，项目实施后的2011—2018年，山洪灾害年均死亡人数下降至351人。

（三）保障了供水安全

加强旱情监测研判，科学制订供用水计划，开源与节流并重，强化抗旱水源

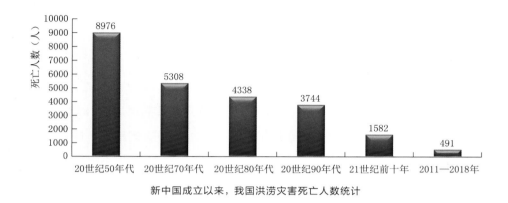

新中国成立以来，我国洪涝灾害死亡人数统计

的统一管理和科学调度，综合采取节水、引水、提水、调水、拉送水等各种措施满足用水需求，战胜了 1959—1961 年大旱、1972 年大旱、1988 年大旱、1997 年大旱、2000 年和 2001 年大旱、2010 年西南大旱等频繁发生的干旱灾害，保障了城乡供水和粮食安全。实施了引黄济津、珠江枯水期水量统一调度、引江济太等应急调水，取得了巨大的社会、经济、生态效益。2010 年西南地区发生特大干旱，云南、贵州、广西、四川和重庆 5 省（自治区、直辖市）高峰时耕地受旱面积达 1.01 亿亩，2088 万人因旱饮水困难，其中 1422 万人长期靠拉运水解决基本生活用水。在党中央、国务院领导下，水利部启动抗旱 Ⅱ 级应急响应，派出38 个工作组赴旱区指导，协调北京等 10 个省（直辖市）水利部门、7 个流域管理机构和 3 所科研院校调集机械设备、派出技术人员支援旱区。解放军、武警部队出动兵力 36.2 万人次，为旱区送水 35 万吨、打井 1156 眼。云南、贵州两省首次启动抗旱 Ⅰ 级应急响应，组织动员各方力量全力抗旱减灾，将灾害影响和损失降到了最低程度。

二、水旱灾害防御事业不断发展

新中国成立以来，秉承以人民为中心的发展理念，不断丰富和发展中国特色水旱灾害防御之路。逐步构建了较为完善的防洪抗旱工程体系，确立了以人为本、民生优先的根本宗旨，明确了规范有序、依法防控的基本准则，形成了以防为主、常备不懈的重要理念，确定了人水和谐、科学防控的目标要求，不断提升水旱灾害防御科学化水平，为经济社会发展提供了有力保障。

（一）防御理念与时俱进

新中国成立以来，我国的水旱灾害防御理念发展大体经历了以下四个阶段。

蒙洼蓄滞洪区王家坝闸

　　1. 加强工程建设。 1950 年，确立了"大力防治水患，有重点地进行河流治本工程，兼及上游水土保持，以求初步消灭严重水灾，同时兴修灌溉工程，以减轻旱灾"的水利工作方针。 至改革开放前，主要是兴修防洪、排涝、灌溉工程，并以治理大江大河为重点。 这一时期，建设了官厅、刘家峡、丹江口等水库工程，开展了大规模的蓄滞洪区、河道整治工作，对四川都江堰、黄河河套灌区等进行了改、扩建，兴建了河南引黄济卫、江苏苏北灌溉总渠、安徽淠史杭、内蒙古三盛公等大型灌区。 截至 1978 年底，全国整修新修江河堤防 16.5 万公里，保护面积 4.8 亿亩；建成各类水库 8.4 万座，其中大型水库 311 座；建成万亩以上灌区 5249 处，有效灌溉面积 3 亿多亩。 这些工程在水旱灾害防御过程中发挥了重要作用。

　　2. 工程措施和非工程措施相结合。 改革开放后至 21 世纪初，主要是建立工程措施与非工程措施相结合的防汛抗旱体系。 工程措施方面，实施了长江荆江大堤加固、黄河下游防洪工程建设以及淮河和太湖流域治理等，兴建三峡、小浪底、尼尔基、飞来峡等大型水库，基本建成引大入秦、四川武都引水等骨干供水工程，推进了蓄滞洪区建设和病险水库除险加固。 非工程措施方面，建成集信

息采集、传输、处理、存储、服务为一体的预
警预报服务系统；先后出台了《中华人民共和
国河道管理条例》《中华人民共和国防汛条例》
《中华人民共和国防洪法》，国务院批复了黄
河、长江、淮河、永定河防御特大洪水方案；
加强了防汛机动抢险队、抗旱服务组织以及各
级防汛抗旱指挥部办公室的建设，防汛抗旱工
作逐步规范化，灾害防范应对能力不断提高。

引大入秦工程

3. 防汛抗旱"两个转变"。 21 世纪初，
水利部提出防汛抗旱"两个转变"，即坚持防
汛抗旱并举，实现由控制洪水向洪水管理转
变，由单一抗旱向全面抗旱转变。 进一步加大了工程和非工程措施体系建设力
度，初步建成了标准适度、功能合理的防洪工程体系，制定了《中华人民共和国
抗旱条例》《国家防汛抗旱应急预案》《蓄滞洪区运用补偿暂行办法》等法规制
度，健全了流域和省级的防汛抗旱指挥机构。 这一时期主要从以下几个方面实
现了突破：一是实施了适度的风险管理，通过体制机制创新和法规制度建设防范
风险，通过防洪工程建设适度规避风险，通过科学调度水工程分担风险，通过补
偿和救助化解风险。 二是规范了人类活动，开展退田还湖、移民建镇，加大对乱
占河道等违法行为查处力度，增加洪水调蓄场所、畅通行洪通道；强化人员转移
避险，主动防御。 三是推进了洪水资源化，在洪水调度、水资源配置过程中重视
洪水资源的利用。 四是拓宽了抗旱领域，加强农业、农村抗旱的同时，强化城市
和生态抗旱工作。 五是抗旱工作更加主动和多元，综合利用法律、工程、经济、
技术、行政等手段，通过完善抗旱预案、加强干旱监测、编制抗旱规划、推进服
务组织建设等措施，全面推进抗旱工作。

4. 防灾减灾救灾"两个坚持、三个转变"。 2016 年，习近平总书记在河北
省唐山市考察时发表重要讲话，提出"两个坚持、三个转变"的防灾减灾救灾理
念，即"坚持以防为主、防抗救相结合，坚持常态减灾和非常态救灾相统一，努
力实现从注重灾后救助向注重灾前预防转变，从应对单一灾种向综合减灾转变，
从减少灾害损失向减轻灾害风险转变"，为做好新时期水旱灾害防御工作提供了
总依据、总遵循。 2018 年，按照党和国家机构改革安排，国家防汛抗旱总指挥
部（简称"国家防总"）转隶至新组建的应急管理部，水利部负责组织指导水旱
灾害防治体系建设，承担日常防汛抗旱工作。 根据我国治水主要矛盾变化，水
利部提出"水利工程补短板、水利行业强监管"的水利改革发展总基调，在防汛
抗旱工作方面，立足于"防"，确立了"以水工程防洪抗旱调度为核心，强化水

旱灾害防御行业管理"的总体思路，以监测预警、水工程调度、抢险技术支撑为重点，突出抓好山洪灾害防御、水库安全度汛两个难点，全面推进隐患排查整改、方案预案修订与演练、流域水工程防灾联合调度系统建设、水库汛限水位监管等各项工作，踏上了水旱灾害防御的新征程。

（二）工程防御手段日益完善

1. 防洪工程体系。 我国逐步形成水库、堤防、水闸、蓄滞洪区、分洪河道等组成的防洪减灾工程体系，通过综合运用"拦、分、蓄、滞、排"等措施，基本具备防御新中国成立以来实际发生的最大洪水能力。 各级水利部门科学实施水工程调度，加强水库群和梯级水库联合调度，采取河湖联调、湖库联调、库闸联调等措施，有力防御江河洪水。 长江中下游基本形成了以堤防为基础，三峡水库为骨干，其他干支流水库、蓄滞洪区、河道整治工程以及平垸行洪、退田还湖等相配合的防洪工程体系，从 2012 年起探索开展长江流域水库群联合调度，纳入联合调度的水库数量由最初的 10 座，增加至 2018 年的 40 座，总调节库容 854 亿立方米，总防洪库容约 580 亿立方米。 黄河、淮河、珠江、松花江等流域也都在探索水

黄河下游防洪工程建成后的河南濮阳孙楼控导工程

工程联合调度机制，充分发挥防洪工程体系的整体作用。

2. 抗旱工程体系。 我国初步形成大、中、小、微结合的水利工程体系，重大骨干水源工程、农村饮水安全工程、灌区工程、小型农田水利建设等不断推进，南水北调东中线一期工程相继建成通水，重大引调水和重点水源工程建设不断加强，严重缺水地区水资源调控能力大幅提升，供水保障能力明显提高，中等干旱年份可以基本保证城乡供水安全。 实施全国抗旱规划，在 741 个重点旱区县建设小型水库、引调提水工程和抗旱应急备用井等抗旱应急水源工程，干旱年份可保障约 7500 万人、3050 万亩口粮田的抗旱用水需求，基层抗旱水源保障能力显著提高。 发生干旱灾害的地区，通过采取水库供水、工程引水、应急调水、打井取水等各项措施，满足城乡生活、生产、生态供水需求。

南水北调江苏淮阴三站首次开机运行支援淮北抗旱

（三）非工程措施日益健全

在多年的实践中，我国逐步形成了组织指挥、法规预案、监测预警、队伍物资和行政管理等组成的非工程措施体系，与工程措施紧密结合，共同为防汛抗旱提供保障与支撑。

1. 完善的组织体系。 我国的防汛抗旱工作实行各级人民政府行政首长负责制。 按照统一指挥，分级负责的原则，逐步建立了国家、流域、省、市、县五级组织指挥体系。 1950年就成立了中央防汛总指挥部，1992年成立国家防总，由国务院分管负责同志任总指挥，有关部门和军队的负责人作为组成人员，在国务院领导下，负责领导组织全国的防汛抗旱工作。 有防汛抗旱任务的县级以上政府都设立了防汛抗旱指挥机构，由各级政府的负责人担任指挥，统一领导本地区防汛抗旱工作。 防汛抗旱关键时刻，各级党委、政府和防汛抗旱指挥部统一指挥，各成员单位各司其职、通力合作，人民解放军和武警部队发挥中流砥柱作用，形成了防灾、减灾、救灾的强大合力，保障了各项工作有力有序有效进行。

2. 健全的法规制度。 颁布实施了《中华人民共和国水法》《中华人民共和国防洪法》《中华人民共和国防汛条例》《中华人民共和国抗旱条例》《蓄滞洪区运用补偿暂行办法》等法律法规，地方政府制定了配套法规或实施细则，确保了防汛抗旱工作有法可依。 紧急情况下，按照相关法律法规可动员一切社会力量投入防汛抗旱工作。 编制完成国家防汛抗旱应急预案，大江大河防御洪水方案和洪水调度方案、水库水电站调度运用计划和防汛应急预案、蓄滞洪区运用方案、堤防和水闸等各类防洪工程抢险预案等方案预案体系不断完善，重点江河水量调度预案和骨干水库联合调度方案等连续取得重大突破。 各级政府、有关部门和单位都制定了防汛抗旱应急预案、防洪调度方案、抢险避险应急预案等各类方案预案，保证了防汛抗旱工作有序开展。

四川武都引水工程取水枢纽

3. 高效的工作机制。 每年汛前，国家防总、水利部及各有关部门，提前对全年的防汛抗旱工作作出全面部署，组织各地落实防汛抗旱行政责任人，修订方案预案，排查整改度汛隐患，修复水毁工程，落实抢险队伍物资，做好各项防御准备。 入汛后，实行24小时应急值守，密切关注雨情、水情、汛情、旱情，强化会商研判和预测预报，及时发布水旱灾害预警，启动应急响应，依法科学调度水工程，加强险情巡查抢护，及时转移受洪水威胁群众。 宣传、工信、公安、民政、自然资源、住建、交通、铁路、农业、卫生、旅游、气象等部门按照职责分工，做好应急保障和灾后恢复救助等工作，解放军、武警部队承担了大量急难险重的抢险救援任务。 汛后，统筹抓好工程蓄水和水量调度，做好冬春抗旱和黄河、松花江等北方河流防凌；总结经验，着手准备下一年的工作。

4. 监测预报预警能力逐步提升。 建成各类水文站12.1万余处，基本形成了覆盖大江大河和有防洪任务中小河流的水文监测站网和预报预警体系，建成了连接国家、流域、省级和绝大部分市县的异地视频会商系统。 全面开展山洪灾害防治项目建设，在有防治任务的2076个县建设了山洪灾害监测预警平台，部署了国家、省、地市三级山洪灾害监测预警信息管理系统。 编制县、乡、村和企事业单位山洪灾害防御预案，在乡镇、村组具体划定山洪灾害危险区、明确转移路线和临时避险点，建设自动雨量和水位站、简易监测站，安装报警设施设备，制作警示牌、宣传栏，发放明白卡，每年组织开展防御演练，初步建成适合我国国情、专群结合的山洪灾害防御体系。据不完全统计，已建山洪灾害防治项目累计发布转移预警短信 1.02 亿条、启动预警广播 105 万次、转移避险 3300 万人次，发挥了显著的防灾减灾效益，有效避免和减少了人员伤亡。

5. 防汛抗旱队伍建设与物资储备。从 20 世纪 90 年代开始，在长江、黄河等大江大河，以及重点水库、重点海堤等逐步建立了专群结合、军地结合、平战结合、洪旱结合的防汛抗旱抢险队伍。截至 2018 年，建成解放军抗洪抢险专业应急部队 16 支、武警部队应急抢险救灾力量以及地方防汛机动抢险队 4000 多支，总计人员 90 多万人；建成省、市、县、乡四级抗旱服务队共计 16000 多支。同时，中央和地方各级防汛抗旱指挥部在全国设立多处物资储备仓库，储备了价值超过 141 亿元的应急物资，防汛抗旱过程中，应各地请求，国家防总紧急调运中央储备物资，支援地方抗洪抢险和抗旱减灾。

6. 洪水风险管理。开展全国重点地区洪水风险图编制工作，共编制完成 227 处重点防洪保护区、78 处国家蓄滞洪区、26 处洪泛区、45 座重点和重要防洪城市、198 处重要中小河流重点河段的洪水风险图，覆盖防洪保护区面积约 42 万平方公里。推进蓄滞洪区、洪泛区内非防洪建设项目的洪水影响评价工作，形成了分级负责、协调统一的洪水影响评价管理机制，督促各地加大执法监督力度，制止各类随意侵占洪泛区、蓄滞洪区建设行为，切实维护防洪安全。

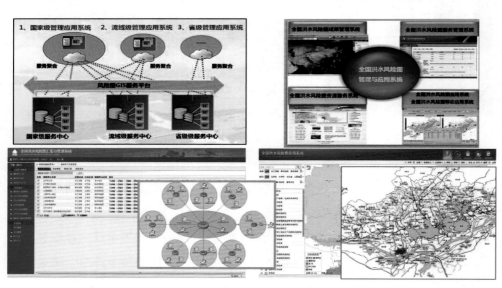

洪水风险图管理与应用平台

三、水旱灾害防御站在新的起点再出发

2018 年党和国家机构改革后，水利部在防汛抗旱工作方面，主要负责落实综

合防灾减灾规划相关要求，组织编制洪水干旱灾害防治规划和防护标准，并指导实施；承担水情旱情监测预警工作；组织编制重要江河湖泊和重要水工程的防御洪水抗御旱灾调度及应急水量调度方案，按程序报批或审批后组织实施；承担防汛抗洪抢险技术支撑工作等。

当前，我国水旱灾害防御工作还存在一些问题和薄弱环节，主要表现在部分大江大河控制性工程不足，一些重要支流未达到规划防洪标准，水库安全度汛压力大，中小河流和山洪灾害防御难度大；水工程防洪抗旱调度方案预案体系还不够完善，现代化的调度平台尚未建成；水文监测尚未实现有防洪任务的河流全覆盖，局地突发强降雨的预测预报整体水平不高，旱情监测站网不健全；城乡建设侵占行洪河道、洪泛区、蓄滞洪区和水资源浪费、水生态破坏问题突出，全社会水旱灾害风险意识和防灾避险能力有待提高等方面。

我们将以习近平新时代中国特色社会主义思想为指导，积极践行"节水优先、空间均衡、系统治理、两手发力"的治水思路和"两个坚持、三个转变"的防灾减灾救灾理念，按照"水利工程补短板、水利行业强监管"的水利改革发展总基调要求，围绕"以水工程防洪抗旱调度为核心，强化水旱灾害防御行业管理"的总体思路，坚持底线思维，强化风险意识，不断提升能力，有力防范和应对突发水旱灾害事件，坚决守住水旱灾害防御底线。一是保障防洪和供水安全。密切监视雨水情和汛情旱情，加强会商研判，及时发布预警，指导各流域、各地依法科学开展水工程防洪抗旱调度，为抢险救援提供技术支撑，保障人民群众生命财产安全和城乡供水安全。二是提高监测预报预警能力。努力提高江河洪水预报、中小河流和中小型水库监测预警和水文应急监测能力，加强山洪灾害防治、农村基层防汛预报预警体系项目建设，完善预警发布机制，保障及时发送、充分覆盖，为转移避险提供信息支撑。三是提升水工程防洪抗旱调度水平。修订完善重要江河湖泊、重要水工程防洪抗旱调度及应急水量调度方案。抓好水工程联合调度，充分发挥工程体系整体作用。开展以防洪为主、多目标统筹兼顾的联合调度研究，建立流域水工程联合调度系统。四是加强水库调度运行监管。严格执行水利部印发的《汛限水位监督管理规定（试行）》和《水工程防洪抗旱调度运用监督检查办法（试行）》，规范水库汛期调度运用，严控超汛限水位运行。加大水工程防洪抗旱调度督导检查和监督问责力度，确保水工程调度依法、依规、科学。五是推进水旱灾害防御社会管理。组织做好洪水影响评价工作，推进洪水风险图编制与应用。加强水旱灾害防御知识宣传普及，提高公众防灾避险意识和自救互救能力。推进现代化技术装备及防汛抢险技术的研究与应用推广。

撰稿人：田以堂

水文站网全覆盖　水文事业大发展
实现对水利和社会经济发展坚实支撑

水利部水文司

新中国成立 70 周年，我国取得了举世瞩目的巨大成就。 70 年来，全国水文部门不断推进深化管理体制改革、构建法规体系，加强基础设施建设、提高人才队伍素质和科技发展水平，逐步建立起比较完善的水文站网体系、管理体系和服务体系，水文事业取得蓬勃发展，为水利和经济社会发展提供了有力支撑。

一、水文站网实现对重要江河重点区域全覆盖

（一）我国水文站网形成完整体系

水文测站是水文工作的基本单元，是开展各项水文工作的前沿阵地。 水文工作在新中国成立之初基础十分薄弱，全国水文站、水位站和雨量站共计 353 处。 为加快发展水文测站，根据科学的站网布设原则，1956 年水利部编制了基本水文站网规划，后又经过了三次大的规划调整，2003 年编制了《全国水文事业发展规划》。 改革开放以来，特别是党的十八大以来，国家高度重视并加大对水文投入力度，开展了中小河流水文监测系统、省界断面水资源监测站网、国家水资源监控能力建设、国家地下水监测工程等重大水利专项建设，水文测站数量成倍增加、监测覆盖范围不断扩展。 截至 2018 年底，我国水文测站从新中国成立之初的 353 处发展到 12.1 万处，其中水利系统地表水水质监测站达 1.6 万处，地下水水质监测站达 1.1 万处，控制范围覆盖全国重要江河湖库、重要饮用水水源地、重大引调水工程节点、重要跨国（省）界水域、重要地下水监测井、重要水功能区等，为相关管理部门掌握国家水资源数量及质量动态提供全面、及时的服务。 通过 70 年的不断建设发展，我国基本建成覆盖主要江河湖库、空间分布基本合理、监测项目比较齐全、具有相应功能的水文监测站网体系，站网密度达到中等发达国家水平，实现了对基本水文情势的有效控制。

（二）水文监测验能力大幅提升

水文测报工作专业性强、对科技的依赖度高。 新中国成立初期水文测报设施简陋，设备简单，手段落后，自动化程度低。 随着事业发展，测船、缆车、流速仪过河缆道设施因地制宜在测站普及，测验效率大大提高。 进入 21 世纪后，水文观测技术由传统的人工观测手段逐步向自动采集水文数据的观测自动化迈进，至 2018 年底，水位、雨量等水文要素监测已全面实现自动测报。 近年来，水文现代化技术发展迅速，大批水文先进技术和仪器设备得到了广泛应用，声学

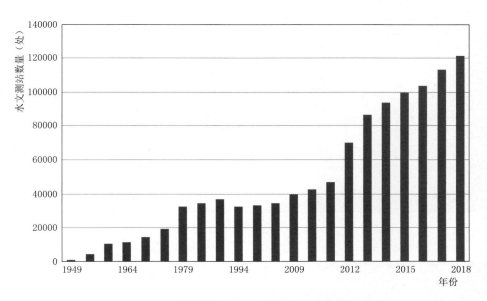

1949 年以来全国各类水文测站数量发展变化情况

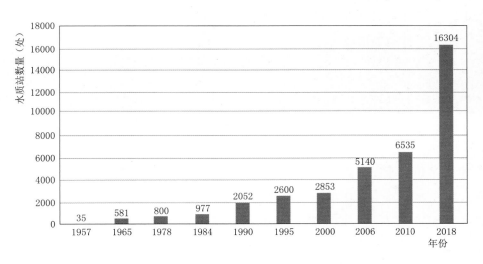

1949 年以来全国地表水水质站数量发展变化情况

多普勒流速剖面仪、电波流速仪、超声波测深仪等水文测验先进仪器设备以成倍速度增长，雷达测雨、无人机、遥感遥测等新技术应用成果丰硕，气相色谱-质谱仪、流动分析仪、生物毒性分析仪等先进水质分析仪器得到广泛使用，水质分析的精度和时效大幅提高，检测分析能力显著增强，水文监测的自动化与信息化水平大幅提升。 同时，随着经济社会不断发展，水文监测范围从对大江大河的控制延伸到对重要中小河流全覆盖，水文监测项目从主要监测水位、流量、雨量发展

新中国成立初期，水文职工用皮筏子和小木船进行水位、流量监测

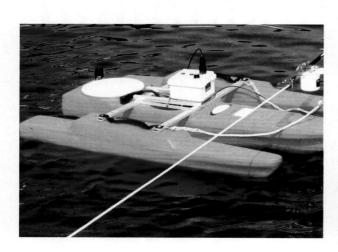

目前采用的无人机库区地形测量和 ADCP 自动测流技术

到包括水位、流量、雨量、蒸发、水质、泥沙、冰情、墒情、地下水和水生态等，其中水质监测已由单一的水化学监测发展为全方位水资源质量监测，监测类型包含地表水、地下水、污废水、水体沉降物、水生生物、大气降水等，监测指标涉及物理、化学、生物等近 200 项，基本覆盖陆地水循环的主要环节，反映水体污染的主要影响，可为水资源利用、水生态保护修复提供全方位的支撑。

二、为水利和经济社会提供全面服务

随着国家经济社会快速发展和水利改革发展深入推进，水文部门积极进取，扎实工作，不断拓展服务领域，为防汛抗旱减灾、水资源管理、水生态保护、突发水事件应急处置、水工程建设运行等提供了可靠的支撑和保障。

黄河上最大的巴彦高勒大型蒸发站

（一）服务防汛抗旱减灾

新中国成立以来，在长江、黄河、淮河等大江大河和部分中小河流发生的一系列大洪水中，水文部门迎难而上，精心测报，强化预报预警，提供了及时、准确的水文情报预报信息，在支撑科学决策、减少灾害损失、保障人民群众生命财产安全等方面发挥了重要作用。截至2018年底，全国水文报汛站点达到11万多处，已覆盖到有防洪任务的5000多条中小河流。全国170多条主要江河的1700多个水文站和重点大型水库可发布洪水预报成果。关键期洪水预报精度超过90%。全国已有6个流域机构和20个省（自治区、直辖市）出台了地方预警发布管理办法，制定了700多个主要江河重要断面的预警指标，有效增强了群众防灾避险意识，减轻了灾害损失。加强土壤墒情监测，积极运用卫星遥感等新技术开展旱情监测评估分析，为战胜西南等地连续四年大旱、2014年北方地区夏伏旱等严重旱灾发挥了重要作用。

（二）服务水资源管理

水文部门不断完善水资源监测体系，加强行政区界、供水水源地、水功能区、重要取退水口等水量水质监测，推进地下水动态监测、水平衡测试等工作，强化水资源分析评价与预测预报，为水资源调度、配置、节约、保护等提供重要支撑和保障。20世纪80年代初，水利电力部组织开展第一次全面、系统的全国水资源评价，1985年完成《中国水资源评价》成果。2018年，完成水利部开展的跨省江河流域水量分配涉及的53条河流省界断面水文站建设任务，建立健全省界断面水资源监测体系，基本满足跨省江河流域水量调度管理与最严格水资源管理制度监督考核的需要。2015年水利部与原国土资源部联合建设国家地下水监测工程，在全国共建设20466个地下水监测站，实现了水位、水温、流量、水质四要素监测，有效监测面积达350万平方公里，基本形成了以大型平原、盆地、岩溶山区、重要水源地和超采区为重点的全国地下水动态监测体系。

水文职工高洪测验

水文职工水生态监测

（三）服务水生态保护

水文部门围绕生态文明建设，大力推进水生态监测工作，在实现重要湖泊、水库等水域藻类监测常态化的基础上，不断拓展浮游生物、底栖生物、鱼类、水生植物等监测内容，加强分析与评价，为水生态保护与修复、建设环境友好型社会等提供有力支撑。2016年，水文监测按照河长制湖长制管理要求，开始强化跨界断面和重要水系节点水质监测工作，为河长制湖长制从"有名"到"有实"提供有力的保证。

（四）服务水利工程建设和运行

为满足水利水电工程建设和管理调度需求，水文部门积极收集水文基本资料,设立专用水文站、水位站和雨量站,精心测量计算,科学分析评估,及时提供基础数据和预测预报信息,在水利工程规划、设计、施工和运行中发挥了重要作用。 在三峡工程施工期间特别是大江截流和导流明渠截流期间,长江委水文局抽调精兵强将,运用先进仪器设备,为顺利截流提供了科学依据。 在黄河调水调沙工作中,从方案制定、气象水文监测预报、异重流检测到下游扰沙,黄河水文工作者全程参与,充分应用雷达、全球定位系统、卫星遥感等高科技手段,对调水调沙过程进行全天候监测,及时对调水调沙效果进行科学分析,发挥了重要的作用。

(五)服务突发水事件应急处置

水文部门初步构建了反应迅速、技术先进、保障有力的应急工作机制,应对突发灾害的应急处置能力明显提升,在应对汶川地震唐家山堰塞湖、舟曲特大泥石流、松花江爆炸物污染、金沙江白格堰塞湖等一系列突发水事件中,响应迅速。 全力做好水文应急监测工作,及时提供监测信息和分析预测成果,在有效应对突发灾害事件中发挥了重要作用,为突发事件处置提供了有力支撑。 2018年汛末,金沙江上游、雅鲁藏布江下游相继发生四次堰塞湖,尤其是"11·3"金

三峡大江截流水文监测

2005 年松花江水污染应急监测

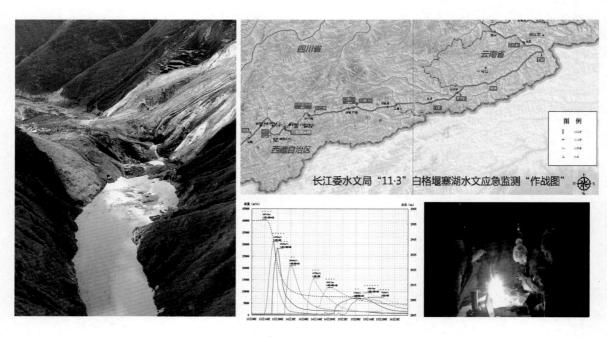

2018 年汛末，"11·3"金沙江白格堰塞湖水文应急监测

沙江白格堰塞湖，水位高、库容大、历时长，极为罕见。 面临严峻险情，长江委与四川、云南、西藏等水文部门迅速行动，近百名水文人与洪水赛跑，使用自制夜明浮标、全站仪等传统人工手段，结合无人机、电波流速仪等现代化仪器，艰难抢测到完整的万年一遇洪水资料。

（六）服务经济社会发展

水文部门加强水文资料公开共享，通过水文信息系统、微信公众号和各类简报、公报、专报等方式及时向政府部门社会公众提供水文信息服务。 承担完成全国河湖普查专项工作，全面查清全国流域面积 50 平方公里以上河流和常年水面面积 1 平方公里以上湖泊基本情况，取得宝贵实测资料，填补基本国情信息空白。 在奥运会、世博会等国家重大活动中，做好水文监测等相关保障工作。 在涉水旅游区开展河流湖泊水位、流量、水温信息的监测和预报等，使水文服务更多地融入人民群众日常生活。

（七）服务国际交流合作和跨界河流报汛

水文部门积极拓宽水文国际交流与合作领域，参与联合国教科文组织国际水文计划（IHP）、世界气象组织（WMO）等国际组织的重大活动，承担国际义务；开展中哈、中俄、中朝、中蒙、中印、中孟、中越、中国−湄委会等跨界河流水文资料交换、国际报汛、水文科技交流与合作。

三、水文行业管理成效显著

（一）水文法规体系基本形成

水文法规体系在新中国成立之初基本空白。 经过几十年的发展，2007 年，我国水文史上第一部法规《中华人民共和国水文条例》（以下简称《水文条例》）由国务院颁布施行。《水文条例》明确了水文工作的基础性公益性性质，确立了水文管理体制，构建了事业发展规划、站网建设管理、情报预报统一发布、监测设施环境保护等一系列制度。 依据《水文条例》，全国已有 26 个省（自治区、直辖市）出台了地方水文条例或管理办法，基本形成与水文行业所承担的国家及社会职责义务相匹配的水文政策法规体系。

（二）水文科技成果丰硕

水文部门加强水文科技工作，在水文技术标准规范、科研攻关、科技成果推广应用等方面取得了显著成绩。为鼓励和开展水文学术交流和技术创新，2010年10月，水利部在河海大学设立了"刘光文水文科技教育基金"。2011年3月，水利部印发《全国水文科技发展规划》。我国水文标准化工作起步较早，1955年首次颁布了我国第一部水文技术标准《水文测验方法暂行规定》，开启了水文标准化建设步伐。目前，我国现行水文技术标准有214项，标准内容涵盖站网管理、监测技术、信息处理、情报预报、分析评价等水文业务的全领域，形成了相对完整的水文技术标准体系。

（三）水文队伍持续稳定发展

新中国成立以来，水文人才队伍持续稳定发展。截至2018年底，水文职工从新中国成立初期756人发展壮大到2.6万余人。近年来，水文系统不断创新人才队伍建设模式，改革用人用工方式，构建精兵高效的水文测报管理模式，培育以县城水文机构为基础、与社会服务和社会治理高度融合的基层水文服务体系。全国现有河海大学、武汉大学、清华大学等56所高校设立了水文专业，每年培养大批水文专业毕业生，为水文事业发展提供了人才保障。从1992年开始，由水利部、人力资源和社会保障部、中华全国总工会联合举办全国水文勘测技能大赛竞赛，培养出一大批水文勘测业务骨干和技术能手。党的十八大以来，全国水文系统先后举办各类培训班2490个，累计培训技术和管理人员11.3万人次。

（四）精神文明建设成效显著

水文部门在工作实践中积淀凝练了"求实、团结、奉献、进取"的水文行业精神，培养造就了一支吃苦耐劳、无私奉献的水文队伍。多年来，水文文化和精神文明创建取得丰富成果，许多水文单位获得国家、省部级文明单位等荣誉称号，多人荣获"全国五一劳动奖章""全国技术能手"等表彰。涌现出以张宇仙、谢会贵、唐训海、田双印等为代表的一大批先进模范人物。

进入新时代，中央提出了一系列治国理政新理念新思想新战略，确立了新时期治水思路，水利部党组明确了"水利工程补短板、水利行业强监管"水利改革发展总基调。 在全球气候变化日趋明显、经济社会发展日新月异、水资源条件深刻变化的历史背景下，水文的基础地位更加重要，支撑作用更加突出，发展前景更加广阔。

撰稿人：许明家　吴梦莹　熊珊珊

审稿人：蔡建元　魏新平

高峡出平湖　当惊世界殊
三峡工程铸就国之重器

水利部三峡工程管理司

长江三峡工程是治理和开发长江的关键性骨干工程，是当今世界上综合规模最大、功能最多的水利枢纽工程，是我国治水史上的壮举。自 2009 年如期完成初步设计建设任务和按正常蓄水位试验性运行以来，持续全面发挥防洪、航运、发电、水资源利用等巨大效益。

一、三峡工程的兴建决策民主科学

长江是中华民族的母亲河，流域面积 180 万平方公里。长江中下游地区物产丰富、人口稠密，自隋朝以来就是我国经济文化重心，但洪灾频繁而严重，是中华民族的心腹大患。自公元 185 年以来的近两千年间，共发生大洪水 219 次，平均约 10 年一次，每次灾害都导致哀鸿遍野、生灵涂炭，给人民生命财产和社会经济造成重大损失。

兴建三峡工程、治理长江水患是中华民族的百年梦想。早在 1919 年，孙中山先生就提出了开发三峡的宏伟设想，国民政府多次组织勘测设计，但旧中国积贫积弱，限于政治、经济、技术等条件未能付诸实施。新中国成立之初，毛泽东同志就提出研究、规划三峡工程，描绘了"更立西江石壁，截断巫山云雨，高峡出平湖"的宏伟蓝图。改革开放之后，随着我国国力逐步增强，建设

三峡枢纽工程全景

三峡工程的条件日趋成熟。 为此，在已经开展大量勘测、规划、科研、设计等工作基础上，1986 年 6 月，党中央国务院决定围绕各界提出的问题和建议，组织各方面专家再次进行广泛深入的研究论证，历时 3 年论证得出的总体结论是：三峡工程建设是必要的，技术上是可行的，经济上是合理的。 建比不建好，早建比晚建有利。 最后推荐正常蓄水位 175 米，采用"一级开发，一次建成，分期蓄水，连续移民"的建设方案。 1992 年 4 月 3 日，第七届全国人大五次会议审议表决通过了《关于兴建长江三峡工程的决议》。 三峡工程经历了长时间科学研究、深入论证、精心设计、严格审查和民主表决的过程，充分体现了民主决策、科学决策。

二、三峡工程建设组织管理严谨高效

三峡工程包括枢纽工程、输变电工程和移民工程。 枢纽工程由拦河大坝、发电建筑物和通航建筑物组成；输变电工程承担着把三峡电站 2250 万千瓦机组电力送出的重要任务；移民工程涉及湖北、重庆两省市，共计搬迁安置移民 131. 03 万人。

三峡工程是我国由计划经济向社会主义市场经济转型期间进行的，鉴于工程

规模空前、技术复杂、投资巨大、影响深远，党中央、国务院在建设过程采取了一系列重大举措，以确保建设世界一流工程。

建立了新型建设管理体制。 成立国务院三峡工程建设委员会作为三峡工程建设高层次决策机构，至 2018 年共计召开全体会议 18 次，对三峡工程建设中的重大问题及时进行决策。 按照社会主义市场经济原则和现代企业制度，成立中国长江三峡工程开发总公司和国家电网建设总公司作为业主分别负责枢纽工程和输变电工程建设；按照"中央统一领导，分省市负责，以县为基础"的管理体制，组织实施移民搬迁安置。 三峡工程所有建设项目实行与国际接轨的项目法人负责制、招标承包制、合同管理制、项目监理制等。

三峡工程建设坚持"质量第一、安全第一"的方针，着力建设世界一流工程。 枢纽工程坚持进度服从质量和安全，颁布实施了符合三峡工程特点高于国内行业标准的 100 多项质量标准，三峡工程质量得到了全面、全员、全过程控制，工程质量总体优良。 输变电工程建成了坚强、可靠、灵活的规模超大的输电系统和世界上规模最大的换流站，促进了全国电力联网，确立了我国电网建设在世界输变电工程建设中的领先地位。 三峡移民工程将移民安置与库区经济发展相结合，走出一条移民"搬得出、稳得住、逐步能致富"可持续发展的水库移民之路，创造了世界工程移民史上的奇迹。三峡生态环保工程在降低工程建设对生态环境不利影响的同时，提高了库区环境承载能力，保护了水库水质。 三峡库区地质灾害防治，保障了三峡工程蓄水安全和迁建城镇安全。 三峡工程文物保护廓清了三峡古代文化发展脉络，保护传承了辉煌灿烂的三峡古文化。

改革三峡工程投资管理机制，实行"静态控制、动态管理"的新模式，建立了责任清晰、风险分担、科学合理的投资管理体系，工程总投资控制在国家批准的概算范围以内，为国家重大工程建设投资控制提供了范例。

三峡大坝泄洪（2012 年 7 月 24 日）

三峡双线五级船闸

平湖春天

　　三峡工程建设进度提前、质量优良和投资节约的管理效果，创建了国家重大公共工程整体最优控制目标，树立了国家重点工程建设的良好形象。

三、三峡工程的创新成果丰硕

　　三峡工程规模巨大、技术复杂，建设难度大。 三峡工程建设坚持国内研发与引进技术相结合，通过引进、消化、吸收和科技创新，攻克了一系列世界性难题，将核心关键技术掌握在自己手中。 建成了世界上混凝土量最大（1610 万立方米）、坝体孔洞最多（83 个）、泄流量最大（10 万立方米）的重力坝，世界上装机容量（2250 万千瓦）最大的水电站，规模最大、水头最高（113 米）的内河船闸。 建成了世界上提升高度最大（113 米）、重量最大（15500 吨）的垂直升船机。 创新建设了 50 万伏交直流线路架设、调度通信系统等。 通过科研攻关和自主创新，解决了大江截流、船闸深切岩体开挖（175 米）、大坝混凝土连续浇筑和温控、重型金属结构安装、70 万千瓦巨型水轮发电机组制造和安装等一系列重大技术问题。 三峡工程建设创造了 112 项世界纪录，荣获国家科技进步奖 18 项，技术创新、发明专利 1053 项。

　　三峡工程百万移民搬迁安置是三峡工程建设成败的关键，举世瞩目。 国务院颁布实施《长江三峡工程建设移民条例》，贯彻开发性移民方针，科学编制移民安置规划，坚持依法移民；移民迁建项目全面实行"四制"，全过程开展综合监理；全国 19 个省（自治区、直辖市）、10 个大中城市、40 多个中央单位对口支援三峡库区。实行"两个调整"政策，19.62 万人走出三峡库区，到沿江、沿海的多个省市农村安置；对污染严重、产品无市场和资不抵债的企业，坚决实行破产或关闭。这些重大管理和政策创新，有力保障了百万移民搬迁安置任务的顺利完成。

四、三峡工程文化铸就了一座精神丰碑

三峡工程是中国人自行设计、自行建造、自行管理的具有国际影响力的重大工程建设项目。三峡工程对我国的意义，超出了长江流域，超出了水利水电工程，惠及全国，影响世界，成为我国加快现代化建设的强大动力，中华民族伟大复兴的里程碑。

三峡坝区新貌

三峡工程的成功兴建，体现了中国共产党为中国人民谋幸福、为中华民族谋复兴的初心和使命，充分显示了中国特色社会主义制度优势和中国共产党组织优势，展示了中国人民在中国共产党领导下的伟大斗争精神和富于智慧与创造性，极大地提升了中华民族的自信心和自豪感。

三峡工程建设形成了"建好一座电站、带动一方经济、改善一库环境、造福一批移民、共建一片和谐"的水电开发理念，弘扬了以"科学创新、人文关怀"为核心的三峡文化，铸就了"科学民主、团结协作、精益求精、自强不息"的三峡精神丰碑，丰富和发展了中国特色社会主义精神文明和现代工程文明成果，愈加坚定了中国特色社会主义道路自信、理论自信、制度自信和文化自信。

为了建设三峡工程，百万移民"舍小家，为大家"的无私奉献精神，不仅是三峡工程建设文化中浓墨重彩的一部分，也是中华民族文化史中一页光辉灿烂的篇章。 正是百万移民和广大移民干部用自己崇高的品格和血肉之躯锻铸"顾全大局、舍己奉公、万众一心、艰苦创业"为主要内涵的三峡移民精神，丰富了中华民族爱国主义文化和社会主义大协作的新内涵，凸显了民族文化的时代特色，成为激励我们同心同德、甘于奉献、风雨同舟、自强不息的强大力量。

五、三峡工程的巨大效益惠泽神州大地

三峡工程自 2003 年 6 月开始 135 米水位蓄水，2006 年蓄水至 156 米，2008 年汛后开始进行 175 米试验性蓄水并于 2010 年成功达到 175 米正常蓄水位以来，已经经过 9 个完整的 175 米试验性蓄水满蓄周期，运行安全平稳，防洪、发电、航运、水资源利用等综合效益全面发挥。 同时，根据新需求、新情况、新问题，三峡工程效益不断拓展，为长江经济带发展提供了重要支撑。

（一）防洪效益十分显著

三峡工程未建前，长江中下游干流防洪主要依靠堤防和分蓄洪措施，长江干堤的防洪标准一般为 10~30 年一遇，超过上述标准即需采用分洪等措施，每年汛期数十万人上堤巡防、抢险；遭遇大洪水时数千万人受到洪水严重威胁。 三峡工程拥有防洪库容 221.5 亿立方米，能直接控制防洪形势最严峻的荆江河段洪水来量95%，荆江河段防洪标准由"十年一遇"提高到"百年一遇"。 2010 年和 2012 年三峡工程经受了两次超过 1998 年最大洪峰的考验，确保了长江中下游的防洪安全。 2016 年汛期，长江中下游地区发生 1999 年以来最大洪水，经科学调度，三峡工程成功削峰 38％，有效缓解了长江中下游地区的防洪压力。 此外，还实施中小洪水拦蓄，拓展了防洪效益，提高了洪水资源利用率和长江航道安全性。 截至 2018 年底，三峡工程累计拦洪运用 47 次，总蓄洪量 1507 亿立方米，为长江中下游地区经济社会发展营造了安澜环境。

2003—2018 年三峡水库防洪调度统计

年份	最大洪峰 （立方米每秒）	出现时间	最大下泄量 （立方米每秒）	最大削峰量 （立方米每秒）	全年蓄洪次数	全年总蓄洪量 （亿立方米）
2004	60500	9 月 8 日	56800	3700	1	4.95
2007	52500	7 月 30 日	47400	5100	1	10.43
2009	5500	8 月 6 日	39600	16300	2	56.5
2010	70000	7 月 20 日	40900	30000	7	264.4
2011	46500	9 月 21 日	29100	25500	5	187.6
2012	71200	7 月 24 日	45800	28200	4	228.4
2013	49000	7 月 21 日	35300	14000	5	118.37
2014	55000	9 月 20 日	45000	22900	10	175.12
2015	39000	7 月 1 日	31000	8000	3	75.42
2016	50000	7 月 1 日	31000	19000	3	97.76
2017	38000	9 月 10 日	—	—	3	103.57
2018	60000	7 月 14 日	42000	18000	3	185.48
合计					47	1507

（二）发电效益良好

2012 年三峡电厂 32 台 700 兆瓦机组全部投产以来，年均发电量达 929.8 亿千瓦时。 2018 年发电 1016.2 亿千瓦时，创年发电量新纪录。 截至 2018 年底，三峡电站累计发电量超 11905 亿千瓦时，有效缓解了华东、华中、广东等地区电力紧张局面，成为我国重要的大型清洁能源生产基地，为优化我国能源结构、维护电网安全稳定运行、加快全国电网互联互通、促进节能减排等发挥了重要作用。

2003—2018 年三峡电站发电量统计表

年份	机组运行台数	发电量（亿千瓦时）	备　注
2003	1～6	86.1	首次运行
2004	6～11	391.6	
2005	11～14	490.9	
2006	14	492.5	

续表

年份	机组运行台数	发电量（亿千瓦时）	备　注
2007	14～21	616	
2008	21～26	808.1	26台机组全部投产
2009	26	798.5	
2010	26	843.7	
2011	26～30	782.9	
2012	30～32	981.1	32台机组首次满发
2013	32	828.3	
2014	32	988.2	
2015	32	870.1	
2016	32	935.3	
2017	32	976.1	
2018	32	1016.15	年发电量最高
历年总计		11905.55	

（三）航运效益突出

三峡工程建成后，极大改善了宜昌至重庆段约660公里的通航条件，宜昌以下航道水深增加0.6～1.0米，万吨船队可由上海直达重庆，使川江和荆江河段成为名副其实的"黄金水道"，船舶运输成本显著降低、安全性明显提升。2018年三峡船闸通过量达到1.42亿吨，再创历史新高，是三峡工程建设前最大年通过量的8倍。截至2018年底，通过三峡船闸的货运量累计已超过12.55亿吨，极大促进了西南腹地与沿海地区的物资交流，有力地支持了长江经济带发展战略的实施。

2003—2018年三峡船闸通货量统计表

年份	运行闸次（次）	通过船舶（万艘）	通过货物（万吨）	年份	运行闸次（次）	通过船舶（万艘）	通过货物（万吨）
2003	4386	3.5	1377	2012	9713	4.4	8611
2004	8719	7.5	3431	2013	10770	4.6	9707
2005	8336	6.4	3291	2014	10794	4.4	10898
2006	8050	5.6	3939	2015	10734	4.4	11057
2007	8087	5.3	4686	2016	11095	4.3	11993
2008	8661	5.5	5370	2017	10425	4.3	12972
2009	8082	5.2	6089	2018	8323	3.5	14200
2010	9407	5.8	7880	总计	145929	80.3	125534
2011	10347	5.6	10033				

（四）水资源综合利用效益明显

三峡水库是我国重要的战略性淡水资源储备库，可为沿江及我国北方缺水地区提供水源保障，具有重大的国家水安全战略意义。三峡水库利用巨大的调节库容"蓄丰补枯"，每年枯水期下泄流量由不足 3000 立方米每秒提高到 6000 立方米每秒以上，补水量 200 多亿立方米，有效缓解了长江中下游近 60 座城市、150 余座县城的工农业生产生活用水的季节性紧张局面。截至 2018 年底，三峡水库枯水期累计为下游补水 1950 天、2432 亿立方米。

2003—2018 年三峡水库对下游补水调度统计表

年份	补水天数	补水总量（亿立方米）	备　　注
2003—2004	11	8.79	
2004—2005			135～139 米围堰发电期
2005—2006			
2006—2007	80	35.8	156 米初期运行
2007—2008	63	22.5	
2008—2009	190	216	
2009—2010	181	200.2	
2010—2011	194	243.31	
2011—2012	181	261.43	
2012—2013	178	254.1	175 米试验性蓄水期
2013—2014	182	252.8	
2014—2015	171	259.8	
2015—2016	170	217.6	
2016—2017	177	232.9	
2017—2018	172	226.7	
合计	1950	2431.93	

（五）生态环境保护有实效

三峡工程提供清洁能源，大量减少碳排放，对减缓温室效应作出重要贡献。截至 2018 年底，三峡电站累计发电量相当于少燃烧标煤 3.81 亿吨，相应减少碳排放 2.59 亿吨，二氧化碳 9.50 亿吨，二氧化硫 1143 万吨，氮氧化物 571 万吨。强大的清洁能源送往华中、华东和广东，为当地减少碳排放、治理雾霾也作出积极贡献。三峡水库实施生态调度，助力四大家鱼自然繁殖和长江口压制咸潮。2011—2018 年，三峡水库实行了 11 次生态调度，利用"人造洪峰"促使四大家鱼产卵繁殖，对中游渔业资源恢复效果明显。

此外，随着三峡工程的建成运行，以三峡水库为骨干的长江上游水库群联合调度和跨流域水资源配置的格局逐步形成，标志着长江治理开发从洪水控制向洪水管理和水资源综合利用的重大转变，将为长江流域乃至全国经济社会发展和产业优化布局更好地发挥能动作用。

六、三峡后续工作成效显著

三峡库区淹没涉及湖北省和重庆市，搬迁建设了县级以上城市 12 座，集镇 114 座，还有大量专业设施，是区域性的重大社会重构、经济重组和生态环境重建。为了加快恢复和发展三峡库区经济，促进移民安稳致富，改善生态环境，保障地质安全，以及妥善处理对长江中下游的相关影响等，在如期完成三峡百万移民搬迁任务后，党中央国务院及时做出了开展三峡后续工作的重大决策。自 2011 年国务院批准实施三峡后续工作规划以来，已经取得了重要阶段性成效，经济效益、社会效益和生态环境效益显著。

三峡库区移民生产生活条件显著改善，社会总体保持稳定。通过支持库区优势特色产业发展、加强基础设施和公共服务能力建设、推进城镇移民小区综合帮扶和农村移民安置区精准帮扶，移民群众的生产生活条件和人居环境显著改善，收入水平年均增长达到 10% 左右，库区主要经济发展指标增速超过同期湖北省、重庆市和全国平均水平，社会事业全面发展，城镇化质量不断提升。

三峡库区生态环境状况持续向好。通过大力加强城镇污染治理、植被恢复、水生生境修复、库岸及消落区环境综合整治，实现了三峡库区生态屏障区污水和垃圾处理设施基本全覆盖，新增污水日处理规模约 99.62 万吨，垃圾日处理

1999 年重庆市忠县老县城（左）与 2019 年忠县新县城（右）

规模 13.72 万吨，城镇生活污水收集率达 95.9%；综合整治岸线长度 234.2 公里；长江干流库区段水质总体维持在 Ⅱ 类、Ⅲ 类水平；生态屏障区森林覆盖率由 29.5% 提高到 50% 以上，生态服务功能得到有效提升，水生生态保护措施不断加强，生态系统功能走向良性循环。

三峡库区地质灾害得到有效防治。通过组织实施地质灾害治理工程、完善监测预警体系、及时组织避险搬迁、加强高切坡安全监

三峡移民新村（湖北夷陵区许家冲村）

测，地质灾害防治水平和能力不断提升，共计完成滑坡、崩塌、危岩体等工程治理项目 386 处，保护人口 13.14 万人；完成高切坡工程治理项目 328 处，防护面积 160.1 万平方米；对受地质灾害和蓄水影响的近 5.31 万人实施了避险搬迁；累计成功预警各类地质灾害 944 次，及时成功转移人口 9875 人。自三峡工程蓄水至今已连续 15 年未发生一起因地质灾害造成人员伤亡的事故。

对长江中下游的相关影响问题逐步得到妥善处理。开展了崩岸治理 36 处、共 203.1 公里，增强了河段堤防抗冲能力，有效减轻了当地的防洪压力；实施了新建和改扩建取水、输水工程，提升了相应区域城乡供水水质和供水保证率，仅湖北省范围有 194 万人口供水条件得到显著改善，243 万亩农田灌溉用水得到保障；实施了重点河段航道整治工程，进一步提升了长江航道运输能力。

七、三峡工程运行管理任重道远

习近平总书记在重庆主持召开的推动长江经济带座谈会上强调，"长江是中华民族的母亲河，也是中华民族发展的重要支撑；推动长江经济带发展必须从中华民族长远利益考虑，把修复长江生态环境摆在压倒性位置"。面对进入新时代我国治水方针的重大变化，面对长江经济带发展对三峡工程提出的新要求，面对三峡工程长期安全和可持续发展面临的新情况、新问题，要以习近平新时代中国特色社会主义思想为指导，深入学习贯彻习近平总书记提出的"节水优先、空间均衡、系统治理、两手发力"的治水思路和"共抓大保护、不搞大开发""生态优先、绿色发展"的长江经济带发展理念，按照"水利工程补短板、水利行业强监管"的总基调，进一步加强三峡工程的科学运行管理，不断提高管理能力和水平，持续拓展综合效益，为长江经济带发展和建设美丽长江、美丽中国作出新贡献。

按照人与自然和谐共生的生态文明理念加强三峡工程运行管理。 要不断优化以三峡水库为骨干的流域水库群联合调度，不断完善以三峡工程为关键性骨干工程的长江防洪保障体系，加强系统治理，进一步发挥三峡工程在长江生态修复和保护中的重要作用，通过生态调度提高水环境承载能力、改善水生生态，增强三峡工程在绿色电力、绿色航运方面的功能，提高三峡水库的优质水资源供给能力。

依法依规保护和管理三峡水库。 加强法制建设，将三峡水库运行管理纳入法治轨道，强化规划指导，依法依规保护三峡水库岸线、库容，切实加强消落区管理，保障三峡工程运行安全；研究建立更加严格的三峡水库管理体制机制，积极推进建设长江三峡国家公园，深化流域生态补偿机制，促进三峡库区形成保护生态长效机制。

不断提高三峡工程运行安全管理能力。 三峡工程运行涉及防洪冲沙、电力输出、船闸通行、下游补水、生态调度等多个方面。 要统筹各项功能，协调各方利益，构建长效机制；强化监督检查，提升应急反应能力；加强安全监管，建设完善三峡工程运行安全综合监测系统；加强泥沙、江湖关系变化等的观测研究，确保堤岸安全；加强长江干流和主要江河湖泊的生态修复，保障生产、生活用水需要；加强航道整治和疏浚，不断提升通航保障能力。

推进建设和谐稳定新型库区。 继续加强三峡后续工作，用好各个渠道的资金，聚焦移民安稳致富和水安全保障，积极推进高效生态农业和特色精细农业发展，加强文旅融合，大力发展旅游业，优化产业结构，增强就业能力，推动库区高质量发展；进一步加强水生态修复和水环境保护，特别是要加强三峡库区重要支流系统治理，促进人水和谐；积极推进实施乡村振兴战略和小城镇建设，创建生态文明社区，促进三峡库区社会和谐稳定。

总之，三峡工程的伟大实践，谱写了一曲荡气回肠、可歌可泣的壮丽华章，构建了人与自然、工程与环境和谐相处的优美画卷。 三峡工程是中国共产党领导下建成的民族工程、圆梦工程，是改革开放铸就的大国重器，是中华民族自强不息伟大精神铸就的丰碑，造福当代，利及千秋，必将进一步激发全国各族人民的奋斗热情，在实现中华民族伟大复兴中国梦的征程上作出更大贡献。

撰稿人：罗元华　张华忠　刘正兵

南水润中华　千秋惠民生
南水北调工程造福北方亿万人民

水利部南水北调工程管理司

我国水资源短缺，人均水资源量为 2140 立方米，只有世界人均水平的 1/4，且时空分布不均，南方水多，北方水少。 黄淮海流域是我国水资源承载能力与经济社会发展矛盾最为突出的地区，人均水资源量 462 立方米，仅为全国平均水平的 21%，其中京津两市所在的海河流域人均水资源量仅为 292 立方米，不足全国平均水平的 1/7。 黄淮海流域总人口 4.4 亿，约占全国人口的 35%，国内生产总值约占全国的 35%，人口密度大，大中城市多，在中国经济格局中占有重要地位，而水资源量仅占全国总量的 7.2%。 由于长期干旱缺水，这一地区有 2 亿多人口在不同程度上存在饮水困难，700 多万人长期饮用高氟水、苦咸水，一批重大工业建设项目难以投资落产，制约了经济社会的发展。 由于不得不过度利用地表水、大量超采地下水，挤占农业及生态用水，造成地面下沉、海水入侵、生态恶化。 黄淮海流域水污染严重的形势进一步加剧了水资源的短缺。

由于资源性缺水，即使充分发挥节水、治污、挖潜的可能性，黄淮海流域仅靠当地水资源已不能支撑其经济社会的可持续发展。 为缓解黄淮海流域日益严重的水资源短缺，改善生态环境，促进黄淮海流域的经济发展和社会进步，党中央决定在加大节水、治污力度和污水资源化的同时，从水量相对充沛的长江流域向这一地区调水，实施南水北调工程。

一、总体规划

（一）前期研究

1952 年 10 月，毛主席视察黄河，提出了"南方水多，北方水少，如有可能，借点水来也是可以的"宏伟设想。 自此，南水北调开启了半个世纪的规划论证，工程前期规划研究历经了 1952—1961 年的探索阶段、1972—1979 年的初步规划阶段、1980—1994 年的系统规划阶段、1995—1998 年的论证阶段和 1999—2002 年的总体规划阶段。 经过 50 年充分论证，50 多个规划方案科学比选，提出了南水北调东、中、西三条调水线路，与长江、黄河、淮河、海河一道构成了我国"四横三纵"的大水网，将形成南北调配、东西互济的水资源优化配置格局。

2002 年 8 月 23 日，国务院第 137 次总理办公会议审议并原则通过《南水北调工程总体规划》。 2002 年 10 月，中共中央政治局常委会审议通过了《南水北调工程总体规划》，并要求抓紧实施。 2002 年 10 月 24 日、25 日，全国人大常委会、政协全国委员会常委会分别听取了汇报。 2002 年 12 月 23 日，国务院正式批复同意《南水北调工程总体规划》。

（二）工程布局

按照 2002 年国务院批复的南水北调工程总体规划，南水北调工程规划从长江下游、中游、上游分东线、中线、西线三条线路调水，规划调水总规模 448 亿立方米，其中东线 148 亿立方米，分三期实施；中线 130 亿立方米，分两期实施；西线 170 亿立方米，分三期实施。

东线工程以江都水利枢纽为起点，利用现有工程及河道、湖泊抽长江水，经京杭大运河、洪泽湖、骆马湖、南四湖、东平湖，穿过黄河后自流，途经江苏、山东、河北，最后到达天津。 东线工程分三期实施：一期工程，年抽江水量 88 亿立方米，向江苏、山东供水；二期工程，年抽江水量 106 亿立方米，向北延伸到河北、天津；三期工程，年抽江水量 148 亿立方米。

中线工程从丹江口水库引水，将丹江口水库大坝加高 14.6 米后，沿唐白河和黄淮海平原西部边缘开挖渠道，经江淮分水岭方城垭口，穿过黄河，输水到北京、天津，后期结合受水区需求将长江作为后续水源。 中线工程分二期实施：一期工程，多年平均调水量 95 亿立方米，渠首规模 350～420 立方米每秒；二期工

东线工程源头——江都水利枢纽

中线正定高铁平行段

程，年调水量 130 亿立方米，渠首规模 500～630 立方米每秒。

西线工程从长江上游大渡河、雅砻江和通天河三条河及其支流上游筑坝建库，开凿穿过长江与黄河分水岭巴颜喀拉山的输水隧洞，向黄河上游调水，调水总规模 170 亿立方米。

二、建设情况

2002 年 12 月 27 日，南水北调工程正式开工建设。 东、中线一期工程先后于 2013 年 11 月 15 日、2014 年 12 月 12 日通水，如期实现了党中央、国务院确定的建设目标。

（一）工程投资

国务院批复南水北调东、中线一期工程总投资规模 3082 亿元（其中：中央预算内投资 414 亿元，南水北调基金 290 亿元，银行贷款 558 亿元，重大水利基金 1777 亿元，地方自筹 43 亿元），东线 554 亿元，中线 2528 亿元。 工程建设过程中，投资控制严格、资金管理规范。 目前来看，东、中线一期工程投资完全可以控制在批复的总投资规模内。

（二）征地及移民安置

南水北调东、中线一期工程永久占地约 100 万亩，需搬迁移民近 40 万人，通过地方政府积极组织、协调、指导和广大移民群众的无私奉献，在短时间内完成近 40 万移民平稳搬迁和大量设施重建。 移民安置区基础设施条件大大超过搬迁前，移民生产生活条件明显改善，后续发展态势良好，总体实现了社会和谐稳定。

（三）建管体制及水价制度

工程建设过程中，国务院和工程沿线 7 个省市地方政府分别设立南水北调议事协调机构，协调解决工程建设重大问题。 机构改革后，各省市南水北调办已

中线沙河渡槽

中线西黑山分水口

并入各地水利（水务）厅（局）。组建多个项目法人，负责工程建设和运行。中线一期工程分别由中线建管局、中线水源公司进行建设管理；东线一期工程分别由江苏水源公司、山东干线公司进行建设管理。工程通水运行后，按照国务院南水北调工程建设委员会确定的统一管理原则，又组建了南水北调东线总公司负责东线工程运行管理。由于涉及新建工程与地方已有工程的利益关系，管理体制问题十分复杂。机构改革后，按照有关要求正在研究组建南水北调集团总公司，进一步完善相关管理体制。

在总体遵循南水北调工程总体规划和可行性研究阶段确定的水价原则基础上，南水北调工程水价实行基本水价和计量水价相结合的"两部制"水价制度。国家发展改革委综合考虑工程运行维护需要、工程特点、受水区水资源供水形势、用水户承受能力等各方面情况，分别确定了东、中线一期工程运行初期的水价政策。东线一期主体工程初期供水价格按照保障工程正常运行和满足还贷需要的原则确定，综合水价在每立方米 0.36～2.24 元；中线一期主体工程初期供水价格按照供水成本核定水价，其中河南、河北两省暂时实行运行还贷水价，以后分步到位，综合水价在每立方米 0.18～2.33 元。

三、工程之最

（一）国内穿越大江大河直径最大的输水隧洞——中线穿黄工程隧洞

穿黄隧洞

为适应黄河游荡性河流与淤土地基条件的特点，南水北调中线穿黄工程开创性地设计了具有内、外两层衬砌的两条长 4250 米隧洞，内径 7 米，外层为厚 0.4 米拼装式管片结构衬砌，内层为厚 0.45 米钢筋混凝土预应力衬砌，两层衬砌之间采用透水垫层隔开，内、外衬砌分别承受内、外水的压力。这种结构型式在国内外均属先例，也是国内首例用盾构方式穿越黄河的工程。中线穿黄工程隧洞是国内穿越大江大河直径最大的输水隧洞，开创了我国水利水电工程水底隧洞长距离软土施工新纪录。

中线穿黄工程

（二）世界上规模最大的泵站群——东线泵站群工程

南水北调东线一期工程输水干线长 1467 公里，全线共设立 13 个梯级泵站，共 22 处枢纽、34 座泵站，总扬程 65 米，总装机台数 160 台，总装机容量 36.62 万千瓦，总装机流量 4447.6 立方米每秒，具有规模大、泵型多、扬程低、流量大、年利用小时数高等特点。 工程是亚洲乃至世界大型泵站数量最集中的现代化泵站群，其中水泵水力模型以及水泵制造水平均达到国际先进水平。

东线蔺家坝泵站

东线蔺家坝站

四、工程特点

与其他调水工程相比，南水北调工程具有四个特点：

一是规模不同。 首先，是跨流域。 综观国内外调水工程，真正跨流域调水的很少。 南水北调横跨长江、淮河、黄河、海河四大流域，不仅是解决水资源补给的问题，而且是在更大范围内进行水资源优化配置，通过东、中、西三条调水线路与长江、淮河、黄河、海河联系，构成以"四横三纵"的水网总体布局，为经济社会可持续发展提供水资源保障。 第二，长度不同。 东、中线加起来长度近3000公里，长距离调水工程受气候的变化影响很大，工程建设和运行的要求非常高。 第三，水量不同。 南水北调三条线共调水448亿立方米，相当于一条黄河的水量。 东、中线工程又处于我国比较发达的地区，中线还有跨渠桥梁1800多座，跨越的公路、铁路、油气管道加在一起几千处，这也是技术上的挑战。

东线济平干渠

二是工程目标不同。以往国内外调水工程绝大多是单一目标，有的以农业灌溉为目标，有的以生活用水为目标。南水北调工程建设是多目标的，不仅是水资源配置工程，更是一个造福人民的综合性生态工程。工程实施后，将极大地提高受水区水资源与水环境承载的能力，向沿线 100 多个城市供水，同时把城市侵占的一部分农业用水和生态用水偿还给农业和生态。在某种意义上是工业反哺农业，城市反哺农村，是科学发展观在水资源安全方面的生动体现。

碧波荡漾的丹江口水库

三是工程领域不同。以往的调水项目主要是工程领域，修渠道，建堤坝，搞工程。南水北调不仅涉及工程领域，还涉及社会层面的征地移民、水污染治理、生态环境及文物保护等。东线为满足调水水质要求，就安排治污项目 426 项，投入 140 亿元，加大水污染治理力度，且取得初步成效，为全国其他重点流域污染治理提供了借鉴。

四是技术管理不同。南水北调由 150 多个设计单元工程、2700 多个单位工程组成，且建筑物种类众多，技术要求高，面临着很多技术难题。例如：丹江口大坝加高，既要加高又要加厚，怎样保证新老混凝土连接、联合受力，国内外尚无类似工程实践；中线穿黄工程，如何从黄河底下复杂地层中开凿数千米的隧洞，承载内外水压，克服以往盾构施工尚未遇到顽石、枯树等，并保证隧洞不漏水；北京的 PCCP 管道，直径 4 米，从生产、运输到安装，攻克多个技术难关，管道制作就获得了两项国际专利。另外，南水北调技术管理也面临着很多挑战。从初步设计方案优化，到施工管理规范要求制订，在技术方案上面临着技术和社会两个方面的博弈，既要考虑到技术上的必要性，又必须考虑在实施当中的可行性，倾听各方意见，兼顾各方利益。工程实施阶段，很多工程实践没有相应的技术规范和标准，需要深入研究和制订，并应用到施工当中去。

五、工程效益

（一）供水量持续快速增长

南水北调中线一期工程以丹江口水库为起点，地跨河南、河北、北京、天津

4省（直辖市），总干渠长1432公里。截至2019年12月12日，已不间断安全供水1826天，累计调水260亿立方米，向4省（直辖市）供水246亿立方米。

中线工程2014—2015年度调水量为20.27亿立方米，2015—2016年度调水量为38.43亿立方米，2016—2017年度调水量为48.48亿立方米，2017—2018年度调水量为74.58亿立方米，2018—2019年度调水量为71.32亿立方米。

东线工程以江苏省扬州市江都水利枢纽为起点，途经江苏、山东。截至2019年12月12日，工程连续6个年度圆满完成调水任务，累计抽水量311.39亿立方米，调入山东水量39亿立方米。

东线工程2013—2014年度调水量为1.6亿立方米，2014—2015年度调水量为3.28亿立方米，2015—2016年度调水量为6.02亿立方米，2016—2017年度调水量为8.89亿立方米，2017—2018年度调水量为10.88亿立方米，2018—2019年度调水量为8.44亿立方米。

（二）水质稳定达标

根据"先节水后调水、先治污后通水、先环保后用水"原则，国务院颁布并实施了东线工程治污规划、丹江口库区及上游水污染防治和水土保持规划、丹江口库区及上游地区经济社会发展规划。东线36个考核断面及输水干线水质全部达到规划要求的地表水Ⅲ类标准，中线丹江口水库水质也稳定保持在规划要求的Ⅱ类标准。

通水以来，中线水源区水质总体向好，丹江口水库水质为Ⅰ～Ⅱ类，中线干线供水水质稳定在Ⅱ类标准及以上，Ⅰ类水质断面比例由2015—2016年的30%提

东线淮安四站

东线宝应抽水站

升至 2018—2019 年的 88％左右。 东线工程水质稳定在规划的 Ⅲ 类标准。

（三）有力支撑受水区经济社会发展

工程从根本上改变了受水区供水格局，改善了城市用水水质，提高了受水区 40 多座城市的供水保证率，直接受益人口超过 1.2 亿人。

中线工程总受益人口已达 5859 万人，其中，河南省受益人口为 1767 万人，河北省受益人口为 1982 万人，天津市受益人口为 910 万人，北京市受益人口为 1200 万人。 中线工程受益城市 24 个，其中，河南 13 个，分别是南阳市、漯河市、周口市、平顶山市、许昌市、郑州市、焦作市、新乡市、鹤壁市、濮阳市、安阳市、邓州市、滑县；河北 9 个，分别是邯郸市、邢台市、石家庄市、保定市、廊坊市、衡水市、沧州市、辛集市、定州市；北京市；天津市。

东线工程受益人口达 6901 万人，其中，江苏省 3120 万人，山东省 3781 万人。 东线工程受益城市 17 个，其中，江苏 6 个，分别是徐州市、连云港市、淮安市、盐城市、扬州市、宿迁市；山东省 11 个，分别是济南市、青岛市、淄博市、枣庄市、烟台市、潍坊市、济宁市、威海市、德州市、聊城市、滨州市。

目前，南水已经逐步成为沿线大中型城市主力水源。 北京城区南水已占到

中线渠道穿越焦作城区

自来水供水量的 73%，密云水库蓄水量自 2000 年以来首次突破 26 亿立方米，增强了北京市的水资源储备，提高了首都供水保障程度，中心城区供水安全系数由 1.0 提升到 1.2，自来水硬度由过去的 380 毫克每升降低至 130 毫克每升。 天津 14 个区居民全部喝上南水，南水北调已成为天津供水的"生命线"。 河南受水区 37 个市县全部通水，郑州中心城区自来水八成以上为南水，鹤壁、许昌、漯河、平顶山主城区用水 100% 为南水。 河北 90 个市县用上南水，在黑龙港流域 9 县开展城乡一体化供水试点，沧州地区 500 多万人告别了长期饮用高氟水、苦咸水的历史。 在衡水，南水日供应量达 8 万立方米，占主城区日用水量的 94.1%。邯郸，铁西水厂每天供南水 18 万立方米，占主城区日用水量的 82%。 沧州主城区南水供应比例已达 100%。 保定主城区南水供应量占日用水量的 75%。 江苏 50 个区县共 4500 多万亩农田的灌溉保证率得到提高。 山东胶东半岛实现南水全覆盖。 汉江中下游四项治理工程效益持续发挥，兴隆枢纽抬高水位为 300 余万亩农田提供了稳定的灌溉水源，截至 2019 年 12 月 12 日，电站累计发电 13.227 亿千瓦时；引江济汉工程累计向汉江下游补水约 154.27 亿立方米。

（四）全力促进生态文明建设

1. 有效改善修复区域生态环境。 通水以来，北京市城区河湖水面净增 550 公顷，密云水库蓄水超过 26 亿立方米，应急水源地地下水位最大升幅达 18.2 米，平原地区地下水水位平均上升近 0.8 米。 天津市地下水位平均累计回升 0.17 米；天津海河水生态得到明显改善，地下水位保持稳定或小幅回升。 河北省浅层地下水位回升 0.58 米。 河南省平顶山、郑州、焦作等城市水环境明显改善，受水区浅层地下水位平均升幅达 1.1 米。

2. 生态补水效益逐步显现。 2018 年 4—6 月，中线一期工程利用汛期弃水向受水区 30 条河流实施生态补水，累计补水 8.65 亿立方米。 河湖生态与水质得到改善，地下水位回升，社会反响良好，生态效益显著。

一是地下水位明显回升。 河北省补水后 9 条河道沿线 5 公里范围内，浅层地下水位上升 0.49 米；保定市徐水区河道周边浅层地下水埋深平均上升 0.96 米。 河南省焦作市修武县郇封岭地下漏斗区观测井水位上升 0.4 米。

二是河湖水量明显增加。 河北省 12 条天然河道得以阶段性恢复，向白洋淀补水 1.12 亿立方米，瀑河水库新增水面 370 万平方米，保定市徐水区新增河渠水面 43 万平方米。 河南省焦作市龙源湖、濮阳市引黄调节水库、新乡市共产主义渠、漯河市临颍县湖区湿地、邓州市湍河城区段、平顶山市白龟湖湿地公园、白龟山水库等河湖水系水量明显增加。

中线陶岔渠首

三是河湖水质明显提升。天津市中心城区 4 个河道监测断面水质由补水前的Ⅲ～Ⅳ类改善到Ⅱ～Ⅲ类。河北省白洋淀淀口藻杂淀监测断面入淀水质由补水前的劣Ⅴ类提升为Ⅱ类。河南省郑州市补水河道基本消除了黑臭水体，安阳市安阳河、汤河水质由补水前的Ⅳ类、Ⅴ类水质提升为Ⅲ类水，得到中央环保督察组的肯定和认可。

四是生态环境明显改善。天津市"水十条"国考断面优良水体比例上升至50%，城市河道水环境明显改善。河北省滹沱河重新变回了石家庄人民"水清，岸绿，景美"的"母亲河"；瀑河水库干涸 36 年后重现水波荡漾的昔日魅力；白洋淀及其上游的水生态环境得到有效改善。河南省 11 个省辖（直管）市形成了水清、草绿的景观和亲水、乐水的平台，受到人民群众的高度赞誉。

3. 华北地下水超采综合治理河湖地下水回补试点工作稳步实施。2018 年 9月，水利部与河北省联合开展华北地下水超采综合治理河湖地下水回补试点，截至 2019 年 6 月 17 日，累计补水 7.41 亿立方米。生态补水大幅度改善了区域水生态环境，河湖水量增加，重现生机，地下水位上升，河湖水质改善，效益十分显著。

4. 实施东线一期北延应急试通水。 为充分利用东线一期工程现有条件和供水能力，着力解决华北地下水超采问题，2019 年 4—6 月，水利部组织实施东线一期北延应急试通水工作。 本次试通水目标是将南水北调东线水经南运河通至天津市九宣闸。 计划从东平湖调水 6325 万立方米，经六五河节制闸 5296 万立方米，实现向天津境内补水约 2000 万立方米，河北境内补水约 1700 万立方米。

4 月 21 日 10 时起，东平湖加大过黄河流量，东线一期北延应急试通水正式启动。 5 月 10 日，水头进入天津市九宣闸。 截至 6 月 17 日，累计调水 6648 万立方米，其中调入天津 1715 万立方米。 本次试通水回补了沿线地下水，改善了水生态和水环境，在社会上产生了热烈反响，受到了沿线人民群众的一致好评。

开展南水北调东线一期北延应急试通水，是贯彻落实习近平总书记提出的"节水优先、空间均衡、系统治理、两手发力"治水思路的具体实践，是充分发挥南水北调工程效益的有效探索。 我们将在继续做好应急试通水工作基础上，全面加快北延应急供水相关工程前期工作，尽早开工建设，为推进华北地下水超采综合治理提供必要水源条件。

撰稿人：孙永平 梁 祎 蔡喆伟
审稿人：李鹏程

国际合作广泛开展

科技成果不断涌现

为水利事业发展提供重要支撑与保障

水利部国际合作与科技司

新中国成立 70 年以来，水利国际合作与科技工作取得显著进展和丰硕成果。水利国际合作广泛开展，中国水利国际地位大幅提升，水利科技创新能力全面增强，重大科技成果不断涌现，为水利改革发展提供了强有力的支撑与保障。

水利国际合作：落实国家外交方针政策，服务国家战略需要，稳步推进共建"一带一路"倡议，大力实施"引进来、走出去"战略，促进水利改革发展。深入推进水利双多边务实合作，充分发挥跨界河流纽带作用，与周边国家建立互利共赢合作伙伴关系，讲好"中国故事"，贡献"中国力量"，为改革开放提供有力的水利支撑。

水利科技：紧密结合国情水情，聚焦水利发展需求，加快科技创新步伐，在泥沙研究、坝工技术、水资源配置等诸多领域取得重大成果，达到国际领先水平。以国家重点实验室和工程中心为代表的一批水利科技创新平台不断发展壮大，创新体系不断完善，创新能力不断增强，建成较为完善的水利技术标准体系，为水利改革发展提供重要技术支撑与保障。

2019 年 4 月 2 日，中国—欧盟水政策对话机制第一次会议在京召开，水利部鄂竟平部长做主旨报告

一、回顾

（一）水利国际合作发展历程

20世纪50—70年代，水利国际合作主要以落实中央部署，对外援助亚非拉国家的水利水电项目的设计和施工为主。1988年水利部单设外事司，全面负责水利行业对外交流与合作。这一时期，中国和诸多国家、地区建立了双边水利科技交流与合作关系，参加了多个国际学术组织，积极引进发达国家先进水利技术、设备、管理经验，为国内水利建设管理与发展提供了有力支撑。90年代以后，实施"引进来、走出去"战略，在引进资金和技术、培训人员、增进交流、扩大合作等方面取得显著突破，小浪底、黄土高原水土保持等国际合作项目成功实施，对外交流的广度和深度得到较大发展。

2019 年 4 月 26 日，水利部部长鄂竟平，国家市场监管总局副局长、国家标准化管理委员会主任田世宏和联合国工业发展组织总干事李勇共同签署了关于协同推进小水电国际标准的合作谅解备忘录，该备忘录列入第二届"一带一路"国际合作高峰论坛成果

进入 21 世纪，水利国际合作得到前所未有的发展，政府间高层往来日趋增多，技术合作领域进一步扩大，一大批利用外资项目陆续实施，有力地支持了国内水利基础设施建设。我国与国际组织的多边合作全面加强，成功举办和参与多次国际会议和国际水事活动，中国水利专家担任多个重要国际水组织的领导职务，先进技术设备和产品、设计咨询队伍逐步走向世界，中国水利全面登上国际舞台。抓住主要矛盾，扎实做好跨界河流涉外工作，积极稳妥开展周边水外交，维护我水资源权益，服务国家外交大局。

（二）水利科技与技术监督发展历程

20 世纪 50—60 年代，全国范围内开展了大规模的水利建设，一批研究院所先后创建，全面奠定了我国水利学科各专业的基础。1978 年党的十一届三中全会以后，邓小平同志提出"科学技术是第一生产力"的著名论断。这一时期，水利作为国民经济的基础设施和基础产业有了很大发展，为水利科技提供了重要的发展机遇。进入 21 世纪，党中央提出建设创新型国家的重大战略目标，2012 年底提出实施创新驱动发展战略，科技事业蓬勃发展，在整个社会和国民经济中的地位举足轻重。 三峡、小浪底、南水北调等一大批重大水利工程成功建设并发挥效益，水利科技创新能力不断增强。

1955 年，颁布实施了第一部水利技术标准《水文测站暂行规范》，标志着我国水利标准化工作正式起步。 1994 年，水利部将标准化、计量和质量监督工作统一归口管理，水利技术监督工作格局逐步完善。 进入 21 世纪，提出了以标准为依据、计量为基础、认证认可为手段、质量为标志的水利技术监督体系。 2015 年 3 月，在国务院启动标准化改革后，水利部修订发布了《水利标准化工作管理办法》，优化水利技术标准体系，精简整合强制性标准，培育发展水利团体标准，大力推动标准国际化，积极推动水利计量和资质认定工作，为水利改革发展提供了有力的技术支撑和保障。

二、成就与经验

（一）水利国际合作

1. 水利多双边交流合作不断深化。 水利部不断深化与国外政府部门的高层交往。 截至 2019 年，已与 61 个国家和地区签署水利合作协议和谅解备忘录，形成发达国家与发展中国家并重的全方位合作格局，已与国外水利部门建立了 35 个双边固定合作交流机制，围绕水资源开发、利用、节约、保护等议题召开双边固定交流机制会议或研讨会。 双边水利合作成果不断充实，重要性不断凸显，成为中国与其他国家双边交往合作的重要组成部分。

世行贷款黄河小浪底水利枢纽工程

利用世界水论坛、中欧水资源交流平台等多边合作平台，与世界水理事会、欧盟、联合国等国际组织开展合作，促进共同发展。 与世界卫生组织、世界气象组织、联合国开发计划署等机构合作，推动建立更加平等均衡的全球发展伙伴关系。我国多名水利专家担任有关国际组织主席和其他重要职务。 水利部多次出席"一带一路"沿线国家举办的重大国际会议，宣传中国治水成就，讲好中国治水故事，分享中国治水经验，贡献中国治水智慧，进一步推动中国治水理念走向世界。 为联合国 2030 可持续发展目标作出贡献。

世行贷款黄土高原水土保持项目被誉为世行农业项目的"旗帜工程"，获得 2003 年度世行"行长奖"

2. 水利国际合作项目深入实施。 改革开放以来，水利行业在多个领域利用外资组织开展项目实施。 世行贷款小浪底枢纽工程及移民项目，总投资 347.24 亿元人民币，世行授予项目世行最高荣誉——"杰出成就奖"。 世行贷款黄土高原水土保持一、二期项目成为黄土高原地区水土保持工作的典范，总投资 3 亿美元，被誉为世行"旗帜工程"，获得 2003 年度世行"行长奖"，还被评为全国"百佳"工程和"全国水土保持示范工程"。 长江水利委员会"基于 3S 技术的流域生态环境立体监测合作研究"项目弥补了国内流域生态环境立体监测技术空白，新疆水利厅"叶尔羌河山区冰川湖遥感监测预警"项目有效提高了叶尔羌河中下游应对冰川湖溃坝洪水的整体防御能力。 南京水利科学研究院和长江水利委员会长江科学院被科技部评定为国际联合研究中心和示范型国际合作基地。

3. 水利"走出去"开创新局面。 我国水利企业积极贯彻"走出去"战略，大力开拓海外市场，业务已遍及全球 70 多个国家和地区。 长江勘测规划设计研究院实施了《厄瓜多尔全国流域规划》。 黄河勘测规划设计有限公司设计的厄瓜多尔辛克雷水电站，中厄两国领导人为电站竣工发电按下启动键。 由长江勘测规划设计研究院设计的巴基斯坦卡洛特水电站是中巴经济走廊的样板工程，也是丝路基金首单大型清洁能源项目和首个被载入中巴联合声明的水电投资项目。"中巴小型水电技术联合实验室"于 2019 年被认定为首批 14 家"一带一路"联合实验室之一。

水利部已为来自 112 个国家的 1700 多名技术人员和政府官员提供培训，实现了培训地点从境内到境外，培训形式从多边到多双边，培训语言从英语单语种到英、法多语种，培训级别从技术班、研修班到部长级高官班的四大跨越。 积极

中哈霍尔果斯河友谊联合引水枢纽

响应国家"一带一路"倡议，印发推进"一带一路"建设水利合作有关规范。2018年，水利部与教育部合作启动"一带一路"水利高层次人才培训项目，资助"一带一路"沿线及相关国家水利高层次人才来华攻读硕士学位，项目拟培养约150名境外高级别人才。

4. 跨界河流工作扎实开展。 水利部高度重视跨界河流管理工作，积极推进跨界河流涉外合作。 截至2019年，我国已与周边12个国家建立了各种形式的跨界河流合作机制，在水文报汛与防洪、突发事件处理等领域开展了卓有成效的交流与合作，成为与邻国友谊的桥梁和纽带，为促进区域共同发展和稳定作出重要贡献，得到有关国家和人民的高度评价。 目前我国已与周边国家签署了20多份有关跨界河流合作的不同层级协议，开展了一系列广泛而务实的合作，有力保障跨界河流沿岸各国人民生命财产安全和经济社会可持续发展。

为协助下游有关国家做好防灾减灾工作，水利部向周边11个国家提供汛期水文资料，并扎实开展水利救灾外交。 2011年，泰国曼谷遭遇大洪水，水利部专家组紧急赴泰提供防洪抢险救灾咨询，向泰总理面呈咨询报告，泰方表示感谢。 哈萨克斯坦就中方2014年伊犁河应急补水和2016年额尔齐斯河大洪水期间增加报汛频次表示感谢。 湄公河国家领导人对2016年中方在湄公河下游遭遇百年一遇旱情时实施应急补水多次表示感谢。 2018年，印度就中方应急提供雅鲁藏布江汛情和堰塞湖监测信息表示感谢。

积极推动与周边国家跨界河流水利基础设施建设，提升水资源利用水平。2012 年和 2019 年，与哈萨克斯坦先后联合建设完成了中哈霍尔果斯河友谊联合引水枢纽工程和中哈苏木拜河引水改造工程，工程已经投入使用并发挥效益。2019 年，与哈萨克斯坦启动中哈霍尔果斯河阿拉马力（楚库尔布拉克）联合泥石流拦阻坝工程建设。

积极推动澜湄水资源合作，在中国成立澜湄水资源合作中心，在澜湄水资源合作联合工作组机制下，扎实推动各项务实合作，打造澜湄合作"旗舰品牌"。2019 年举行澜湄水资源合作部长级会议，进一步凝聚共识。

2016 年 3—5 月通过澜沧江景洪水库向湄公河实施应急补水

（二）水利科技与技术监督

1. 重大水利技术研究成果丰硕。 围绕水利中心工作积极开展水利科技创新，"流域水循环演变机理与水资源高效利用""水库大坝安全保障关键技术研究与应用""生态节水型灌区建设关键技术及应用"连续三年获得 2014 年度、2015 年度、2016 年度国家科技进步一等奖。

以大江大河水沙调控体系的研究与实践、水库泥沙减淤技术等为代表，我国工程泥沙研究处于国际领先地位。 以非均匀悬移质不平衡输沙理论为代表，我国泥沙理论研究处于国际先进行列。

水文监测预警预报技术跻身国际前列，预警预报精准度不断提高、预见期不断延长，有力支撑了我国水旱灾害防御能力的显著提升。 从洪涝灾害死亡人数

水利科技成果连续三年获得2014年度、2015年度、2016年度国家科技进步一等奖

来看，20世纪50年代年均洪涝灾害死亡人数近8600人，2010年降为900人，2018年降到187人。

坝工技术处于国际领先地位，实现了100米级高坝、200米级高坝和300米级高坝建设的多级跨越，建成了世界最高拱坝、混凝土面板堆石坝，成为世界上拥有200米级以上高坝最多的国家。三峡工程是世界水利水电综合功能最强的枢纽工程，习近平总书记称之为"大国重器"。智慧大坝建设技术取得突破性进展，十余个大坝工程获得国际菲迪克工程项目杰出成就奖、国际大坝委员会里程碑工程奖。

巨型水力发电机组设计制造水平处于国际领先位置，白鹤滩水电项目的单机容量达100万千瓦，是当今世界上水电站中单机容量最大的水电机组并具有完全自主知识产权。

水资源配置和高效利用方面达到世界领先水平，调水工程建设技术进入世界先进行列。南水北调工程是世界上规模最大的调水工程，东、中线一期工程直接受益人口超1.2亿人。水资源配置领域理论研究和实践取得重大成果，增强了我国流域水安全保障的科技支撑能力。

高效节水灌溉技术水平大幅提升，我国农田灌溉面积从新中国成立之初的2.4亿亩扩大到目前的10.17亿亩，居世界首位。在高效节水灌溉技术支撑下，我国以占全国耕地面积50%的灌溉农田，生产了超过全国总量75%的粮食和90%以上的经济作物，实现了农产品供给从长期短缺到基本平衡的历史性转变。通过组织实施"948计划"水利部科技推广计划、水利科技示范项目，一大批国内外先进适用技术得到推广应用，有力地提升了水利行业科技水平。

2. 水利科技创新体系逐步建立。国家、流域、地方三个层次科技创新中心基本形成，以中国水科院、南京水科院为依托的2个国家级创新基地立足于解决全局性、战略性和前瞻性的重大水利科技问题。 各流域机构创新机制，形成了不同形式的流域创新中心，太湖局联合相关单位发起成立太湖水科学研究院，长江委推动组建长江治理与保护科技创新联盟，着重解决流域重大水利科技问题。 各地主要依托省级水利科研院所，加强了地方水利科研创新中心和科研基地建设。

截至 2019 年，已建成 2 个国家重点实验室、2 个国家工程中心以及 10 个部级重点实验室、13 个部级工程中心，形成了较为完善的水利科技创新平台体系。2 个国家重点实验室先后被科技部评估为优秀，部分实验室和工程中心的综合科研能力已达到国际先进水平。

3. 水利科技创新环境不断优化。 2011 年中央 1 号文件《中共中央 国务院关于加快水利改革发展的决定》对水利科技创新提出明确要求。 为加强水利科技创新能力，水利部制定了《"十二五"水利科技发展规划》《"十三五"水利科技创新规划》，出台了《关于实施创新驱动发展战略 加强水利科技创新若干意见》《关于促进科技成果转化的指导意见》等政策文件，指导和推动水利科技创新，完善加强水利科技项目与经费管理、科研诚信制度等规章制度，充分调动科研单位和科研人员的积极性。

近年来，水利科技投入持续提高。 据统计，"十一五"中央财政水利科技投入约 38 亿元，是"十五"的 2.6 倍。"十二五"中央财政水利科技投入进一步加大，年均达 12 亿元，是"十五"的 4 倍。"十三五"科技计划体制改革后，年度水利科技投入达到年均 14 亿元，为水利科技创新提供了坚实保障。

4. 水利标准化工作成效显著。 从新中国成立至今，共发布五版《水利技术标准体系表》。 现行有效水利技术标准共 854 项，为水利中心工作提供了坚实的技术支撑。 大力推进水利标准化改革，研究提出 10 项强制性水利技术标准。 免费向社会公开了含强制性条文的水利行业标准文本。 优化完善推荐性标准体系，推进水利行业"强监管"标准编制。 加强团体标准的规范、引导和监督，中国水利学会发布的《农村饮水安全评价准则》被三部委采信。 标准国际化取得突破，2019 年水利部、国家标准委、联合国工发组织共同签署《关于协同推进小水电国际标准的合作谅解备忘录》，联合国工发组织正式发布由我部主导编制的系列国际标准《小水电技术导则》，国际标准化组织发布其中的术语和选点规划两本国际标准，这是我国制定的第一个"国际标准化组织"/"国际研讨会协议"标准。 翻译完成的 40余本标准在亚非拉国家诸多领域得到应用，为我国水利技术输出和企业开拓国际市场奠定了基础。

5. 水利资质认定等技术监督工作持续推进。 通过国家级计量认证质检的机构达 93 家，组建了一支由 98 名具备国家级实验室资质认定评审员组成的国家计量认证水利评审组。 组织对 877 家企业开展节水产品认证，共计发出证书 3235

张；对 425 家企业开展质量管理体系认证，共计发出证书 912 张。 现有 75 种国家有证标准物质，直接服务于最严格水资源管理目标考核。

三、展望

下一步，水利国际合作与科技工作要以习近平新时代中国特色社会主义思想为指导，坚持"十六字"治水思路，紧紧围绕水利改革发展总基调，全面构建国科业务"补短板、强监管"的制度体系和工作格局，推动各项工作迈上新台阶，取得新突破。

（一）水利国际合作

水利国际合作工作要围绕中国特色大国外交，统筹利用国内国外两个市场、两种资源，坚持"引进来、走出去"并重，打造人类命运共同体和全球伙伴关系。 一是继续深化水利双多边合作，参与国际涉水规则制定，积极推进中国水外交，进一步扩大中国水利的国际影响力。 二是加强与"一带一路"沿线国家的务实合作，抓好规划和重点任务落实。 三是稳步推进与周边国家跨界河流固定机制合作，进一步提升互利共赢合作水平，努力将跨界河流打造成合作之河、友谊之河、繁荣之河。 四是不断提升外事管理工作水平，强化外事制度建设，继续加强因公出国（境）管理，全面提升外事队伍能力和水平。

（二）水利科技与技术监督

科技创新是水利事业发展的引擎和动力，面对新时代、新形势、新任务和新要求，一是要坚持长远目标与阶段任务相衔接，牢牢把握水利科技创新的前进方向，进一步明确未来一个时期水利科技创新的目标任务，力争尽快实现重大突破。 二是要坚持战略研究与基础研究相结合，把水利科技创新与落实新发展理念、推动高质量发展、打好"三大攻坚战"等紧密结合起来，加强事关国家重大战略的水安全保障研究。 三是要坚持科研攻关与成果应用相统一，加大先进实用技术和产品研发力度，加强科技成果推广应用和技术服务。 四是围绕水利改革发展总基调，加快标准提档升级，形成完善的标准化工作管理体系、技术标准体系和标准实施监督机制。 大力推进国际标准化，全面提升标准化基础能力水平。

撰稿人：王 伟 郝 钊 田庆奇

审稿人：刘志广

围绕中心　建设队伍　服务群众
为水利改革发展提供坚强保证

水利部直属机关党委

2019 年是新中国成立 70 周年。70 年来，在水利部党组的正确领导和带领下，水利部直属机关党的建设紧紧围绕水利改革发展大局，牢牢把握围绕中心、建设队伍、服务群众的核心任务，坚持党要管党、全面从严治党，深入推进党的政治建设、思想建设、组织建设、作风建设、纪律建设，把制度建设贯穿其中，深入推进反腐败工作，充分发挥基层党组织战斗堡垒作用和党员先锋模范作用，为水利改革发展提供了坚强保证。在新中国成立 70 周年之际，回顾总结水利部机关党的建设基本经验，深化对直属机关党的建设工作规律的认识，对于我们深入学习贯彻习近平新时代中国特色社会主义思想，在新的历史起点上坚定不移推进全面从严治党、不断提高机关党的建设科学化水平，建设让党中央放心、让人民群众满意的模范机关，具有十分重要的意义。

一、必须把讲政治放在首位，坚决做到"两个维护"

讲政治是共产党人的立身之本，也是马克思主义政党的突出特点和优势。70 年来，我们始终把讲政治摆在首位，时刻绷紧政治之弦、校准政治之标，凡是党中央作出的重大决策部署，第一时间以党组会、中心组学习会、党建工作联席会等形式传达学习、贯彻落实，自觉在思想上政治上行动上同以习近平同志为核心的党中央保持高度一致。党的十八大以来，我们进一步提高政治站位、强化政治建设，教育引导各级党组织和广大党员干部坚决维护习近平总书记党中央的核心、全党的核心地位，坚决维护党中央权威和集中统一领导，坚决贯彻落实党中央决策部署和习近平总书记重要指示批示，确保中央政令畅通。首抓对党忠诚教育，严明党的政治纪律和政治规矩，严肃党内政治生活，开展政治巡视排查防范政治风险，弘扬积极向上的党内政治文化；加强党员党性锻炼，不断提高党员干部政治觉悟和政治能力，增强政治担当的意识和本领，永葆共产党人政治本色。

70 年的历史启示我们，切实履行好全面从严治党责任、不断提高机关党的建设科学化水平，必须把讲政治放在首位，以党的政治建设为统领，教育引导党员干部牢固树立"四个意识"，坚定"四个自信"，坚决做到"两个维护"，不折不扣贯彻落实好党中央各项决策部署，把政治标准和政治要求贯穿党的建设和各项业务工作全过程各方面，建设让党中央放心、让人民群众满意的模范机关。

二、必须强化思想理论武装，始终保持正确前进方向

从思想上建党是保持中国共产党根本性质和前进方向的内在要求。70 年

来，我们始终坚持用马克思主义科学理论对党员干部进行教育和武装，认真贯彻落实党的理论创新每前进一步、党的理论武装工作就跟进一步的要求。坚持把集中学习教育和经常性工作有机结合，扎实开展保持共产党员先进性教育活动、深入学习实践科学发展观活动、党的群众路线教育实践活动、"三严三实"专题教育、"两学一做"学习教育以及"不忘初心、牢记使命"主题教育，形成了坚持不懈抓思想建设的良好态势。党的十八大以来，我们充分发挥党组中心组示范引领作用，通过理论讲座、专题研讨、集中培训、巡回宣讲、主题联学等多种形式，深入开展习近平新时代中国特色社会主义思想学习教育。特别是进入新时代，重点学习习近平总书记治水重要论述，教育引导党员干部准确把握新时期"十六字"治水思路的丰富内涵和实践要求，增强贯彻落实的坚定性自觉性。

2019 年 4 月 11 日，水利部召开余元君同志先进事迹报告会

70 年的历史启示我们，切实履行好全面从严治党责任、不断提高机关党的建设科学化水平，必须始终牢牢抓住思想教育这个根本，依托基层党组织，面向全体党员，运用好日常的学习载体和教育方式，推动理论学习常态化经常化。当前最重要的就是要学深悟透习近平新时代中国特色社会主义思想，持续深入学习习近平总书记治水重要论述，把学习成效转化为推动水利改革发展的实际成效。

三、必须狠抓基层组织建设，切实推动基层党建全面过硬

基层党组织是我们党执政的根基，重视党的基层组织建设也是我们党的组织优势和优良传统。70 年来，我们始终坚持夯实党的基层组织建设，加强党员干

部队伍建设，确保党的路线方针政策和水利部党组决策部署在基层落地落实。党的十八大以来，我们成立党建工作领导小组，建立党建工作联席会议制度；健全各级党组织机构和人员配置，抓好党组织书记党建能力培训和考核；开展党支部达标创优活动，推进党支部标准化、规范化建设；严肃党内政治生活，落实领导干部双重组织生活、"三会一课"、主题党日、谈心谈话、民主评议党员、党员党性定期分析等制度；探索加强党员教育管理的新方法，完善党内激励关怀帮扶机制。目前，水利系统近 2800 个党组织、4.6 万名党员，在水利改革发展中充分发挥了党支部的战斗堡垒作用和党员干部的先锋模范作用，夯实了党在水利系统领导地位的组织基础。

70 年的历史启示我们，切实履行好全面从严治党责任、不断提高机关党的建设科学化水平，必须牢固树立大抓基层的鲜明导向，以提升组织力为重点，强化基层党组织政治功能，健全基层组织，优化组织设置，创新活动方式，推动基层党建全面进步、全面过硬，把基层党组织的创造力战斗力凝聚力激发出来，把党员干部干事创业的积极性主动性创造性激发出来。

四、必须驰而不息纠正"四风"，大力弘扬良好部风行风

党的作风就是党的形象，关系人心向背，关系党的生死存亡。70 年来，我们始终坚持全心全意为人民服务的根本宗旨，牢固树立作风建设永远在路上的思想，抓常落细作风建设，推动水利系统党风政风持续好转。党的十八大以来，我们把加强作风建设摆在更加突出位置，严格执行中央八项规定及其实施细则精神，聚焦隐形变异"四风"问题，对歪风陋习露头就打，对顶风违纪行为严肃查处、通报曝光，用铁的纪律整治有令不行、有禁不止和顶风违纪行为，坚决防止"四风"问题反弹回潮。制定贯彻落实中央八项规定精神实施办法，开展形式主义官僚主义集中整治，大力弘扬"忠诚、干净、担当，科学、求实、创新"的新时代水利精神，加强廉政警示教育，不断巩固和拓展作风建设成果，以作风建设新成效推动水利改革发展新跨越。

新时代水利精神

70 年的历史启示我们，切实履行好全面从严治党责任、不断提高机关党的建设科学化水平，必须深入持久狠抓作风建设，把整治"四风"作为加强作风建设的重要切入点，用燕子垒窝的恒劲、蚂蚁啃骨的韧劲、老牛爬坡的拼劲把纠正"四风"进行到底，切实改作风、树新风、正部风，以良好的部风行风为新时代水利改革发展营造风清气正、担当作为的良好生态。

五、必须严明党的各项纪律，深入推进反腐败工作

党风廉政建设和反腐败斗争是党的建设的重大任务，既是攻坚战，也是持久战。70年来，我们始终坚决贯彻落实党中央部署，严明党的纪律规矩，深入开展反腐败工作，建立健全反腐败的监督机制。党的十八大以来，我们每年都对党风廉政建设和反腐败工作进行专门研究，建立健全党组统一领导、纪检部门组织协调、业务部门各负其责、干部群众广泛参与的反腐败领导体制和工作机制；强化水利廉政风险防控，出台覆盖所有水利业务管理领域的廉政风险防控手册；制定出台加强中小型水利工程建设管理防范廉政风险的指导意见等文件，切实加强水利行业监管；充分发挥巡视巡察利剑作用，严肃查处各类违纪行为；正确运用监督执纪"四种形态"，保持党规党纪刚性约束，水利党风廉政建设和反腐败工作取得明显成效。

70年的历史启示我们，切实履行好全面从严治党责任、不断提高机关党的建设科学化水平，必须坚决落实党中央全面从严治党的决策部署，聚焦监督执纪问责，加强日常纪律教育和警示教育，强化巡视监督，坚持惩防并举、标本兼治，始终保持惩治腐败高压态势，把党风廉政建设和反腐败斗争不断引向深入，为新时代水利改革发展提供坚强纪律保障。

六、必须发扬改革创新精神，不断探索水利特色党建道路

与时俱进、改革创新，是推进党的建设不断发展的动力源泉。70年来，我们始终紧紧围绕党中央关于党的建设重要部署，立足水利工作实际，深化对水利党建特点规律的认识，制定符合水利党建实际情况的政策措施。党的十八大以来，我们以党的创新理论为指导，深入调查研究，把机关党建工作中形成的好经验、好做法上升为制度规定，健全内容科学、程序严密、配套完备、运行有效的机关党建制度体系；增强党建工作时代性，运用新媒体新手段开展党建工作，拓展网上学习宣传、教育监督功能，总结提炼党建工作法，探索适应时代要求、具有水利特色的党建工作新模式，使机关党建始终体现时代性、把握规律性、富于创造性。

70年的历史启示我们，切实履行好全面从严治党责任、不断提高机关党的建设科学化水平，必须大力弘扬改革创新精神，紧贴形势任务、紧贴水利实际、紧贴工作实践，在强化和改进党的建设上下功夫，努力探索具有水利特色的党建工作路子，使党中央关于党的建设各项部署真正在水利系统落地生根、开花结果。

撰稿人：况黎丹 罗晓旭 李 敏
审稿人：唐 亮 王卫国

守护一江清水　服务流域发展

水利部长江水利委员会

长江是中华民族的母亲河，也是中华民族发展的重要支撑。新中国成立 70 年来，在党中央和国务院的亲切关怀下，在水利部的坚强领导下，长江水利委员会（简称"长江委"）把为党和人民守护好长江作为职责使命，矢志不渝地推进长江治理与保护，有力支撑保障了流域社会经济发展。

一、回顾 70 年治江工作取得的突出成效

长江委自 1950 年 2 月成立以来，始终围绕长江的治理、开发与保护，不断强化防洪减灾体系、水资源综合利用体系、水资源与水生态环境保护体系和流域综合管理体系建设，着力提升治江支撑能力，取得了显著的工作成效。

（一）坚持以人为本，着力构建防洪减灾体系，确保了大江安澜

新中国成立前，长江流域防洪标准低，洪涝灾害频发。目前，长江流域已基本形成了以堤防为基础、三峡水库为骨干，其他干支流水库、蓄滞洪区、河道整治工程及防洪非工程措施相配套的防洪减灾体系。长江堤防防护能力全面提升，1998 年长江特大洪水之后中央投资的中下游堤防加高加固项目基本完成达标，流域现有堤防总长 6.4 万公里，其中长江中下游干流堤防 3900 余公里。截至 2011 年，共修建了大中小型水库约 5.2 万座，总库容约 4141 亿立方米，是世界上规模最大的水库群，建成了长江三峡、汉江丹江口、嘉陵江亭子口、乌江构皮滩等一大批防洪控制性水库，基本完成了流域大型和重点中型病险水库除险加固任务。先后完成荆江分洪工程等一大批蓄滞洪区建设项目，目前已建和规划安排了长江中下游蓄滞洪区 42 处，蓄洪容积达 589.7 亿立方米。流域水文测报站网体系不断完善，流域内已建成报汛站点接近 30000 余个，其中水文（水位）站约 1700 个，水库站约 800 个，洪水预报方案已覆盖整个流域，预报精度可满足防汛和水资源管理需求，为水旱灾害防御提供了有力技术支撑。成功应对了 1954 年和 1998 年流域性大洪水、1981 年上游大洪水、2017 年中游型大洪水、2006 年川渝大旱、2018 年金沙江白格堰塞湖险情等历次灾害，最大限度减轻了灾害损失。与新中国成立时相比，年均受灾面积、受灾人口分别减少 72％、33％，2018 年长江流域因灾死亡仅 28 人，为历史最低。昔日桀骜不驯、灾害频发的长江已逐渐成为一条洪行其道、惠泽人民的安澜巨川。

（二）坚持合理利用，着力构建水资源综合利用体系，增进了民生福祉

旧中国长江水资源的开发利用不仅规模小，而且进展慢。经过近70年努力，流域先后建成了一大批大型水利水电工程，水资源综合利用能力显著提升。长江水电开发成效显著，流域已建和在建规模以上（装机容量≥500千瓦）水电站总装机容量达2.2亿千瓦，每年提供的水电清洁能源近8000亿千瓦时，居世界河流首位。城乡供水保障体系已初步建立，2018年总供水量达到2071.7亿立方米，解决了1.9亿农村人口饮水安全。农田水利工程基础不断夯实，流域内灌溉体系基本形成，建成灌区15.6万处，有效灌溉面积达2.45亿亩，其中高效节水灌溉面积达2355万亩。水资源优化配置能力大幅提升，我国重大战略性基础工程南水北调中、东线顺利建成通水，截至2019年12月12日，南水北调中线一期工程通水五周年，累计向北方供水超过260亿立方米，显著改善了沿线居民用水水质和区域生态环境，创造了长距离大规模调水工程成功建设的世界奇迹。长江已成为我国水资源配置的战略水源地、重要的清洁能源战略基地、横贯东西的"黄金水道"，以全国18.8%的国土面积，生产了全国33%的粮食，养育了全国32%的人口，创造了全国34%的国内年产总值，提供了全国36.5%的水资源、48%的可开发水能资源、52.5%的内河通航里程。

（三）坚持协调发展，着力构建水资源与水生态环境保护体系，促进了人水和谐

长江委始终高度重视长江保护工作，在20世纪50年代开始依托水文站点探索性地开展了一些基础性的水化学监测工作，20世纪70年代专门成立了水资源保护机构，在《长江流域综合利用规划简要报告》（1990年修订）中首次提出了水资源保护和环境影响评价内容，21世纪初提出了"维护健康长江，促进人水和谐"的治江理念，在70年治江实践中，坚持治理与保护并重、生态与发展协调。党的十八大以来，我们加快推进流域水生态环境保护。在水资源管理方面，以用水总量控制为目标，以重大工程取水许可管理和河流水量分配为抓手，不断强化流域水资源管理，积极推进流域节水型社会建设。制定流域重要跨省江河水量分配方案9个，完成了长江流域各计算单元的用水总量控制指标分解，完成了全国唯一以流域为单元的汉江流域加快实施最严格水资源管理制度试点工作。在水资源保护方面，初步建立了以水功能区管理为基础的水资源保护管理体系，

基本建成了覆盖长江流域干支流主要江河、湖泊和水库等水体 4500 多个断面的水环境监测网络，已实现 152 个重要控制断面在线监管，开展了三峡库区、丹江口水库等流域重点区域富营养化、水生态监测及汉江藻类异常监测等工作。2017 年干支流水质符合或优于 Ⅲ 类水河长占 83.9%，水质总体上保持良好状态。在水土保持方面，1989 年启动长江上游水土保持重点防治工程，2013 年流域水土流失面积实现了由增到减的历史性转变，目前长江流域累计治理水土流失面积超过 43 万平方公里。在水生生物保护方面，促进鱼类自然繁殖，维护生物多样性，自 2011 年起连续 7 年开展三峡等水库生态调度试验，开展了金沙江中游首次圆口铜鱼增殖放流、丹江口水库首次鱼类增殖放流，水生态环境治理修复工作成效初显。

（四）坚持依法依规，着力构建流域综合管理体系，取得了监管实效

1988 年《水法》实施后，长江委相继承担了长江流域和西南诸河范围的水行政管理职能。经过多年努力，流域法制建设不断推进，《长江保护法》出台指日可待，《长江河道采砂管理条例》等一批涉水法规和规范性文件颁布实施。流域管理与区域管理相结合的管理体制不断完善，长江委立足"共"字做文章，相继与交通运输部长江航务管理局、农业农村部长江办、水利部太湖流域管理局、湖北省检察院签署共同行动协作方案，召集 48 家单位成立长江治理与保护科技创新联盟，在保护协作、规划协调、联动执法、技术协同、信息共享等方面初步建立了跨部门跨区域合作机制。流域规划体系不断健全，长江委 3 次编制或修订长江流域综合规划，组织编制了 44 项主要支流湖泊综合规划和 29 项专业规划以及 32 项专项规划，形成了以流域综合规划为龙头，主要支流综合规划和专业规划为骨干，专项规划为补充的流域规划体系，为流域节约保护、开发利用水资源和防治水害提供了科学基础和依据。水资源统一管理和调度水平不断提升，长江上中游 40 座控制性水库在内的 100 座水工程纳入联合调度，通过优化调度，三峡水库连续 10 年实现 175 米试验性蓄水目标，取得了巨大的防洪效益，实现了发电、供水、航运、生态、应急等综合效益多赢。河湖保护管理不断强化，积极推动河长制湖长制从"有名"向"有实"转变，河湖水域岸线得到有力管控，开创了"法律为依托、政府负总责、水利为主导、部门相配合"河道采砂管理的"长江模

长江流域综合规划

召集48家单位成立长江治理与保护科技创新联盟

式"，实现了长江河道采砂由乱到治的根本转变，呈现总体可控、稳定向好的局面。　监督检查工作全面强化，切实落实水利部强监管工作要求，近年来先后开展了长江岸线利用项目和固体废物清理整治督查、小型水库安全运行专项督查等一批声势浩大的监督检查活动。　水行政执法不断规范，水行政审批制度改革不断深入，涉水事务管理能力明显加强。

（五）坚持人才强委，着力构建科技创新机制，强化了支撑能力

"长江葛洲坝二、三江工程及其水电机组"荣获首届国家科技进步奖特等奖

治江人才队伍不断壮大，长江委成立初期，只有职工2658人，经过70年的发展，现有在职职工1.5万人，各类专业技术人才7600多人，其中中国工程院院士3人，累计入选全国工程勘察、设计大师9人，新世纪百千万人才工程国家级人选4人，荣获首届全国创新争先奖状2人。　掌握了一批国际领先的核心技术，成功设计了以三峡工程、南水北调中线工程等为代表的举世闻名的工程，荣获国家级、省部级奖励700余项，申请获批各类专利近700项，"长江葛洲坝二、三江工程及其水电机组"荣获首届国家科技进步奖特等奖，"三峡工程大江截流设计"

荣获国家优秀工程设计金奖，近 5 年连续摘得菲迪克国际大奖，设计的三峡升船机是目前世界上规模最大、技术最复杂的升船机。 建立了一批科研平台，已建有 1 个国家工程技术研究中心、1 个国家国际科技合作基地、1 个国家级绿色数据中心、1 个国家引才引智基地、4 个省（部）重点实验室、6 个省（部）工程技术研究中心、2 个水利部科技推广示范基地。 提升了治江基础支撑条件，118 个水文中央报汛站率先在全国实行雨量和水位报汛自动化，建成了集水量、水质、水生态、泥沙于一体的综合站网体系，各类监测站点达 6804 个，信息化建设加快推进，长江委"水利一张图"平台得到广泛应用。 加强了水利国际合作交流，目前与 60 多个国家、地区和国际组织开展了广泛科技交流与合作，成立了澜湄水资源合作中心，长江水利水电工程咨询服务、水文监测预警和水生态环境保护等业务遍布 50 多个国家和地区。

在做好治江工作的同时，长江委自身也实现了大发展，全面从严治党各项工作深入推进，企事业单位实力不断增强，"团结、奉献、科学、创新"的长江委精神不断凝练，并先后荣获"全国文明单位""全国五一劳动奖状"等荣誉。

回顾 70 年来治江事业发展的历程，治江工作各项业绩的取得最根本在于党中央的坚强领导，在于治水治江思路的科学指引，在于水利部党组的正确领导，在于流域各地的大力支持，在于一代代治江工作者的接力奋斗，这些宝贵的经验必须在下一步工作中继续坚持和发扬。

建成集水量、水质、水生态、泥沙于一体的综合站网体系

二、明确新时代治江工作目标任务

当前治江形势已经发生了深刻变化，习近平总书记高度关注长江保护发展，专程考察长江，两次主持召开推动长江经济带发展座谈会并发表重要讲话，强调当前和今后相当长一个时期，要把修复长江生态环境摆在压倒性位置，共抓大保护，不搞大开发。 为推进长江流域经济社会发展提供了根本遵循，指明了前进方向，治江事业已经进入了崭新的历史时期。 认清当前形势，找准时代坐标，有助于我们了解自己从哪里来，知道自己该往哪里去。

（一）把握历史新方位，解决"在哪里"的问题

首先，治江主要矛盾发生转变，从流域人民群众对除水害兴水利的需求与水利工程能力不足之间的矛盾，转变为流域人民群众对水资源水生态水环境的需求与水利行业监管能力不足之间的矛盾。 需要我们加强监管能力建设，强化监管措施手段，以完善的法制、协调的机制、现代的设施，全面提高科学监管水平。 其次，破解水问题途径发生转变，从解决单一的水灾害老问题，转变为统筹解决水灾害频发、水资源短缺、水生态损害、水环境污染等新老水问题。 需要我们正确处理好长远与当前、保护与发展、整体与分步、建设与管理、总体与局部五个关系，全面提升流域水安全保障能力和流域水利现代化水平。 第三，治江工作重心发生转变，从改变自然、征服自然，转变为规范人的行为、纠正人的错误行为。 需要我们扭转长期以来以工程建设为中心的治江思路，依靠行政的、法律的、经济的、科技的手段，通过法制、体制、机制等方面的改革创新，彻底解决长江流域水利改革发展不协调、不充分的问题。

（二）领会时代新要求，解决"做什么"的问题

一要贯彻落实新时期治水思路，以"十六字"治水思路为治江工作的科学指南和根本遵循，谋划好新时代长江水利改革发展宏伟蓝图，大力推进以水生态环境保护为重点的"四大体系"建设。 二要全力推进长江经济带发展，始终坚持生态优先、绿色发展的战略定位，始终坚持山水林田湖草是一个生命共同体的系统思维，始终坚持"共抓大保护、不搞大开发"的正确导向，把保护和修复长江生态环境摆在治江工作的首要位置，积极探索符合长江实际的生态文明建设之路。 三要积极践行水利改革发展总基调，正确处理"补"与"强"、"上"与"下"、

三峡大坝全貌

"总"与"分"、"标"与"本"的关系，确保补短板到位、强监管有力，统筹解决治江主要矛盾和新老水问题。 四要大力弘扬新时代水利精神和长江委精神，使之成为我们共同的价值观念、精神追求和行为准则，不断汇聚推进水利改革发展的磅礴力量。

（三）明确前进新目标，解决"怎么做"的问题

在治江理念上，由开发中保护向保护中发展转变，实现以保护为前提的高质量可持续发展。 在治江工作定位上，始终坚持"抓保护促发展、补短板强监管"。 在治江目标上，统筹推进"安澜长江、绿色长江、和谐长江、美丽长江"建设。 到 2020 年，流域水旱灾害防御能力与城乡供水保障能力进一步提高，水资源配置和高效利用体系初步建立，水生态文明与河湖健康保障格局基本形成，水生态环境明显改善，流域综合管理水平显著提升，建成与全面小康社会相适应的流域水安全保障体系。 到 2035 年，流域防洪安全和城乡供水安全全面保障，水资源节约利用水平显著提高，节水型社会全面建立，水生态环境状况全面改善，现代水利基础设施网络全面建成，流域综合管理水平全面提升，建成与基本实现社会主义现代化相匹配的流域现代水治理体系。 到本世

纪中叶，流域水利现代化全面实现，水安全保障水平全面提升，水资源保护、节约、利用、管理水平位居世界前列，安澜绿色和谐美丽长江总体目标全面实现。

三、开启新时代治江工作新征程

我们要以习近平新时代中国特色社会主义思想为统领，落实好党中央决策部署，落实好水利部工作要求，深入践行新发展理念，推动流域高质量发展。重点抓好以下几方面工作。

（一）补齐补强短板

抓紧补齐水旱灾害防御短板，加快连江支堤和支流、湖泊重要堤防达标建设，加快蓄滞洪区建设和长江上中游控制性水库建成后蓄滞洪区布局调整，加快干支流河道整治，强化崩岸治理和岸线守护，加快山洪灾害防治、城市防洪排涝、病险水库和水闸除险加固工程建设，健全减灾管理体系，健全监测体系，提高预警水平，强化洪水风险管理，完善协调机制，强化信息共享和联合会商，加强控制性水工程联合调度与管理。抓紧补齐供水安全保障短板，继续推进水源工程建设，在用水紧张的上中游地区继续推进建设中小型蓄水水库，推进滇中引

长江防洪预报调度系统

水、引江济淮、鄂北水资源配置等大型骨干水资源配置工程建设，推进长江委定点帮扶的地区人饮安全巩固提升。抓紧补齐生态修复短板，推进重要水域生态修复，建设江河湖库水资源保护带和生态隔离带，维系优良生态，加快推进长江中下游通江湖泊生物通道恢复等示范工程建设，深化生态补偿机制研究。抓紧补齐流域信息化建设短板，推进长江流域控制性水利工程综合调度系统建设，加快推进长江流域控制断面监督管理监测能力建设，推进建设长江流域水安全大数据中心，推动建立全流域共建共享的数据库或数据平台，建立各类监测监控指标体系及评估控制标准。

（二）从严从实监管

强化节约用水，实施国家节水行动，加强用水定额与计划用水管理，大力推进农业工业等重点领域节水减排。落实最严格水资源管理制度，推进水资源消耗总量与强度双控，开展水资源承载能力评价，建立水资源承载能力监测预警机制，坚持以水定城、以水定地、以水定人、以水定产，倒逼产业转型升级，严格

长治工程秭归县兰陵溪小流域综合治理

开展采砂管理专项执法行动

开展长江干流岸线保护和利用专项
检查行动重点核查

河湖生态流量和水量控制管理，强化重点监测断面和重要水工程最小下泄流量监管。 加强河湖岸线管理和保护，严格水生态空间管控，加强水土流失预防监督和综合整治，保持对非法采砂高压严打态势，完善生态水量监测预警机制，保障河湖生态水量，积极探索岸线资源有偿使用制度。 强化水生态环境保护，持续推进长江打击非法采砂、长江干流岸线、河湖"清四乱"、小水电清理整改、流域取水工程（设施）核查登记等专项行动，强化监督问责，落实整改措施，紧盯人为水土流失监管，实现生产建设项目监管全覆盖，推动流域水生态环境状况持续好转。

（三）提升管理水平

加强流域统筹协调，推动建立联席会议制度，加强流域水生态环境保护与涉水事务管理的高位推动和协调，强化涉水管理部门协调联动，不断提升共抓长江大保护合作的广度和深度，建好用好长江治理与保护科技创新联盟这一平台。 推进流域综合管理，重点强化流域统一监测、统一规划、统一调度和统一监管，推进形成社会共治。 健全流域法规体系，积极促进《长江保护法》早日出台，推动水资源保护、水工程联合调度、岸线利用等相关配套法规的出台实施，建立健全公众参与机制。 科学优化配置水资源，推进流域主要江河水量分配方案、水量调度方案和调度计划制定全覆盖，优化水资源配置工程布局，推进重点水源工程和重大引调水工程建设，强化流域水资源统一调度管理。

（四）加快自身发展

推动全面从严治党向纵深发展，开展"不忘初心、牢记使命"主题教育，严明政治纪律政治规矩，夯实党建基础工作，强化党风廉政建设，为新时期治江工作提供坚强的政治保障。 推进长江委内部协同发展，践行"全委一盘棋、共谋新发展"治江兴委理念，逐步建立全委协同、可持续发展机制，把握流域机构改革的契机，调整优化机关部门、委属单位的职责定位和发展方向，建立全委权威高效、协调统一、科学规范、运行有效的管理体系，不断增强全委整体经济实力。提升科技创新能力，加强治江重大问题研究，加强科研基础设施能力建设，切实强化科技成果质量管理，促进科技成果转化及技术推广。 打造优秀干部人才队伍，不断完善干部选拔培养、考核评价和激励容错机制，进一步完善治江高级人

加高后的丹江口水库大坝

才培养选拔机制，加强优秀管理人才、学科领军人才、科技骨干人才和高级技能人才的培养。深化国际交流合作，服务国家战略和外交大局，助力"一带一路"倡议，积极参与全球水治理，贡献更多的长江方案，提升长江水利的国际知名度和影响力。加强单位文化建设，大力弘扬新时代水利精神和长江委精神，深入开展精神文明创建，着力加强水文化建设，不断增强使命感、自豪感、归属感、获得感、幸福感，凝聚起全委广大干部职工的智慧和力量。

回望来路，初心不改，面对未来，使命在肩。在水利部的坚强领导下，长江委将当好新时代长江忠实的守护者和长江大保护的先行者，全力建设安澜长江、绿色长江、和谐长江、美丽长江，为流域经济社会高质量发展提供更加坚强有力的水利支撑与保障。

撰稿人：邓涌涌

审稿人：马建华

人民治理黄河创造前无古人的
光辉业绩

水利部黄河水利委员会

九曲黄河、跌宕万里，贯穿古今历史，滋养生灵万物，是一条令人崇敬的母亲之河、生命之河、文化之河。 同时，黄河也是一条以善淤善决善徙，旱涝灾害频发闻名于世的忧患之河。 漫长的历史时期，沿黄广大劳动人民为根除黄河水旱灾害进行了艰苦的探索和实践，但受生产力水平制约和社会制度束缚，或是河政松懈废弛、或是治理措施顾此失彼， 黄河为患不止，给两岸人民带来深重灾难。

1949 年，中华人民共和国成立，开启了黄河治理的新纪元。 70 年来，在党和政府的坚强领导下，沿黄军民团结一心、艰苦奋斗，谱写了治黄历史上最具风采的一章。 治黄基础保障能力不断迈上新的台阶，治黄各项建设实现了从量变到质变的重大飞跃，创造了 70 年伏秋大汛不决口的历史奇迹，黄河成为中国粮仓丰廪的重要保障，国家能源安全的重要支撑，流域生态环境改善的定盘星，为世界大河治理与保护树立了典范，为"让黄河成为造福人民的幸福河"打下了坚实的基础。

一、黄河频繁决口改道的历史彻底改写

据不完全统计，公元前 602—1938 年的 2540 年间，黄河下游决口 1590 余次，改道 26 次。 据记载，1840—1938 年的 99 年间，有 66 年发生洪水灾害，无一幸免都决口。 每次决口，水沙俱下、河渠淤塞、良田沙化，生态环境长期难以恢复。

新中国成立以后，党和国家高度重视黄河水患治理。 1952 年毛泽东同志第一次出京视察就是看黄河，发出了"要把黄河的事情办好"的伟大号召。 邓小平、江泽民、胡锦涛等党和国家领导人都曾亲临黄河视察。 2019 年，习近平总书记接连考察黄河兰州段、郑州段，亲自主持召开座谈会，从中华民族伟大复兴和永续发展的千秋大计出发，擘画黄河流域生态保护和高质量发展重大国家战略，发出了"让黄河成为造福人民的幸福河"的伟大号召。

70 年来，依靠优越的社会主义制度，黄河防汛的组织动员能力大大提升，形成了强大的军民联防合力。 国家还投入大量人力、物力、财力，全力改变防洪工程赢

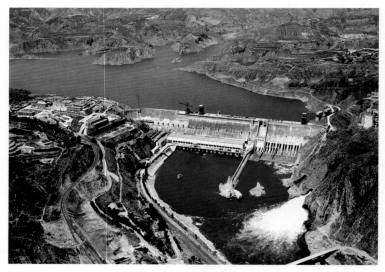

三门峡水利枢纽

黄河下游标准化堤防

弱、隐患众多的局面，先后进行四次堤防加高培厚，自上而下开展了河道整治，对河口进行了治理。 加固堤防 1371.1 公里；整治险工 147 处，坝垛 5400 多道；建设控导护滩工程 234 处，坝垛 5300 多道。 建设了万里黄河第一坝——三门峡水利枢纽；打造了世纪工程小浪底水利枢纽；建设了支流沁河河口村、伊河陆浑、洛河故县等水库，开辟了北金堤、东平湖等分滞洪区，基本建成了"上拦下排、两岸分滞"的防洪工程体系。 通过水库联合调度，可将黄河下游千年一遇洪水洪峰流量削减至 22600 立方米每秒，下游凌汛威胁基本解除。 新中国成立初期，流域各类水文站点仅有 200 余处。 目前已建成雨量、水位、流量、水质等水文站点 6000 余处，构建了布局合理、功能完善的水文监测站网。 形成了科学合理、实用高效的预测预警预报体系，水情报汛 30 分钟到报率达到 95% 以上，建成了现代化的防汛决策支持等系统。 探索水沙联合调度模式，在确保防洪安全的同时实现了多赢目标。 开展 19 次调水调沙，稳定了中水河槽，遏制了下游河道淤积抬高步伐。

　　新中国成立前后遭遇同量级大洪水结果截然不同。 如 1933 年 8 月下游发生 22000 立方米每秒的大洪水，两岸 60 多处决口，豫、鲁、冀、苏四省 6592 平方公里、273 万人受灾。 1958 年下游发生 22300 立方米每秒洪水，200 万军民联合奋战，在未分洪的情况下战胜洪水。 1935 年发生 14900 立方米每秒的大洪水，造成鲁、苏两省 12215 平方公里、341 万人受灾。 1982 年发生 15300 立方米每秒的大洪水，30 万军民全力抗洪，堤防安全未决。 新中国成立后，依托黄河防洪减淤工程体系，以及科学调度和严密防守，战胜历次超过 10000 立方米每秒的大洪水，黄河大堤安然无恙，下游频繁决口改道的历史，一去不再复返。

二、黄河流域大旱大灾问题得到有效解决

历史上黄河流域旱灾频发，有"十年九旱"之说。"水灾一条线、旱灾一大片"，大旱导致大灾成为常态。 1368 年至 1949 年的 582 年间，有"人相食，饿殍盈野，死者枕藉"等记述的大旱灾 61 年，平均 9.5 年一遇。 如 1942 年中原大旱，河南境内夏秋两季大部分地区庄稼绝收。 据不完全统计，全省因灾饿死 300 万人，逃离家园 300 万人，濒于死亡等待救济者 1500 万人。

新中国成立前，多数灌区设施简陋，工程不配套。 技术手段落后加之下游是地上悬河，在大堤上开口子引黄，想都不敢想。 新中国成立后，除害兴利并举，开展了空前规模的水利基础设施建设。 人民胜利渠在下游首开开闸取水先例，一大批引黄涵闸陆续建成投入使用。 盐环定、景泰川等引黄提灌工程建成通水，极大缓解了沿河干旱地区缺水问题。 黄河流域及下游引黄灌溉面积增长到 1.26 亿亩，为新中国成立初期的 10 倍。 新中国成立前，黄河干流上没一座水库，新中国成立后，结束了无坝引水的历史。 建成龙羊峡、刘家峡、小浪底等干流水利枢纽，总库容超过 580 亿立方米，流域内建成蓄水工程 1.9 万座，有效调节了水资源时空分布。 1987 年国务院批准《黄河可供水量分配方案》，黄河成为我国大江大河首个进行全河水量分配的河流。 1999 年国务院授权水利部黄河水利委员会对黄河水量实施干流水量统一调度，在我国大江大河中首开先河。 2006 年，国家层面第一次为黄河专门制定的行政法规——《黄河水量调度条例》颁布实施。 防御旱灾的非工程措施

人民胜利渠引黄闸

黄河下游引黄灌区小麦喜获丰收

日益完备。

新中国成立后，尤其是改革开放后，依靠制度优势、工程措施和科学调度，屡次有效化解严重旱情。如2009年初黄河流域遭遇特大干旱，甘、晋、陕、豫、鲁等省累计受旱面积1.06亿亩，部分地区出现人畜饮水困难。抗旱期间，黄河干流23.8亿立方米水量注入五省旱区，灌溉面积3708万亩。河南省大旱之年夏粮产量创历史新高，山东省夏粮产量刷新2000年以来纪录。2010年秋季以来，晋、陕、豫、鲁四省出现秋冬春连旱，局部地区旱情超过百年一遇。2011年2月10日至3月2日，应急抗旱21天，向四省供水9.1亿立方米，河南省、山东省实现粮食产量"八连增"。通过几十年不懈努力，综合应用行政、法律、工程、科技等手段，黄河流域每逢大旱"赤地千里、流民塞道"的惨景已被牢牢封存在史册中。同时黄河水福泽四方：保障了沿黄大中城市和众多能源基地的供水安全；解决了8400多万农村人口饮水安全问题；"以少帮少"向天津、青岛等地跨流域调水，屡屡缓解用水紧张局面；水电资源得到有序开发，水电装机容量从378千瓦增长到2200万千瓦。黄河以占全国2%的河川径流量，养育了全国12%的人口，灌溉了15%的耕地，支撑了全国14%的国内生产总值，在保障流域及相关地区经济社会发展的同时，解决了黄河的断流问题。

三、黄土高原摆脱山光水浊的旧貌

黄土高原是我国乃至世界上水土流失面积最广、侵蚀强度最大的地区，多年平均入黄泥沙达16亿吨，生态环境十分脆弱。据考证，秦汉到魏晋黄土高原森林面积不少于25万平方公里，唐宋时期减到20万平方公里，到明清骤减到8万

陕西省榆林镇北台 1984 年和 2017 年景观对比

平方公里，新中国成立前只有 4 万平方公里。 水土流失成为黄河泥沙为患、当地百姓贫困的重要原因。

新中国成立后，黄土高原水土流失治理经历了由点到面、由单项治理到综合治理、由人工措施为主到更加注重自然修复的转变，治理效果实现了从"整体恶化、局部好转"到"整体好转，局部良性循环"的转变。 第一阶段，主要通过淤地坝、坡改梯、小流域综合治理等人工措施，达到增产拦泥目的。 特别是 20 世纪 80 年代初，推广"户包治理小流域"，开创了"千家万户治理千沟万壑"的崭新局面，在长期实践中涌现出"山顶植树造林戴帽子，山坡退耕种草披褂子，山腰兴修梯田系带子，沟底筑坝淤地穿靴子"等治理模式。 第二阶段，更加注重生态建设和生态自我修复。 1997年后，按照党中央"再造一个山川秀美的西北地区"的号召，黄河流域率先实施"退耕还林（草）、封山绿化、以粮代赈、个体承包"政策，在条件适宜地区因地制宜开展封育和保护，发挥植被自我修复能力。通过几代人的努力，锁定了对下游河道淤积影响最大的区域，为实施粗泥沙"靶向"治理提供了科学依据。 第三阶段，党的十八大以后，生态文明、绿色发展理念引领山水林田湖草系统治理。 以坡耕地整治、病险淤地坝除险加固和塬面保护等一系列国家水土保持重点工程为龙头，示范带动全面治理，"绿水青山"与"金山银山"相融相生，助力250多万人脱贫解困。

得力的治理措施加上严格的监管，收到良好效果。 截至2015年，黄土高原已初步治理水土流失面积21.84万平方公里，其中，梯田5.5万平方公里，造林10.76万平方公里，种草2.14万平方公里，封育3.44万平方公里。 已建淤地坝5.9万多座，在2000多条小流域开展了综合治理。 水利水保措施年拦减入黄泥沙4.35亿吨。 原来的跑水、跑土、跑肥的"三跑田"变成了保水、保土、保肥

宁夏彭阳梯田建设

的"三保田",水土保持措施累计增产粮食 1.57 亿吨、果品 1.56 亿吨。 通过综合治理和科学防治,黄土高原地区生态环境总体改善,林草植被覆盖率普遍增加了 10～30 个百分点,绿色成为其厚重底色。 例如:陕西省延安市通过退耕还林等水土保持措施,森林覆盖率由新中国成立时的不足 10% 提高到如今的46.35%,林草植被覆盖度达到 67.7%。 昔日山光水浊的黄土高原迈进山青水绿、人与自然和谐共生的新时代。

四、探索走出一条符合黄河实际的河流治理之路

中国封建社会,"圣主明君"和"治河精英"主导黄河治理,人民群众的主动性和创造性得不到发挥,治理措施也多局限于下游一隅。 黄河自铜瓦厢决口后,清政府相继裁撤南河和东河河道总督,形成分省而治的治河体制。 由于社会动荡不安、战争连绵不断,黄河长期得不到统一治理。 1929 年国民政府决定组建黄河水利委员会,统一河政的工作却久拖难行。 李仪祉等也曾提出上中下游并重,防洪、航运、灌溉、发电兼顾的治河方针,但抗日战争中大片国土沦陷,抗战胜利后国民党忙于发动内战,统一治理的设想终成泡影。

在国民党治黄机构任职后来参加人民治黄的徐福龄老人曾经回忆说:"过去治黄就是防洪,只管当年的事,第二年的事都没人管"。 新中国成立后,黄河治

黄河入海口

284

黄河龙

理有了规划。 1955 年，第一部根治黄河水害、开发黄河水利的整体规划诞生，黄河进入有计划、有步骤治理的新阶段。国家相继批复实施黄河近期重点治理开发规划、黄河流域综合规划，不断优化治黄整体布局。 新中国成立后，黄河治理由人民治黄初期的分区治理走向联合治理，流域管理由下游逐步转变为全流域综合管理，流域机构在上中下游都设立了管理机构，在防汛任务繁重的下游建立了五级管理体制，统一管理得到强化。 与规划要求相对应，逐步形成了"上拦下排、两岸分滞"处理洪水，"拦、调、排、放、挖"处理泥沙的综合治理方略。 黄河下游的特殊区域——滩区的安全与发展问题也提上日程，从"废堤筑台"到滩区运用补偿再到滩区迁建，进而到滩区综合治理设想提出，治水、治沙、治滩实现统筹，防洪与滩区发展矛盾的解决不断迈出新步伐。

随着《中华人民共和国水法》《中华人民共和国防洪法》《中华人民共和国水土保持法》等国家层面涉水法律出台、黄河水量调度条例等涉河法规颁布实施，以及河长制湖长制的全面推行，流域管理与区域管理相结合的管理体制日益健全。 在防汛抗旱方面，形成了"统一指挥、部门协同、社会动员、军地联防、全民参与"的工作机制。 在水资源统一管理调度方面，形成了"国家统一分配水量，省（区）负责配水用水，用水总量和断面流量双控制，重要取水口河骨干水库统一调度"的工作模式。 水土保持方面，成立了黄河中游水土保持委员会，坚持统一规划、因地制宜、分区施策，形成了流域机构与地方协调联动的监督管理体系。

70 年来，体制机制的力量与黄河的实际相结合、与人民群众和治黄工作者的创造性相结合，走出了一条独特的河流治理之路。 特别是党的十八大以来，流域机构深入贯彻习近平生态文明思想和"节水优先、空间均衡、系统治理、两手发力"的"十六字"治水思路，向着更高层次、更优目标的统筹治理迈进：开展了大规模的防洪工程建设，加快补齐治黄工程短板，不断探索不同类型洪水的调度模式，续写了伏秋大汛岁岁安澜的历史奇迹，滩区居民迁建工程加快推进，一大批滩区百姓逐步摆脱洪水威胁；持续深化黄河和黑河生态水量调度，实现了黄河连续 20 年不断流，黑河尾闾东居延海连续 15 年不干涸，黄河、黑河重点区域生态环境不断改善；加快建立流域水资源承载能力监测预警机制，实施水资源消

黄河晋陕峡谷蛇曲地貌乾坤湾

耗总量和强度双控，流域用水增长过快局面得到有效控制；在黄河流域全面推行河长制、湖长制，深入推进行业强监管，加强岸线保护和开发利用管理，严厉打击河湖"四乱"，处理了一批陈年积案，促进了河湖休养生息；实施引黄入冀补淀，助力雄安新区水城共融；向乌梁素海生态补水，助力打造北疆亮丽风景线，以实际行动矢志不移"维护黄河健康生命，促进流域人水和谐"。随着黄河流域生态保护和高质量发展上升为重大国家战略，黄河保护治理事业跃上新的广阔平台，迎来新的发展机遇。

回顾 70 年的治黄历史，我们收获了许多有益的经验和启示。

一是坚持党的领导，是做好治黄工作的根本保证。新中国成立以来，每一个治黄纲领性文件的落地，每一个治黄重大工程的建成，每一次战胜大洪水大旱灾，无不是党中央统揽全局、科学决策的结果，无不是发挥社会主义制度优越性，集中力量办大事的结果。纵观中华民族发展史，只有在中国共产党领导下，才能找到符合国情水情河情的正确治河道路，才能从根本上改变黄河为患不止的局面，才能真正实现"黄河宁、天下平"的美好愿望。

二是坚持顺应规律，是做好治黄工作的基本遵循。70 年来，我们牢牢把握自然规律、河流演变规律和经济社会发展需求，因时而变、顺势而为，走出了一条从人水相争向人水和谐转变、从开发利用为主向维护河流健康生命转变、从传统治河向现代治河转变的成功道路。实践昭示：只有在充分尊重客观规律的基础上，结合治黄内外部环境的变化，不断调整治理思路和方略，才能为治黄事业发展注入新的活力，开创黄河保护治理的崭新境界。

三是坚持统筹兼顾，是做好治黄工作的重要方法。 70 年来，黄河治理体系从单一到系统，从初期偏重下游防洪转向全流域系统治理，兴利除害结合、治标治本并重、上中下游统筹的原则在治黄实践中得到坚持并不断充实新的内容，取得了显著的效果。 实践昭示：黄河治理是由相互关联、相互作用、相辅相成的多重因素构成的巨系统，只有综合施策、全面发力，山水林田湖草系统治理，才能达到预期的效果。

四是坚持团结治河，是做好治黄工作的坚强支撑。 70 年来，流域管理机构和沿黄各级党委政府精诚合作、整体联动，确保了治黄重大决策部署落地生根；广大治黄工作者艰苦创业、砥砺奋进，为治黄事业不断开创新局面打下了坚实基础；人民解放军和武警部队官兵不畏艰险、勇挑重担，在历次抗洪抢险救灾中发挥了中流砥柱作用；沿黄群众无私奉献、热情参与，为黄河治理作出了重要贡献。 治黄实践深刻昭示：流域各方是唇齿相依、休戚与共的命运共同体，只有风雨同舟、携手并肩，"共同抓好大保护　协同推进大治理"，才能把黄河的事情办好。

大河汤汤、岁月奔流，70 年弹指一挥。 如今治黄事业已站在了新的历史起点上。 黄委将坚持以习近平总书记在黄河流域生态保护和高质量发展座谈会上的重要讲话精神作为引领，对标水利改革发展总基调、对标水利部"四个确保"和"一个传承"的部署，从治河历史的启示中寻找责任，从新时代新要求中认清责任，从流域人民新期待中强化责任，从防洪保安全，提供优质水资源、健康水生态，促进高质量发展，服务人民期盼等方面去抓落实，通过一代代黄河儿女接力奋斗、不辍前行，让母亲河生生不息、安澜无恙，成为造福人民的幸福河！

撰稿人：彭绪鼎　白　波　侯　娜

审稿人：岳中明

人民治淮 70 年　流域面貌换新颜

水利部淮河水利委员会

淮河流域面积约 27 万平方公里，覆盖鄂、豫、皖、苏、鲁 5 省，40 个市，160 个县（市），人口约 1.78 亿，是国家重要的粮食基地、能源基地和交通枢纽区域。流域地处我国南北气候过渡带，特殊的地理气候条件，复杂的水系河性特征，特定的社会人文因素和黄河夺淮的深重影响，导致淮河流域成为极易孕灾地区。据统计，从 14 世纪至 19 世纪的 500 年间，发生了较大水灾 350 次，严重旱灾 280 多次，频发的水旱灾害给淮河流域人民带来深重灾难。直到新中国成立，淮河才迎来了新生。

一、新中国治淮取得举世瞩目的巨大成就

新中国的成立开启了淮河治理的新纪元。1950 年 10 月 14 日，中央人民政府政务院作出《关于治理淮河的决定》，淮河成为新中国第一条全面系统治理的大河。经过 70 年的持续治理，极大地改变了淮河流域"大雨大灾、小雨小灾、无雨旱灾"的落后水利面貌，为流域经济发展、社会进步、人民幸福提供了强有力的支撑和保障。

（一）基本建成较完善的流域防洪除涝减灾工程体系，具备抗御新中国成立以来流域性最大洪水的能力

经过 70 年不懈努力，淮河流域已初步形成由水库、堤防、行蓄洪区、湖泊、控制性枢纽和防汛指挥系统等组成的防洪减灾体系，实现了淮河洪水入江畅流、

梅山水库

王家坝新闸

临淮岗水利枢纽

归海有路，基本理顺了紊乱的水系，改变了黄泛数百年来恶化的局面，流域总体防洪标准得到明显提高，通过各工程联合运用，已具备抗御新中国成立以来流域性最大洪水的能力。据测算，仅治淮 19 项骨干工程和进一步治淮 38 项工程的总投资已近 2000 亿元。

1. 兴建大型水库。新中国成立 70 年来，淮河流域兴建了水库 6000 余座，其中大型水库 38 座，控制面积和防洪库容大幅增加，巩固和扩大了上游洪水拦控能力，有效提高了中下游河道防洪标准。

2. 扩大和整治淮河干流河道。开挖茨淮新河和怀洪新河等人工河道 2100 多公里。兴修加固淮北大堤等重要堤防及淮南、蚌埠等城市圈堤，建设各类堤防约 7 万公里。建成临淮岗洪水控制工程，使洪水调度、防控的手段和能力明显增强。在合理运用沿淮行蓄洪区的情况下，淮河中游主要防洪保护区和重要城市防洪标准已达到 100 年一遇。

3. 实施行蓄洪区调整和建设等工程措施。按照河道整治和工农业发展需要，对淮河干流行蓄洪区进行调整和建设，并对居住在行蓄洪区和淮干滩区超过 50 万不安全人口逐步搬迁，为实现人水和谐创造了条件。经过 70 年的建设，目前淮河干流共有 19 处行蓄洪区。设计条件下如能充分运用，可分泄淮河干流相应河段河道设计流量的 20%～40%。

4. 打通淮河入海通道。淮河入海水道近期工程于 2003 年竣工，工程与入江水道、苏北灌溉总渠和分淮入沂等工程联合运用，可使洪泽湖防洪标准达到 100 年一遇。淮河入海水道近期工程的建成，结束了淮河 800 年没有直接入海通道的历史，对于确保下游地区 2000 万人口、3000 万亩耕地防洪安全具有重要作用。

5. 不断规范与强化治淮工程建设管理工作。工程建设过程中严格控制工程进度、质量与投资，实现了工程安全、资金安全、干部安全和生产安全，建成了一大批优质工程。其中淮河入海水道近期工程先后被评为新中国成立 60 周年百项经典暨精品工程、百年百项杰出土木工程，并获得鲁班奖、詹天佑奖；临洪岗洪水控制工程被评为百年百项杰出土木工程，并获得鲁班奖、詹天佑奖；燕山水库工程获得鲁班奖；刘家道口工程获得詹天佑奖，此外还有一批工程获得中国水利优质工程（大禹）奖及省级优质工程奖。

（二）科学防控有序应对，防汛抗旱工作取得圆满胜利

经过 70 年的建设，淮河流域防汛抗旱工程体系基本形成，组织体系日臻完善，预案体系、应急管理体制机制不断健全，指挥决策支持系统等现代化信息技术水平不断提升，流域防灾减灾能力显著增强。

1. 完善组织体系。在国家防汛抗旱指挥机构领导下，淮河流域各级人民政府均建立了防汛抗旱指挥体系及办事机构，形成了以防汛抗旱行政首长负责制为核心的责任体系，按各自职责和权限负责水旱灾害的防御工作。2003 年成立淮河防汛总指挥部，2009 年更名为淮河防汛抗旱总指挥部（以下简称"淮河防总"），流域防汛抗旱组织保障体系进一步完善。

2. 健全预案体系。从 20 世纪 80 年代初起，开始建立各类防汛抗旱预案。2000 年以来，流域防汛抗旱预案编制工作全面开展。《淮河防御洪水方案》于 2007 年经国务院批复，编制修订的《淮河洪水调度方案》《沂沭泗河洪水调度方案》《淮河大型水库群联合调度方案》《淮河干流水量应急调度预案》等先后经国家防汛抗旱总指挥部（以下简称"国家防总"）批复，为依法防洪、科学调度提供了依据。流域各级防汛抗旱部门还编制了行蓄洪区运用预案、山洪灾害防御预案、防台风预案、城市防洪应急预案、抗旱应急调水预案等一系列专项预案。

3. 防御流域性大洪水。先后战胜了 1954 年流域性特大洪水，1991 年、2003 年、2007 年流域性大洪水，最大限度地减轻了洪涝灾害损失。特别是在防御 2003 年、2007 年淮河洪水中，在国家防总、水利部统一指挥下，淮河防总与沿淮各级防汛指挥部门坚持以人为本、科学防控，采取"拦、泄、蓄、分、行、排"等综合措施，实现了由控制洪水向管理洪水的转变，洪涝灾害损失大

中央治淮视察团以绣有毛主席题字的
锦旗授予治淮委员会

292

进一步治淮 38 项工程之一的出山店水库下闸蓄水

幅减少，社会安定程度明显提高。 据统计，1991 年、2003 年、2007 年大水中，受灾面积、人口和直接经济损失均呈逐步减少趋势，2007 年成灾面积 2380 万亩，分别比 1991 年、2003 年减少 60.5% 和 38.8%；转移人口 80.9 万人，分别比 1991 年、2003 年减少 145.2 万人和 126.1 万人；特别是在流域经济快速发展、经济总量大幅提高的情况下，2007 年直接经济损失却分别比 1991 年、2003 年减少 54.3% 和 45.7%。

4. 科学实施抗旱减灾。 新中国成立以来，淮河流域先后发生 10 余次较大旱灾。 流域各级水利部门依靠修建的水利工程，科学实施水资源调度，成功战胜历次较大旱灾，取得了良好的经济、社会和生态效益。 2001 年，为缓解淮河旱情，成功实施引沂济淮，跨水系调度沂沭泗洪水 8.08 亿立方米补给洪泽湖，改善了洪泽湖水生态环境。 2002 年和 2014 年，组织实施南四湖应急生态补水，从长江调水补济南四湖，有效保护了湖区生态环境。

（三）初步建成水资源配置工程体系，有效支撑流域经济社会可持续发展

淮河流域以不足全国 4% 的水资源总量，承载了全国 13% 的人口、11.7% 的

总耕地面积，有效的支撑了流域经济社会的可持续发展。

1. 初步建成了蓄、引、提、调的水资源配置工程体系。 建成各类水闸 6600 余座，各类电力抽水站 5.5 万多处，兴建了引江、引黄、南水北调东中线、淠史杭工程等调水工程。 流域各类水利工程设计年供水能力达 995 亿立方米，是新中国成立初期的 11 倍；工业和城镇生活用水量由 1980 年的 47 亿立方米增长到 2018 年的 110 亿立方米；初步建成水库塘坝灌区、河湖灌区和机电井灌区三大灌溉体系，耕地灌溉有效面积达 1.9 亿亩，年均实灌面积由 20 世纪 50 年代的不足 1500 万亩，增加到 2018 年的 1.6 亿亩。 基本形成了"四纵""一横""多点"的水资源配置和开发利用体系框架，基本满足了流域经济社会发展对水资源的需求。

南水北调中线陶岔渠首枢纽工程

淠史杭灌区横排头渠首枢纽工程

2. 建立了流域和区域相结合的用水总量控制指标体系。 将淮河流域 10 条主要跨省河流用水总量控制指标分解到流域各省，有效调控了各省之间水资源保护与开发中不平衡、不充分问题；建立了省、市、县三级水资源开发利用控制红线，为最严格水资源管理制度的建立奠定了良好的基础；全面评价了淮河流域各省、市、县的水资源承载能力，推动流域经济发展布局与水资源承载能力相适应。

3. 水资源管理从"无序"到"有序"。 随着最严格水资源管理制度的实施，流域水资源管理实现了从"源头"到"末端"的全过程管理。 流域用水效益显著提高：农田灌溉亩均用水量从 2001 年 310 立方米每亩下降到 2018 年 226 立方米每亩，万元工业增加值用水量从 2001 年 174 立方米每万元下降到 2018 年 48 立方米每万元。

（四）持续加强水资源保护，河湖水质明显改善

经过多年不懈努力，流域性水污染恶化趋势已成为历史，入河排污量明显下降，河湖水质显著改善，水生态系统逐渐恢复，流域水资源保护工作取得了显著成效。

1. 污染防治全面推进。 党中央、国务院高度重视淮河水污染问题，将淮河列入了国家重点治理"三河三湖"的重点，并提出"实现淮河水质变清"的奋斗目标。 1995 年 8 月，国务院颁布了第一部流域性水污染防治法规——《淮河流域水污染防治暂行条例》，通过调整产业结构、加快污染源治理、实施污水集中处理、修复水生态系统、开展水污染联防等一系列措施，淮河流域水污染防治工作取得显著进展，自 2005 年以来，淮河已连续 14 年未发生大面积突发性水污染事故，有效保障了沿淮城镇用水安全。

2. 河湖水质持续改善。 合理划定水体使用功能，建立了以水功能区管理为核心的水资源保护监督管理制度。 2018 年淮河流域主要跨省河流省界断面水质

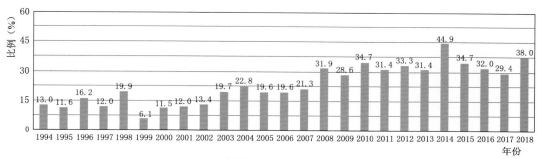

1994—2018 年淮河流域省界断面水质好于 Ⅲ 类水比例图

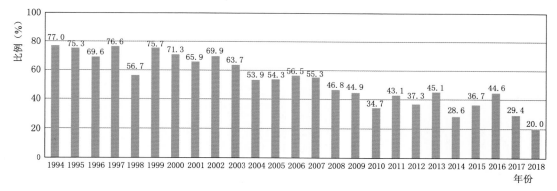

1994—2018 年淮河流域省界断面 Ⅴ 类和劣 Ⅴ 类水比例图

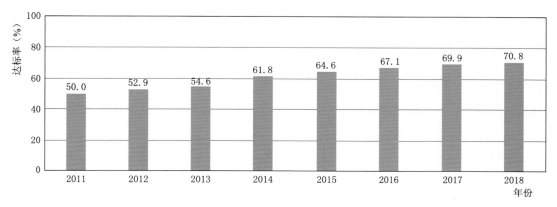

2011—2018 年淮河流域全国重要江河湖泊水功能区水质达标率情况

295

符合Ⅲ类水比例为 38.0%，比 1994 年上升 25 个百分点；Ⅴ类和劣Ⅴ类水比例为 20.0%，比 1994 年下降 57 个百分点。 2018 年淮河流域全国重要江河湖泊水功能区水质达标率为 70.8%，比 2011 年上升 20.8 个百分点。

3. 入河排污量显著下降。 依法开展入河排污口设置审批，严格入河排污总量控制，加强入河排污口监督监测，有效遏制了超标排污行为。 2018 年淮河流域 COD 入河排放量 20.69 万吨，氨氮入河排放量 1.77 万吨，比 1993 年的 150.14 万吨和 9.00 万吨，分别削减了 86.2% 和 80.3%。

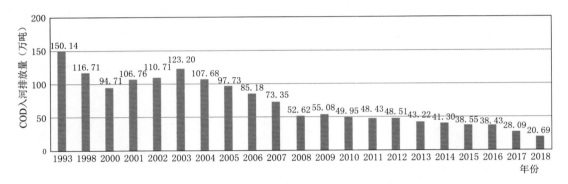

淮河流域主要污染物 COD 入河排放量变化图

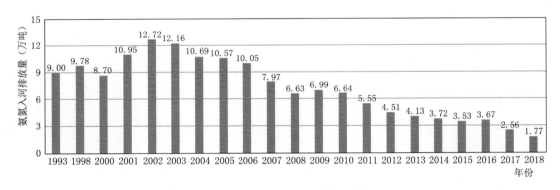

淮河流域主要污染物氨氮入河排放量变化图

4. 水污染联防不断完善。 通过采取枯水期污染源限排、水闸防污调度及水质水量动态监测和预警预报等措施，实现跨区域、跨部门的联防联治。 2005 年以来，流域机构对联防区域内重要水闸防污调度 200 多次，安全下泄沙颍河、涡河污染水量 250 多亿立方米，淮河干流再未发生因支流污染水体下泄导致的水污染事故。 积极做好流域重大水污染事件应急处置工作。 2008 年以来发现并参与处置了豫皖跨省河流大沙河砷污染、惠济河涡河跨省水污染、淮河干流苯污染等多起重大水污染事件，为遏制污染加剧和扩散作出重要贡献。

（五）水利行业强监管迈出新步伐，流域河湖面貌得到极大改善

淮委坚持把各项水事活动纳入法治化轨道，加大河湖管理力度，维护良好水事秩序，实现水利监管工作从无到有、从弱到强、从"有名"到"有实"。

1. 水利督查体系进一步完善。 淮委已构建起委督查工作领导小组、监督处、河湖保护与建设运行安全中心和各业务处室组成的水利督查体系，组建了近80人规模的督查队伍，专业类别涵盖工程建设、运行管理、规划计划、防汛抗旱、水资源管理、水土保持、农村水利等，支撑流域水利督查的"四梁八柱"已初步形成。

2. 重点领域督查进一步拓展。 2018年淮委根据水利部统一安排部署，先后对流域内412座小型水库、62个村山洪灾害防治、90个河段防洪情况进行督查；淮委以江河湖泊、水资源、水利工程、农村饮水、水土保持为重点，统筹开展重点业务领域督查暗访工作12项，累计派出检查组127组次、779人次，发现问题2717件，并通过"一省一单"等形式及时将问题反馈责任单位进行整改，及时消除了风险隐患。 扎实开展中小河流治理专项整治、河湖违法陈年积案"清零行动"、小型水库病险问题现场核查等多项业务领域监督检查工作。

3. 河长制湖长制全面建立。 淮河流域各省河长制、湖长制体系全面建立，主要河湖"一河（湖）一策"全面实施，信息化平台基本建成，流域4省明确省市县乡四级河长61611名、四级湖长5913名，设立村级河长17.7万多名、村级湖长8147名，实现了河长、湖长"有名"。 聚焦管好"盆"和"水"，在流域机构中率先制定印发推动河长制从"有名"到"有实"实施意见的分工，率先确定并公布流域重要跨省湖泊名录，率先组织开展流域重要跨省湖泊水量监测和水质水生态监测，有力推动河长制湖长制从全面建立到全面见效。

4. 水政执法扎实有效开展。 严格落实"三级巡查"制度，深化直管河湖执法检查，依法查处大量水事违法案件，有效遏制了破坏水利工程、侵占水域、非法采砂、违章建设等水事违法行为。 据不完全统计，1996年以来，累计巡查直管河道2万余次、1000多万公里，制止水事违法行为10000余起，查处各类水事案件8000余起，打击非法采砂13000余起。 通过多年治理，直管河道规模性非法采砂基本杜绝，河道采砂管理基本可控，2017年直管河湖实现全线禁采，河湖管理中的沉疴宿疾得以有效解决，生态环境明显改善。

二、淮河流域水安全面临新形势和新挑战

新中国成立70年来的淮河治理成就令人鼓舞，但新的时代也为治淮带来了

新的要求、新的使命和新的希冀。随着淮河流域经济社会不断发展，淮河流域水安全中的老问题仍有待解决，新问题越来越突出、越来越紧迫。水旱灾害、水资源短缺、水生态损害、水环境污染等新老问题相互交织，给新时代治淮赋予了新内涵、提出了新挑战。

一是从水旱灾害防御来看，目前，淮河流域防洪体系仍不完善，淮河上游拦蓄洪水能力不足，中游行洪不畅、行蓄洪区使用频繁，下游洪水出路规模不足，沿淮平原洼地"关门淹"问题突出，中小河流防洪除涝标准普遍较低，贫困地区水利基础设施薄弱状况尚未彻底扭转。

二是从水资源短缺来看，淮河流域水资源严重短缺，且时空分布不均、年际变化剧烈。现状流域多年平均缺水量达51亿立方米，遇到干旱年份缺水形势更加严重。淮河流域用水效率和效益不高，用水浪费现象普遍存在。淮北平原及山东半岛地区地下水超采问题突出，局部地区出现地面沉降和地下水漏斗。淮河流域水资源配置工程体系尚不完善，水资源分布与生产力布局不协调，水资源供需矛盾十分突出。

三是从水生态损害来看，淮河流域水资源开发利用程度高，部分地区水资源开发利用程度已超过当地水资源环境承载能力，河湖生态用水难以保障，出现水域面积缩小、河道断流或有水无流、湖泊湿地萎缩或干涸、地下水漏斗、海水入侵等水生态问题。2002年、2014年南四湖两次遭遇严重干旱、几近干涸，敲响了生态危机的警钟。现状淮河水系和沂沭河水系最小生态用水的满足程度仅为68%和60%，个别断面生态流量日满足程度甚至不到20%。

四是从水环境污染来看，淮河是"三河三湖"水污染防治的重点，经过多年持续治理，淮河流域河湖水质总体上呈现好转趋势，淮河干流水质基本常年保持Ⅲ类，但是水污染形势依然严峻，沙颍河、涡河、沱河等淮北一些重要支流水污染问题时有发生，特别是面源污染问题比较突出，部分河流水质尚未达到水功能

淮河入海水道大运河淮安枢纽

淮河江苏段堤防

区管理目标要求，主要污染物入河量仍超过水功能区纳污能力。淮河流域农村饮水安全问题突出，农村水环境亟待改善。

三、以习近平总书记治水重要论述精神引领新时代治淮工作

党的十八大以来，习近平总书记多次就治水发表重要讲话、作出重要指示，明确提出了"节水优先、空间均衡、系统治理、两手发力"的治水思路，突出强调要从改变自然、征服自然转向调整人的行为、纠正人的错误行为。习近平总书记治水重要论述，深刻回答了我国治水中的重大理论和现实问题，指明了水利改革发展的方向，明确了今后一个时期水利工作的重点。在 2019 年全国水利工作会议上，水利部党组书记、部长鄂竟平强调，我国治水的主要矛盾已经发生深刻变化，从人民群众对除水害兴水利的需求与水利工程能力不足的矛盾，转变为人民群众对水资源水生态水环境的需求与水利行业监管能力不足的矛盾。破解当前和今后一个时期我国新老水问题，适应治水主要矛盾变化，必须要将水利工程补短板、水利行业强监管，作为当前和今后一个时期水利改革发展的总基调。

当前和今后一个时期，淮河水利委员会将深入学习领会习近平总书记治水重要论述精神，更好地运用"十六字"治水思路指导治淮工作实践，全面落实水利工程补短板、水利行业强监管的水利改革发展总基调，紧密结合淮河流域水利改革发展实际，切实增强水忧患意识、水危机意识，从全面建成小康社会、实现中华民族永续发展的战略高度，重视和解决好淮河流域水安全问题，将水利改革发展的总基调变为实实在在的工作成果。

撰稿人：张雪洁 俞 晖
审稿人：肖 幼 肖建峰

海河 70 载治水不辍
水安全保障坚实提升

水利部海河水利委员会

70 载沐风栉雨，70 年治水不辍。自新中国成立以来，海河水利人始终坚守初心、不负使命，深入贯彻党中央治水兴水大政方针，严格落实水利部工作部署要求，以彻底根除流域水问题为目标，持续健全防洪体系，强化水资源管理与调度，推进水生态文明建设，夯实依法治水管水基础，流域水安全保障能力不断巩固提升，不但实现了流域水利事业的长足发展，更为流域经济社会健康快速发展作出了卓越贡献。

一、海河流域"十年九灾"历史彻底改写

历史上，海河流域"十年九灾"，水患频发，严重威胁流域人民生命财产安全。新中国成立后的三年恢复时期和第一个五年计划时期，针对丰水和多灾的情况，流域以"减少灾害，保证农业生产"为方针，陆续整修旧中国遗留的残缺水利设施，防洪除涝，发展农田水利事业，治理各河系中下游河道。期间，在永定河上建成了海河流域第一座大型水库——官厅水库；在大清河上修复千里堤，开辟了新盖房分洪道、赵王新渠和独流减河，打通了入海通道；开挖疏浚漳卫南运河和赵王新河；开辟了潮白新河并兴建了人民胜利渠和引黄济卫等多项水利工程。

1958—1962 年的第二个五年计划时期，海河流域大力兴修水利，先后修建了岳城、岗南、黄壁庄、密云等 18 座大型水库和大批中型水库，同时还兴建了共产主义渠等大型灌渠，为海河流域治理和开发奠定了坚实基础。

1963 年，海河流域突发特大洪水，因流域大多水系入海不畅，大量河堤决口、漫溢，全流域受灾农田达 514 万公顷，直接经济损失 60 亿元，流域经济社会发展受到重创。毛泽东主席为此发出"一定要根治海河"的伟大号召，以扩挖中下游河道和新增入海通道为重点，掀起了亘古未有的海河治理高潮。在此后的

千军万马战海河

潘家口水库泄洪

十几年间，海河流域男女老少齐上阵，开挖治理骨干行洪、排涝河道 50 余条，兴建、扩建了山区水库，对各河系中下游滞洪洼淀进行了初步整治，并通过实施尾闾工程，彻底改变了历史上各河集中于天津入海的局面，从而使海河流域基本形成了各河系行洪排涝的科学防洪体系。

通过 70 年坚持不懈的治水兴水实践，海河水利在"上蓄、中疏、下排、适当地滞"的治水方针指导下，流域防洪工程体系逐步完善，构建了以河道堤防为基础、大型水库为骨干、蓄滞洪区为依托的"分流入海、分区防守"的防洪格局。其中，主要河道堤防长 9000 余公里，Ⅰ级堤防 599 公里，Ⅱ级堤防 2936 公里，骨干河道及堤防于近年陆续得到整治，河道行洪能力极大提升；建有大型水库 36 座（山区 33 座控制流域面积 85% 以上）、中型水库 165 座、小型水库 1782 座，总库容 339 亿立方米，水库拦洪蓄水作用突出；设有蓄滞洪区 28 处，总面积 10693 平方公里，总容积 198 亿立方米，可有效分洪滞洪、削减洪峰；流域海岸线全长 920 公里，开辟主要入海河口 8 个，通过分流泄洪，极大缓解了天津市的防洪压力。 同样，海河流域建立健全了以洪水预报预警、超标准洪水防御措施、洪泛区管理和撤离预案为主的非防洪工程体系，防洪管理水平显著提高，有效应对了"96·8"等多次洪水和强降雨过程，最大限度保障了流域人民生命财产安全。

二、华北地区水资源供需矛盾基本缓解

20 世纪 70 年代以后，由于海河流域降水与径流明显减少，各地区旱灾频发，北京、天津、唐山等地区相继出现供水危机，特别是天津市，遭遇半个世纪以来最严重的水荒，工业企业随时面临停产，人民群众只能靠苦涩咸水维系生活，生命健康受到极大威胁。 为有效解决城市干旱缺水问题，合理配置水资源，保障流域供水安全，海河流域实施了一系列引调水举措，逐步完善了流域多水源多渠道的供水保障体系。

1972 年，海河流域实施引黄济津应急调水，通过人民胜利渠线、位临干渠线、潘庄干渠线等 3 条线路引黄河水接济天津，为天津水源紧缺的燃眉之急带来了"化解良药"。 此后，跨越 20 世纪 70 年代、80 年代与 21 世纪 3 个时期，海河流域先后实施了 12 次引黄济津调水，累计从黄河引水 78.8 亿立方米，供给天津市 41.5 亿立方米，有效化解了天津市历次水荒，保障了城市经济社会的可持续发展。

在进行外调水应急的同时，海河流域着手实施流域内引调水工程，科学调配

2010 年 5 月，引黄济津潘庄线路应急输水漳卫新河倒虹吸工程进行混凝土浇筑，该工程为引黄济津潘庄线关键性工程之一，获得 2011—2012 年度大禹奖

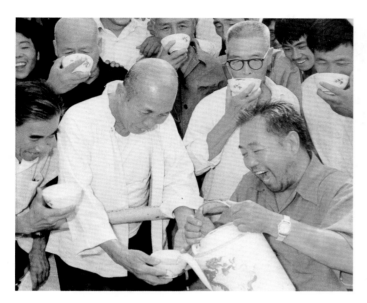

引滦入津工程结束了天津人民喝苦咸水的历史

1983年9月，引滦入津工程建成通水，引滦分水闸
向天津放水

本地水资源，积极化解干旱缺水的危机局面。 1973年，流域开始兴建引滦工程这项跨流域、跨省市的大型综合水利工程，先后在滦河中游修建潘家口、大黑汀两座大型水库，总库容34亿立方米，并修建引滦入津、引滦入唐2条大型输水渠道。 自1983年工程建成通水至2019年11月底，累计供水422亿立方米，其中向天津供水194亿立方米，向唐山供水56亿立方米，向滦河下游供水172亿立方米，彻底结束了天津人民喝苦咸水的历史，有效缓解了京津唐地区水资源危机。 此外，组织实施了引岳济衡、引岳济沧和河北、山西向北京集中输水等水资源应急调度工作，为流域供水安全添加了多层保障。

南水北调东、中线一期工程和引黄入晋北干线建成后，海河流域初步形成了以南水北调中东线工程为纽带，以流域内6条骨干河道及大中型水库为骨架的"二纵六横"水资源配置格局。 全流域新增年供水能力70亿立方米，总供水能力达到492亿立方米，极大提高了流域应对干旱和突发水事件的能力。 同时，海河流域始终坚持节水优先，多项用水指标位于全国前列，实施最严格水资源管理制度，加速构建流域节水型社会，充分保障了城乡供水安全。

2010年，南水北调东线一期穿黄河滩地埋管
工程建设现场

三、海河流域人水和谐生态文明发展水平稳步提升

"绿水青山就是金山银山"。 海河流域经济社会的高速发展带来了一定程度的水生态水环境破坏与损害，甚至一度成为制约经济发展的重要因素。 海河水利立足实际，以问题为导向，切实转变工作思路，积极弥补水生态欠账，大力推动流域人水和谐绿色发展，流域生态文明建设加速推进。

潘家口、大黑汀水库网箱清理

针对20世纪70年代海河流域连年水荒时期造成的地下水超采问题，流域各地区结合实际，以弥补1800亿立方米地下水生态欠账、切实整治18万平方公里超采区为目标，多措并举开展地下水压采工作，并在大力压采的同时，落实《华北地下水超采综合治理行动河湖地下水回补试点工作实施方案》，通过引调水等多种措施，涵养地下水源，进行河湖地下水回补。通过系列回补工作，使滹沱河断流近40年以后实现了复流，滹沱河地下水水位最大升幅达到1.91米，滏阳河地下水水位最大升幅达到1.7米，南拒马河地下水水位最大升幅达到1.08米。

2014年，引滦入津的重要水源地——潘家口、大黑汀水库因库区大规模网箱养鱼导致水质恶化，连续供水31年的引滦供水一度中断。海委积极协调推动库区养鱼网箱清理，共清理网箱近4万个，治理修复使水库水质80％以上达到Ⅲ类标准。2018年4月9日，中断671天的引滦供水正式恢复。海委以此次水污染事件为警为戒，进一步强化水功能区、重要水源地监管，加速构建覆盖全流域的水环境监测体系，严格控制入河排污总量，流域水功能区水质达标率持续提高，重要水源地安全保障良好以上水平达96％，极大保障了流域供水安全，向建设流域生态文明的目标再进一步。

在切实保障流域水源安全的同时，海河流域严格按照上级部署，落实《水法》等法规要求，在流域水土流失治理、河湖生态修复等方面持续发力，切实保护流域水环境、水生态。在流域水土流失治理工作中，组织开展了21世纪首都水资源规划项目、京津风沙源治理工程等水利水保项目，积极推行生态清洁小流域建设，实现在建项目督查全覆盖和全过程管控，确保京津冀重点区域水土保持项目督查无死角。在河湖生态修复工作中，大力推进"六河五湖"综合治理与生态修复，积极推动水生态文明城市试点建设，严格督导检查确保流域河长制湖长制全面建立并由"有名"向"有实"转变。

四、海河流域依法治水管水成效不断显现

良好的水事秩序是流域水利工作顺利开展与经济社会高速发展的重要支撑与保障。自建委以来，海委始终坚持深入推进流域水利立法，加强水政监察能力建设，积极预防和化解水事矛盾，全面推进水利普法依法治理，各项工作取得了明显成效，充分发挥了水利法治在海河水利改革发展中的引领、规范、推动和保障作用。

海河流域第一部流域性水利法规——《海河独流减河永定新河河口管理办法》于2009年由水利部颁布实施，明确了河口管理体制，赋予了海委负责海河、独流减河、永定新河三河口治理、开发和保护活动的统一监督管理职责，为三河

口管理范围内的治理、开发、保护和管理工作提供了法律依据。此外，海委紧密结合工作实际，大力推进漳卫新河河口管理及永定河、漳河、滦河水量调度等规章的立法工作，编制印发了《海河流域取水许可实施细则》等多项流域管理规范性文件，为流域实施依法治水奠定了法制基础。

在持续推进流域水法规体系建立健全的同时，海委高度重视水政监察机制与队伍建设，印发实施《海委全面加强依法治水管水工作方案》，进一步明确依法治水管水工作目标，强化水政监察制度建设；大力推进水政监察队伍建设与能力提升，海委系统现有水政监察队伍 68 支，其中总队 5 支、支队 27 支、大队 36 支，在职水政监察人员 380 余人，为维护流域正常水事秩序提供了有力保障。

海河流域水协作宣言

在流域依法治水管水工作中，从 20 世纪 50 年代开始的漳河水事纠纷是流域省际水事矛盾预防化解工作的攻坚难题。漳河位于晋冀豫三省交界地区，由于当时流域水资源短缺，河道左右岸争水争地、上下游争夺水权，先后发生了河南红旗渠、河北大跃峰渠被炸等 30 余起破坏水利工程和两岸冀豫两省村庄之间多次的互相炮击、械斗流血事件，造成人员伤亡和重大经济损失，直接影响该地区社会稳定。为有效解决漳河水事矛盾纠纷，海委联合地方政府从矛盾纠纷调处机制、水资源调控等多方面发力，全力协调省际间水事矛盾。期间，海委联合有关省市于 1997 年签署《海河流域省际边界水事协调工作规约》，于 2003 年签署《海河流域水协作宣言》，全方位、深层次构建流域省际水事矛盾纠纷预防与调处工作机制；投入中央资金 8664 万元，实施漳河上游治理水事纠纷工程建设，划定河道治理治导线，拆除违法工程近 40 处，建设分水控制工程，基本解决沿河争地问题；逐步增强直管河段水资源调控能力，切实保障沿河两岸工农业用水需求，避免水事矛盾纠纷发生。经过近 20 年的努力，漳河上游流域协商共治的管理局面已形成，近 8 年来再未发生重大水事矛盾纠纷，为流域经济发展提供了良好的水事秩序支撑。

2018 年，水利部河湖"清四乱"专项行动"发令枪"打响，海委结合工作实际，印发《海河流域加强河湖执法工作方案（2018—2020 年）》，明确加强河湖执法、开展河湖执法督查等重点工作任务，并持续推进落实。在此期间，河北省大沙河采砂、大沙河垃圾堆放等 8 起社会反响大、舆论关注度高的河湖违法事件逐一被核查处置，均已取得阶段性成果；漳卫新河河警长工作机制逐步建立，7 处虾池共计 1000 余亩及违章建筑 500 余平方米被彻底拆除，滩地工程原状恢复；海河闸下游水域岸线清整圆满完成，违章建筑全部清除，水域岸线重归整洁安宁；漳河非法采砂联合执法行动取得全胜，取缔沿河违法企业8家，行政拘留非法采砂人员30人，有效打击震慑了漳河非法采砂行为……多项河湖执法强力举措推动流域水事秩序持续向好发展，流域河湖面貌彻底改变。

在维护流域良好水事秩序的同时，海委切实规范流域水行政许可管理，积极推进流域水利"放管服"改革，全面加强流域水法治宣传教育，营造了流域共同节水、护水、爱水的良好氛围，流域依法治水管水成效日益凸显。

"清四乱"专项行动拆除河道非法违建

五、京津冀重大战略落实的水安全保障愈发坚实

2015年6月，党中央、国务院颁布《京津冀协同发展规划纲要》，京津冀协同发展重大国家战略从顶层设计正式转入全面实施。海委会同有关部门编制印发《京津冀协同发展水利专项规划》，为京津冀加快水利基础设施建设、深化水利改革作出全面部署；大力开展南水北调东线二期工程规划和东线一期工程北延应急供水实施方案编制并持续推进相关配套工程建设，协调完成2022年北京冬

天津海河风光

奥会水资源保障方案编制并通过水利部审查，积极推进引滦入津供水、白洋淀生态补水等供水工作，全面保障京津冀生产生活生态用水；以永定河为先导大力推进"六河五湖"综合治理与生态修复，联合签署《永定河生态用水保障合作协议》，2017—2019 年春季，通过实施生态水量调度，向永定河生态补水约 4.69 亿立方米，2019 年度秋季生态补水工作仍在有序开展，截至 12 月 15 日 8 时已完成补水 1.33 亿立方米，永定河山峡段河道 40 年来首次实现不断流，曾经消失的燕京八景之一

2004 年 6 月，册田水库向北京输水

"卢沟晓月"重现世间，同时，大清河流域综合规划和潮白河综合治理与生态修复规划编制工作相继启动，大力推动了京津冀协同发展在生态领域的率先突破；积极筹划成立京津冀水科学技术协同创新中心，切实提升流域水利科技创新能力水平，为加快京津冀协同发展水安全保障任务落实提供强力水科技支撑；配合开展雄安新区水安全保障方案研究，切实抓好起步区安全度汛，服务北京城市副中心建设，健全副中心防洪工程体系，以扎实的水利基础服务推进国家重大发展战略落地落实。

六、新时代靶向击破流域新老水问题的行动更加坚决

进入新时代，海河流域水利工作面临着新形势、新任务与新要求。党的十九大报告把坚持人与自然和谐共生纳入新时代坚持和发展中国特色社会主义的基本方略，把水利摆在九大基础设施网络建设之首，进一步指明了水利发展方向。2018 年 11 月，鄂竟平部长结合习近平总书记"3·14"重要讲话精神，深入分析我国新老水问题，作出了"新时代治水矛盾已经从人民群众对除水害兴水利的需求与水利工程能力不足的矛盾，转变为人民群众对水资源水生态水环境的需求与水行业监管能力不足的矛盾"的重要判断，提出了"水利工程补短板、水利行业强监管"的水利改革发展总基调，吹响了全国水利"补短板、强监管"的冲锋号。

对标决胜全面建成小康社会、生态文明建设、京津冀协同发展等重大国家战略对水利的要求，海河流域水资源、水生态、水环境、水灾害等新老水问题仍然突出。海委党组坚持靶向施策、破解难题，深入学习贯彻习近平总书记治水重要论述精神，积极落实治水总基调要求，深刻分析流域水利工作面临的形势与任务，科学做好顶层设计，制定印发《海河流域水安全保障方案》，为新时代流域

水利改革发展提供行动指南。 海河水利将坚持以习近平总书记治水重要论述精神为引领，紧扣总基调要求，深入推进《海河流域水安全保障方案》实施；聚焦水利行业强监管，坚决打好节约用水和水资源管理、河湖管理、水生态环境保护、工程常态化监管硬仗，深入落实最严格水资源管理制度和河长制湖长制，持续组织开展"清四乱"行动，扎实推进华北地下水超采区综合治理；聚焦水利工程补短板，统筹做好京津冀协同发展水利工作、工程建设、网信事业、行业基础支撑等补短板任务，推动"六河五湖"综合治理与生态修复，加快推进南水北调东、中线工程有关工作，加速流域和委属工程建设，强化水利信息化和科技支撑，以更加系统、全面、务实的"补短板、强监管"举措，逐一破解流域新老水问题，为海河流域全面建成小康社会提供坚实的水利保障。

一直以来，海委作为海河流域水行政管理机构，始终积极履行流域管理职责，按照党中央、水利部党组要求，将全面从严治党与水利业务工作深度融合，不断强化党的领导，持续提升党建工作水平，巩固夯实自身建设，着力提升流域水利综合管理能力，为海河水利事业改革发展提供了源源不断的动力和活力，不断开创了流域水利工作的崭新局面。 站在新起点，定航新目标。 海委将立足70年治水成果和经验，深入贯彻"节水优先、空间均衡、系统治理、两手发力"的治水思路，扎实落实水利改革发展总基调，积极践行新时代水利精神，带领广大干部职工以更加坚定的信念决心，更加扎实的治水实践，切实回答流域水利发展"是什么、差什么、为什么、抓什么、靠什么"五大根本问题，续写新时代海河流域水利事业改革发展的辉煌篇章。

撰稿人：薛　程　唐肖岗　赵立坤
审稿人：王文生　梁凤刚

维护河流健康　　建设绿色珠江

水利部珠江水利委员会

新中国成立以来，在党中央、国务院的高度重视下，在水利部的正确领导下，珠江水利委员会（以下简称"珠江委"）与流域各省（自治区）励精图治，开启了波澜壮阔的治水兴水之路，流域治理、开发和保护工作取得巨大成就，流域防洪减灾体系、水资源配置体系、水资源保护体系及流域综合管理取得重大进展，为经济社会发展提供坚实有力的水利支撑和保障。

一、流域水利规划体系不断完善

1979 年 8 月珠江委成立后，全面发挥流域机构"统一规划，综合开发，加强管理"职能，编制完成《珠江流域综合利用规划纲要》，1993 年获国务院批复。这是珠江流域第一个全面、系统的综合治理开发规划，是珠江流域综合利用开发、水资源保护和水旱灾害防治活动的基本依据。 20 世纪 90 年代，针对珠江河口无序围垦、泄洪不畅，珠江委组织编制了《珠江磨刀门口门治理开发工程规划》《伶仃洋治导线规划》《黄茅海及鸡啼门治理规划》《广州—虎门出海水道整治规划》，为珠江河口的治理、保护、管理以及岸线滩涂资源的合理开发利用提供科学依据。

21 世纪以来，珠江委立足流域经济社会实际，认真研究水资源条件新变化和流域面临新形势，流域水利规划工作进程明显加快，先后完成了珠江流域综合规划修编、防洪规划、水资源综合规划、珠江河口综合治理规划、保障澳门珠海供水安全专项规划、澳门附近水域综合治理规划，以及南盘江、北盘江、柳江等一批重要干支流综合规划和专业专项规划，并经国务院或水利部批准实施，流域水利规划体系不断完善，规划对涉水行为的约束指导作用不断加强。

为切实保护好、治理好、利用好珠江，珠江委在分析珠江特点和总结多年治江实践的基础上，不断丰富完善流域治水思路，提出"维护河流健康，建设绿色珠江"总体目标，出台《绿色珠江建设战略规划》，着力构建"绿源、绿廊、绿网、绿景"四大战略格局，最终实现"山清水秀、人水和谐、生机盎然"绿色珠江愿景，努力将珠江打造成水生态文明建设流域典范。

主要水利规划成果

已批复规划
- 珠江流域综合规划
- 珠江流域防洪规划
- 珠江水资源综合规划
- 珠江水中长期供求规划
- 珠江水资源保护规划
- 珠江河口综合治理规划
- 珠江河口澳门附近水域综合治理规划
- 保障澳门珠海供水安全专项规划
- 珠江蓄滞洪区建设与管理规划
- 珠江水土保持规划
- 深圳湾综合治理规划
- 南盘江流域综合规划
- 北盘江流域综合规划
- 贺江流域综合规划
- 珠江—西江经济带岸线资源开发利用与保护规划

已完成及正在开展的规划
- 珠江中下游重要河道治导线规划
- 郁江流域综合规划
- 柳江流域综合规划
- 韩江流域综合规划
- 红河流域综合规划
- 珠江—西江经济带沿江取水口排污口及应急水源布局规划
- 粤港澳大湾区安全保障规划
- ……

二、防洪减灾效益显著

　　经过多年建设，流域整体防洪能力有了显著提高，累计建成江海堤防 2.7 万多公里，各类水库 1.7 万多座，各类水闸 1.1 万余座。 龙滩、百色、老口、飞来峡、乐昌峡、棉花滩等控制性工程相继建成，广州、南宁、柳州、梧州等国家重点防洪城市堤防体系不断完善，中小河流治理、病险水库除险加固及山洪灾害防治等民生水利项目全面推进。 同时，建立重点防洪水库和省界水库防洪调度协调机制，编制《珠江洪水调度方案》《珠江枯水期水量调度预案》等，形成了覆盖全流域、贯穿全年的防洪调度和水量调度方案体系。

　　珠江洪水台风灾害频繁，先后发生了"94·6""94·7""96·7""97·7""98·6""05·6"等大洪水和特大洪水，平均每年有 4～5 个台风登陆或影响珠江，"威马逊""山竹""天鸽"等超强台风给流域经济社会带来严重威胁。 面对严峻的防汛防台风形势，珠江委与流域各地周密部署，精心组织，加强预测预报预警，科学实施水库调度，充分发挥水库拦洪削峰作用，最大限度减轻灾害损失，保障人民群众生命财产安全。 2006 年以来洪涝灾害年平均死亡人数较 20 世纪 90 年代下降了 80%，防洪保安成效显著。

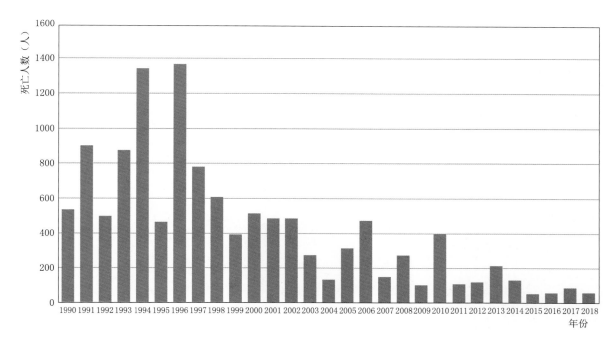

1990—2018 年珠江流域片洪涝灾害死亡人数统计

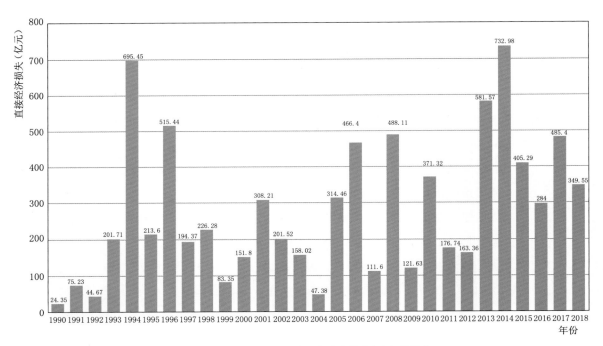

1990—2018 年珠江流域片洪涝灾害经济损失

三、对澳供水保障有力有序

21 世纪以来，受来水偏枯、用水增加和河道下切等因素共同影响，珠江河口咸潮上溯严重，澳门、珠海等地区 1500 多万居民饮水安全受到严重影响。 在国家防总、水利部统一指挥下，2005 年以来珠江防总、珠江委已连续 15 年成功组织实施珠江枯水期水量调度，累计向珠海主城区供水 10.55 亿立方米，向澳门供

澳门全景图

水4.28亿立方米，有力保障澳门、珠海等珠江三角洲地区供水安全，改善了三角洲网河区水生态环境，取得显著的社会效益、经济效益和生态效益。

经过多年探索与实践，珠江水量调度已由最初的调水压咸发展成兼顾电力、航运、生态的多赢并举，调度方案由单一的水库补水发展到干支流水库群联合调度，并形成"打头压尾""避涨压退""动态控制"等一套先进的流域压咸调度技术，以及"前蓄后补"和"总量控制"的流域水资源管理模式，压咸效果更精确化、合理化。珠江水量调度以其科学的工作模式、显著的调水成效，为各相关方所认可。

四、大藤峡等重大水利工程建设实现新突破

大藤峡水利枢纽是国家172项节水供水重大水利工程中的标志性工程，是珠江流域防洪控制性工程和水资源配置骨干工程，也是打造"西江亿吨黄金水道"、促进珠江—西江经济带发展的关键项目。从1959年《珠江流域西江综合利用规划报告》首次提出大藤峡工程轮廓性规划，1986年《珠江流域综合利用规划》再次提出大藤峡工程，到2008年国务院批复《保障澳门、珠海供水安全专项规划》确定大藤峡工程为流域水资源配置骨干工程，前期工作几起几落。在水利部坚强领导下，在广西、广东两省（自治区）及澳门特别行政区大力支持下，珠江委锲而不舍，举全委之力加强工程建设重大问题研究，积极协调各方利益诉求，仅可研阶段就完成55份专题报告，形成600多万字成果，召开120多次工作协调、咨询及审查会议。2014年11月大藤峡水利枢纽工程开工以来，珠江委主动作为，在安全度汛、投资计划、预算执行、招标监督、建设管理、质量安全、技术人才等方面为工程建设保驾护航。2019年10月大藤峡工程成功实现大江截

大藤峡工程建设

百色水利枢纽

流，标志着大藤峡工程一期主体工程按节点完成，二期工程正式启动。 工程计划于 2023 年 12 月完工。

百色水利枢纽是国家"十五"重点项目和西部大开发十大标志性工程之一，是治理和开发郁江的关键性工程。 在水利部、广西壮族自治区和珠江委等单位共同努力下，2001 年主体工程开工建设，2006 年工程下闸蓄水。 百色水利枢纽建成以来，充分发挥防洪、灌溉、发电、水生态等综合效益，保障南宁市防洪安全，减少百色市及右江沿岸的防洪压力。 2016 年 12 月，工程顺利通过由水利部、广西壮族自治区和云南省人民政府共同主持的竣工验收，迈入了正常运行管理、全面发挥效益的新阶段。 目前，珠江流域 25 项节水供水重大工程已开工 23 项，工程建成后将进一步完善流域防洪减灾和水资源配置格局。

五、最严格水资源管理和水生态文明建设迈上新台阶

实施最严格水资源管理制度以来，各省（自治区）用水总量得到有效控制，红线刚性约束作用明显增强，珠江片用水总量从 2010 年的 908 亿立方米下降到 2018 年的 854 亿立方米。东江等六条跨省河流水量分配方案获水利部批复，西江水量分配方案已完成待批，形成以行政区、水系为单元的总量管理目标体系和相应的调度方案体系。

加大水资源保护力度，珠江主要江河湖库水质总体良好，

珠江流域水生态文明建设掠影

318

2018年珠江片河流水质Ⅰ～Ⅲ类河长占评价总河长的 86.8%，全国重要江河湖泊水功能区达标率为 88.2%，优于全国平均水平；废污水入河排放量逐年降低，由 2010年的 190.45 亿吨下降到 167.4 亿吨。 推进全国节水型社会建设试点和全国水生态文明城市建设试点，因地制宜积极探索南方丰水地区节水和水生态文明建设的特色之路。 曲靖、北海、深圳、三亚等 8 个城市获全国节水型社会建设示范区称号，广州、南宁、琼海、黔西南州等 16 个全国水生态文明城市建设试点工作基本完成。

珠江上中游水土流失和石漠化得到有效治理，生态系统显著改善。 经过多年实践和探索，珠江流域水土保持与石漠化治理基本形成了以水为主线，以抢救土地资源为目标，以坡耕地整治为重点，以小型水利水保工程为手段的一套行之有效的治理方案。

六、粤港澳大湾区水安全保障水平稳步提升

粤港澳大湾区是我国开发程度最高、经济活力最强的区域之一，在国家发展大局中具有重要战略地位。 为贯彻落实《粤港澳大湾区发展规划纲要》，科学谋划未来一个时期水安全保障的总体目标和重点任务，珠江委编制完成《粤港澳大湾区水安全保障规划》，从打造一体化高质量供水保障网、安全可靠防洪减灾网、全区域绿色生态水网、现代化智慧监管服务网四个方面，统筹解决水资源、水生态、水环境、水灾害问题，切实增强大湾区水安全保障能力。 规划已于2019 年 12 月通过水利部审查。 在多年珠江水量调度实践的基础上，珠江委全力推进《珠江水量调度条例》立法工作，从法律层面保障流域水量统一调度顺利实施，为流域及大湾区水安全提供法制保障。

为保障大湾区防洪安全，珠江委精心组织编制粤港澳大湾区年度防洪安全保障方案，在粤港澳大湾区各地落实防洪度汛措施的基础上，立足流域层面，建立流域预报预警和调度协调机制，充分发挥水工程拦洪削峰错峰作用和河道泄洪能力，尽可能减轻大湾区防洪压力，确保重点保护对象防洪安全。

七、依法治水管水能力不断提高

充分发挥流域机构指导协调和监督检查作用，全面推进河长制湖长制在流域"落地生根"，扎实开展河湖"清四乱"专项行动，推动河湖管理从"治标"到"治本"转变。 各省（自治区）河长制湖长制优势初步显现，云南省狠抓六大水系和高原湖泊保护治理，贵州省全面实施五级河长大巡河行动，广西壮族自治区强力推进南流江等重点流域水环境综合治理，广东省全面启动"让广东河更美大行动"，海

珠江委督促拆除柳江河段 12 栋水上别墅

南省出台《海南省河长制湖长制规定》，一批河湖实现了从"没人管"到"有人管"、从"管不住"到"管得好"的转变，全面推行河长制湖长制进入新阶段。

加强河湖管理，以水利综合执法为重要手段，以卫星遥感为技术支撑，充分发挥河长制湖长制平台优势，强化与地方部门联动，严厉打击非法侵占河湖违法活动。重拳出击，坚决向河湖顽疾宣战，2019 年强力督促拆除柳江河段 12 栋水上别墅等涉河违法建筑，发挥典型案例震慑作用，对流域河湖管理起到示范效应。

八、流域协作治水开创新局面

珠江水质虽然总体上好于全国其他主要江河，但局部地区水污染形势仍然十分严峻。随着流域经济社会快速发展，突发水污染事件时有发生，严重威胁流域供水安全、生态安全。珠江委积极协调上下游、左右岸、干支流，逐步形成了流域区域相结合、行业部门相协作、联合防污、依法治水的流域水资源保护管理模式。

2007 年，珠江委牵头建立黔桂跨省（自治区）河流水资源保护与水污染防治协作机制，联合流域各省（自治区）共同签署了珠江流域跨省河流水事工作规约，有效防控跨界水污染事件。基于"黔桂协作机制"成功经验，2016 年牵头云南、贵州、广西、广东四省（自治区）环境保护厅、水利厅共同组建滇黔桂粤跨省（自治区）河流水资源保护与水污染防治协作机制，进一步加强西江沿线省际间水资源保护和水污染防治交流与合作。协作机制成立以来，珠江委与四省（自治区）环保、水利部门通力合作，推动建立多部门调研、执法联动机制，共同开展省界水环境治理联合检查，妥善解决、化解跨省（自治区）水污染问题。2017 年四省（自治区）30 个省界河流断面水质达标比例为 93%，较 2016 年上升

6个百分点，拖长江、黄华江、九洲江等跨省河流水质明显好转。

泛珠三角区域水利协作机制自2004年建立以来，已召开8届工作会议。珠江委与"9+2"各方围绕流域治理保护重点、难点问题，持续深化流域区域水利对接合作，协调推进各项涉水工作。2019年围绕服务粤港澳大湾区国家重大战略，积极推进建立更加有效的区域协作发展新机制，全力提升大湾区水安全保障能力。近年来，珠江委还先后与交通运输部珠江航务管理局签订《关于加强珠江水利和水运发展合作协议》，更好地发挥水利、水运支撑保障作用。与澳门海事及水务局成立澳门附近水域水利事务管理联合工作小组，共同促进水利部与澳门特别行政区政府签订的《关于澳门附近水域水利事务管理的合作安排》和相关合作事项的落实，协调相关水利事务，推动澳门海傍区水患治理，加强澳门水域管理范围的水利事务管理合作。

珠江委身处改革开放前沿阵地，脚踏粤港澳大湾区建设热土，多年来不断丰富完善流域治水思路，围绕"维护河流健康，建设绿色珠江"总体目标，充分发挥流域机构在水旱灾害防御、水资源统一调度、重大水利工程建设、水资源节约保护等方面的作用，大力推进依法治水管水，各项工作成效显著。

在多年治水实践中，我们积累并形成了许多宝贵的经验：一是必须坚持党建引领，推动党建与业务工作深度融合，把加强党的建设作为推动各项业务工作的最强动力和根本保证；二是必须坚持把新时期中央水利工作方针和流域水利实际结合起来，不断丰富和完善流域治水思路；三是必须坚持把推进流域水利工作和

2019年第八届泛珠三角区域水利发展协作会议在广州召开

加强自身能力建设结合起来，不断促进流域水利和自身事业更好发展；四是必须坚持把流域行政职能和服务流域水利结合起来，不断履行好流域机构职责；五是必须坚持把加快事业发展和干部职工队伍建设结合起来，不断促进和谐发展。

　　回首昨天，绿色珠江建设实践探索方兴未艾；立足今天，流域水利改革发展重大机遇与挑战并存！　珠江流域是我国通往世界的南大门，是海上丝绸之路的起点，随着"一带一路"、粤港澳大湾区、中国（海南）自由贸易试验区等国家重大发展战略的实施，流域治理、开发和保护任务繁重，迫切要求补齐水利基础设施短板，加强水利工程监督管理，全面提升流域水安全保障能力，为流域社会发展现代化提供坚实水利支撑。

珠江广州段

　　雄关漫道真如铁，而今迈步从头越。 站在新起点上，我们要认真贯彻落实
"节水优先、空间均衡、系统治理、两手发力"的治水思路，准确把握水利改革
发展总基调，紧紧抓住治水主要矛盾的变化，深入分析流域面临的新老水问题，
转变治水思路和工作方式，将工作重心转移到水利工程补短板、水利行业强监管
上来，不忘初心，砥砺前行，全力推进珠江水量调度条例立法、粤港澳大湾区水
安全保障、大藤峡工程建设等各项工作，更好地满足人民群众对防洪保安全、优
质水资源、健康水生态和宜居水环境的需求，使珠江成为造福人民的幸福江！

撰稿人：袁建国　吴怡蓉

审稿人：王宝恩

70 年励精图治
铸就松辽辉煌成就

水利部松辽水利委员会

新中国成立70年来，松辽水利事业发生了翻天覆地的变化，松辽委励精图治、开拓创新、奋力拼搏，以实际行动诠释了水利行业精神，在广袤的黑土地上创造了世人瞩目的骄人业绩，为东北地区经济社会发展、民族富强、人民幸福提供了强有力的水利支撑和保障，为新时期加快推进水利事业改革发展奠定了坚实的基础。

一、坚持依法防控科学防控，守护松辽大地一方平安

70年来，始终坚持"蓄泄兼筹、综合治理、体系防洪、突出重点"的原则，推动完善流域防汛抗旱工程措施与非工程措施相结合的综合防御体系，成功抵御了历年洪旱灾害，为经济社会平稳发展提供了坚强保障。

（一）大力推进防洪骨干工程建设

新中国成立初期，松辽流域防洪基础薄弱，防洪设施寥寥无几、残缺不全，河道长期失治，堤防残破不堪，频繁的水旱灾害成为稳定发展的心腹大患。我们坚持从流域洪旱灾害防御体系整体布局出发，提出了关于加强嫩江、松花江和辽河防洪建设的若干意见，制定了《松花江流域防洪规划》《辽河流域防洪规划》

"十五"时期建设的辽河干流控制性防洪工程——石佛寺水库枢纽一期工程泄洪闸

白山水库泄洪

等规划，在规划蓝图的指引下，尼尔基、石佛寺、三座店等一批流域控制性工程相继建成并发挥作用，胖头泡、月亮泡蓄滞洪区可临时应急启用，蓄水工程防洪库容达到 189 亿立方米，嫩江、松花江、辽河等大江大河重点防洪河段堤防长度达到 6000 余公里，基本形成库、堤、蓄滞洪区结合，功能较齐全、设施较完善的防洪工程体系，整体上可抵御新中国成立以来最大洪水。

（二）不断完善防洪非工程措施

松辽流域防洪保安成就显著，不仅得益于盛世治水修建的各类防洪工程，更离不开日益完善的防汛抗旱非工程体系。为加强流域防汛抗旱工作的统一管理，党和国家顺势而为，1986 年、2002 年和 2011 年，先后批准成立了松辽委防汛抗旱办公室、松花江防汛抗旱总指挥部和辽河流域防汛抗旱协调领导小组，实现了流域防汛抗旱工作统一指挥、民主决策、科学调度。在流域防汛抗旱指挥机构的组织和指导下，先后编制了松花江、辽河等重要江河，以及尼尔基、白山、丰满等骨干水库洪水预报、调度、防御方案 130 余个，建成了嫩江右侧水情自动测报系统、亚行贷款松花江洪水管理项目、国家防汛抗旱指挥系统等一套较为先进完备的预警预报、洪水管理和指挥调度系统，兴建的水雨情报汛站达 1.2

万余处，是新中国成立初期的十余倍，凭借现代化的管理系统、覆盖全面的监测站网和安全可靠的传输专线，来自水利、气象等部门的各类水雨情信息收集、共享和汇总更加便捷，中长期预测和降水趋势预报更加精准，为流域防汛指挥决策及工程调度提供了重要支撑。

多年来，在抗御洪旱灾害过程中，我们与流域各省区不畏艰险、勇于拼搏、通力协作，成功战胜了 1951 年、1960 年、1985 年、1998 年、2013 年等流域较大范围洪灾和 1982 年、1994 年、2009 年等严重旱情，有力保障了流域人民群众的生命财产安全，谱写了一曲曲抗击洪旱灾害的宏伟壮歌。

防汛抗旱现代化水平不断提升

二、落实最严格水资源管理，有力保障流域供水安全

70 年来，始终秉持水资源"全面节约、优化配置、统一管理"理念，不断强化流域供水保障能力，全面落实最严格水资源管理制度，以水资源的可持续利用助推流域社会经济的可持续发展。

（一）持续提升流域水资源供给保障能力

松辽流域属北方缺水地区，人均、亩均水资源量仅为全国平均值的 76% 和

除险加固后大伙房水库鸟瞰

36%，新中国成立初期，由于流域水利工程体系薄弱，导致工程性缺水问题长期困扰流域经济社会发展。 为破解水资源制约瓶颈，根据流域水资源分布特点和经济社会发展状况，充分发挥水资源要素配置的先导作用，推动建成哈达山、磨盘山、吉林中部城市引松供水、大伙房输水等一批骨干调蓄工程和引调水工程，形成了由3800余座水库、21处大型引调水工程、3400余个规模以上泵站组成的水资源调控体系，"东水中引、北水南调"的水资源配置格局基本形成。 目前，流域年供水能力超过700亿立方米，源头活水滋润着1.76亿亩稳产农田，提升了1.3亿东北人民的民生福祉，支撑起新一轮东北老工业基地的全面振兴。

（二）加快实行最严格水资源管理制度

随着流域经济社会的快速发展，用水量的激增导致不少地区水资源承载负荷过大，但同时也存在着用水浪费和取水行为不规范等现象。 为加强水资源统一管理，适时调整治水思路，严格落实最严格水资源管理制度，以水资源要素的刚性约束倒逼区域经济优化布局和产业结构调整、转型升级。加强水资源总量和强度双控，积极推动构建覆盖流域和省市县三级行政区的用水总量和用水效率控制指标体系，认真抓好用水总量控制指标在流域层面的落地和实施。有序推进15条省际河流的水量分配工作，扎实开展已批复水量分配河流的水量调度方案和重要江河生态水量保障方案编制。积极推进节水型社会建设，推动建立流域定额指标体系，划定实用完善的节水评判标准；在取水许可审批过程中，严格用水效率审核，限制高耗水产业发展；推动建成哈尔滨、延吉等10个"全国节水型社会建设示范区"，通过不懈努力，流域主要城市工业用水重复利用率从20世纪50年代不足20％普遍提升至70％～90％，农田灌溉水有效利用系数从0.4提高至0.57，为流域经济社会健康持续发展提供了坚实保障。

三、注重水生态环境保护，筑牢东北生态安全屏障

70年来，为守护好松辽大地的绿水青山，我们牢记使命、积极探索，秉持保护优先、防治结合的原则，积极组织开展江河湖泊系统治理和黑土区生态保护修复，为东北地区经济社会绿色振兴发展提供了有力的生态安全保障。

（一）着力改善流域水生态环境

在各方共同努力下，1978年成立的松花江水系保护领导小组，是流域机构牵

嫩江右岸省界堤防工程

2004年4月19日"引察济向"察尔森水库向向海湿地补水

补水后的向海

头、各省区涉水部门参加的流域水资源保护与水污染防治协调性组织,多年来,松辽委依托松辽水系保护平台,坚持水资源开发利用与河流基本功能保护并重的原则,围绕落实最严格水资源管理制度、建设水生态文明等重大决策部署,制定了水资源保护方面多项规划、法规、制度和标准,并以此为指导,开展水功能区分级分类和纳污红线管理,将流域21%的水功能区、40%的入河排污口和48个重要饮用水水源地纳入清单监管范围,确定了重要江河水功能区划与限制排污总量,建立了省界水功能区水质状况月度会商机制,严格入河排污口设置审批,制定了入河排污口优化布设指导意见,推动饮用水水源地安全保障达标建设,水源地水质达标率保持在90%以上。 11座水生态文明试点城市相继建成并发挥示范效应,多次组织实施扎龙、向海湿地生态应急补水,流域水资源、水环境、水生态状况持续向好。 不断提升水质监测和应急处置能力,逐步形成以1个流域中心为核心,3个分中心、10个自动监测站、12个共建共管实验室为支撑的流域水环境监测网络,通过连续跟踪监测、科学实施水量调度等手段,有效应对了2005年松花江重大水污染事件。 经过多年努力实践和探索,形成的具有流域特色的水系保护管理机制——松辽管理模式,开创了一条符合流域实际、行之有效的江河保护之路。

(二)积极保护珍稀的黑土资源

从新中国成立初期辽河流域绕阳河上游修建的谷坊治理水土开始,流域黑土区水土保持工作经历了从传统治理向科技治理转变,从单项措施整治向综合治理转变的过程。 多年来,我们从标准和规划入手,制定的《黑土区水土流失综合防治技术标准》《东北黑土区水土流失综合防治规划》《东北黑土区侵蚀沟治理专项规划》为水土流失防治提供了重要依据,积极推动农业综合开发水土

东北黑土区水土流失防治成效

保持项目、坡耕地水土流失综合治理工程、国家水土流失重点治理工程等水土流失综合治理项目建设，累计治理侵蚀沟近 2000 条，治理水土流失 20 余万平方公里，有效改善了治理区群众的生产生活条件。 加强生产建设项目水土保持监管，制定执法工作行为指南，对部管生产建设项目实现监管全覆盖，严控人为水土流失问题。 采用无人机和遥感影像等先进技术大规模开展水土流失动态监测，监测面积已达 87 万平方公里，实现国家级水土流失重点防治区监测全覆盖。

四、增强水利基础保障作用，守卫国家粮食安全命脉

松辽流域幅员辽阔，耕地面积约 4 亿亩，粮食总产量约占全国的 20%，是我国最重要的粮食主产区之一，也是我国粮食稳产、增产最具潜力的地区，在保障国家粮食安全中具有极为重要的战略地位。 水利是提高粮食产能、保障粮食安全的基础和命脉，松辽委坚持节水优先理念，着力解决水资源短缺和农田水利基础设施建设滞后等问题，为保障国家粮食安全作出了重要贡献。

（一）不断优化农业发展用水规划

立足流域实际，有计划、有步骤、分阶段、分层次地推进流域规划体系建设，编制完成的松花江、辽河流域综合规划和水资源综合规划成为指导流域水利改革发展、保障粮食安全的纲领性文件，明确了到2030年农业灌溉面积达到1.6亿亩，农田灌溉水利用系数提高到0.65左右，灌溉需水量控制在574亿立方米以内。组织编制的重要支流综合规划、"十三五"水利发展规划、三江平原水利综合规划和灌溉发展规划等流域规划、区域规划和专业规划，将综合规划的目标、任务进一步细化分解，并在规划中将农业生产供水和灌溉工程等作为规划的重要内容，注重高效节水农业和大中型灌区发展，为保障流域粮食增产增收提供了有力指导。

（二）努力提高农业用水保障程度

在流域水资源配置中充分考虑东北地区农业发展趋势，通过推进吉林中部城市引松供水、引绰济辽、松原灌区、尼尔基下游灌区等重大工程建设，着力解决

察尔森水库

流域粮食主产区水资源短缺问题，逐步增强农业供水保障能力。以嫩江流域和洮儿河流域为重点，科学实施尼尔基、察尔森水库兴利调度，平均每年为下游农业生产供水约 60 亿立方米，有效提高了下游灌溉工程的供水保证率，为粮食生产提供了水源保障。积极推动农业规模化灌溉，流域万亩以上灌区已达 700 余处，大力推动实施东北四省区"节水增粮行动"等节水灌溉工程，发展高效节水灌溉农业 7200 余万亩，农田灌溉水有效利用系数可达到 0.80 以上，对于保障国家粮食安全、实现经济社会可持续发展意义重大。

支持东北四省区"节水增粮行动"，大型节水喷灌设施

五、强化依法治水管水兴水，全面提升流域管理能力

70 年来，我们聚时代变革伟力，顺水利发展大势，以全局视角科学谋划流域水利发展布局，积极转变流域管理思路和理念，不断完善各方参与、民主协商、共同决策、分工负责的议事决策机制和高效执行机制，努力在规划引领、制度建设和水行政管理等方面实现了突破。

（一）丰富完善流域管理理念

新中国成立初期，水行政管理主要采取部门管理与地方管理相结合的方式，水资源管理体制机制与水资源的流域特性不相适应，改革开放后，流域经济社会快速发展，实行流域统一管理越来越迫切，1982 年国务院批准成立了水利部松辽水利委员会，标志着松辽流域水利事业发展进入了一个崭新阶段。松辽委认真履行流域管理职责，充分发挥全局性、协调性和控制性职能作用，经过多年努力，逐步完成了从技术管理为主向综合管理转变、从工程管理为主向资源管理为主转变、从决策执行为主向决策制定协商和执行并重转变，流域管理能力和水平得到全面提升。

（二）逐步健全流域水利规划体系

从 20 世纪 50 年代编制《辽河流域规划要点》和《松花江流域规划初步报

流域综合规划

告》开始，松辽水利人又先后在 20 世纪 80 年代和 21 世纪初，组织开展了两轮流域综合规划编制工作，逐步形成了综合规划与专业规划、流域规划与区域规划、长远规划与阶段规划相辅相成、有机结合的流域水利规划体系，编制完成的 170 余项规划成果凝聚了松辽水利人汇集新理念、顺应新要求、擘画新路径的智慧和力量，勾勒出时代变迁与治水方略转变的历史轨迹，成为引领流域水利事业持续健康发展的行动纲领和宏伟蓝图。

（三）不断提升依法治水管水能力

1988 年，随着《水法》的颁布，特别是 2002 年的修订，依法治水管水进入了新纪元，松辽委结合流域管理工作实际，不断完善流域管理制度体系，相继出台了水资源管理、水利工程建设管理、水资源保护等方面流域规范性文件 25 件，流域管理和区域管理的事权关系逐步明晰，为规范流域水事活动提供了制度保障。水行政许可制度全面实施后，松辽委不断规范行政审批行为，深入推进"放管服"改革，依法审批各类水行政许可 500 余项，切实规范涉水行为。针对流域省际河流较多的特点，在遵循客观规律的基础上，积极协调流域内省际水事关系，组织各省区签订《松辽流域省（自治区）际边界水事协调工作规约》，制定了处理重大省际水事纠纷应急预案，妥善处理了老哈河、老虎山河、二龙涛河等 20 余件水事纠纷，避免了群体事件发生，同时，通过强化水行政执法能力建设，建立水行政执法网络，开展执法检查行动，查处水事违法案件 60 余起，积极维护流域和谐水事秩序。

六、切实推进全面从严治党，维护党的集中统一领导

全面加强党的领导是做好流域管理工作的重要政治保障，我们始终牢牢把握党的路线、方针、政策，聚焦坚持党的领导、加强党的建设、全面从严治党，切实履行管党治党责任，党建工作取得实实在在的成效。

（一）固本培元守护理想信念

始终坚持为民治水的根本宗旨，高擎理想信念的旗帜，坚守共产党人的精神追求，从扎实推进"三讲"教育、"三个代表"重要思想学习，到深入学习实践科

学发展观、保持共产党员先进性教育，特别是党的十八大以来，通过认真开展党的群众路线教育实践、"三严三实"专题教育和"两学一做"学习教育等活动，深入贯彻落实党的十八大、十九大以及历次全会精神，深刻学习领会习近平新时代中国特色社会主义思想，使理想信念更加坚定，党性修养不断提升，在政治上、思想上、行为上与党中央保持高度一致，以坚强的党性推动流域水利事业健康持续发展。

（二）全面加强党的政治建设

充分发挥党建带动作用，推动党建与业务工作深度融合，切实将党建工作作为首要政治任务和推动一切工作的核心。认真落实党建工作责任制，成立党建工作领导小组，构建了委党组统一领导、机关党委综合协调、各级党组织齐抓共管的大党建工作格局。高度重视党内政治生活，严格执行"三会一课"、民主生活会、领导干部双重组织生活、民主评议党员、谈心谈话等制度，强化基层党支部的战斗堡垒作用。坚持党管干部，认真贯彻落实习近平总书记提出的五个"过硬"要求，任人唯贤、以德为先，打造出一支对党忠诚、业务精通、善战善为的干部人才队伍。对发展党员情况进行全面自查自纠，不断规范基层党组织换届选举、党费管理等工作，依托"新时代 e 支部"推进党员积分制管理，抓严抓细各级党组织建设。

（三）持之以恒改进党风政风

坚持将政治纪律和政治规矩挺在前面，要求全体党员在政治方向、政治立场、政治言论、政治行为方面严格遵守党规党纪。制定党风廉政建设主体责任清单，卡实领导班子"班长责任""集体责任"和班子成员"一岗双责"，加强党风廉政建设责任制落实情况检查考核，确保党风廉政责任制落地生根。不断完善惩治和预防腐败体系，制定并实施松辽委惩防体系规划，认真开展廉政风险点排查，实现重点领域廉政风险防控全覆盖，全面加强党风廉政宣传教育，推动党风廉政建设向基层延伸。严格执行中央八项规定精神，深入开展形式主义和官僚主义集中整治活动，防止"四风"问题反弹回潮，抓好水利部党组巡视反馈意见整改落实，推动委内巡察工作全覆盖。

70 年来，松辽流域水利事业发展取得的丰硕成果，得益于党中央、国务院的高度重视、亲切关怀，得益于水利部党组的正确领导、精心指导，得益于流域内各省区党委政府、水利部门和全社会的共同关心、大力支持，得益于松辽委全体干部职工的辛勤努力、无私奉献。　新时代、新发展、新挑战，随着乡村振兴、新一轮东北老工业基地振兴等国家发展战略和流域内各省区区域战略相继启动实施，对构建流域经济社会水安全屏障提出了更高要求，松辽委将充分认清流域水旱灾害防御能力依然不足、水资源短缺形势依然严峻、水环境污染状况依然严重、水生态损害问题依然突出等新老水问题，在继续推动水利改革发展的基础上，以中央"十六字"治水思路为指导，以满足生活保障、生存发展、人居环境对水利的需求为目标，以推动流域水行业健康发展为重任，聚焦流域管理主责主业和重点领域，积极践行"水利工程补短板、水利行业强监管"水利改革发展的总基调，着眼于流域各地区水利工程建设薄弱环节，因地制宜补齐补强水利工程保障体系的突出短板，着眼于流域管理重点领域，全面强化水利行业监管，按照水利部各项决策部署，继续聚合力、破难题、抓落实、夯基础，努力建成与社会主义现代化相匹配的流域水利发展格局，为全面建成小康社会提供更加有力的水安全保障！

撰稿人：李应硕　陆　超　汪洪泽

审稿人：齐玉亮

大力推进绿色太湖建设
保障流域健康可持续发展

水利部太湖流域管理局

中华人民共和国成立 70 年来，在党中央、国务院的高度重视和亲切关怀下，在水利部的坚强领导下，太湖流域深入贯彻落实中央治水方针，深刻认识并牢牢把握治水矛盾和规律，聚焦关键领域和薄弱环节，持续推进流域综合治理各项任务，全面提升流域综合管理能力，推进水旱灾害防御、骨干工程建设、城乡供水保障、水资源节约保护、依法治水管水、河长制湖长制建设等工作，流域水利事业得到了空前发展，流域治理取得了巨大成绩，为流域经济社会可持续发展和人民的幸福生活提供了有力的支撑和保障。

翻开太湖流域水利发展的画卷，一幅幅激昂澎湃、鼓舞人心的画面跃然纸上，这是同水旱灾害不懈斗争、夺取伟大胜利的 70 年；是水利规划不断完善、基础设施网络全面建设的 70 年；是水源地建设与保护更加强化、供水能力有效提升的 70 年；是水环境综合治理科学实施、太湖健康持续向好的 70 年；是法规体系日益健全、行业监管全面铺开的 70 年；更是水利科技持续进步、水利改革取得丰硕成果的 70 年。

70 年的伟大成就，凝聚了几代水利人的励精图治、辛勤耕耘和无私奉献，形成了极为宝贵的治水经验、智慧和重要启示，开辟了一条从人水相争向人水和谐转变，从除害兴利向保护河湖绿色健康、支撑经济社会可持续发展跨越，从传统水利向现代水利转变的成功道路。

一、新中国成立 70 年来太湖流域水利工作取得的重要成就

（一）水旱灾害防御取得重大胜利

太湖流域的地形地貌特征和平原河网属性决定了流域洪涝矛盾突出，气象条件和降雨特点决定了流域灾害频繁，在国民经济中的重要地位决定了这是一块"淹不得、淹不起"的地区，水旱灾害防御压力巨大。太湖流域始终把水旱灾害防御作为水利工作的重点和首要任务，统筹流域、城市和区域防洪三个层次，开展了卓有成效的工作。流域防洪除涝工程布局不断完善。"蓄泄兼筹、洪涝兼治"的骨干工程布局逐步形成并不断完善，城市防洪和圩区排涝能力进一步提升，江堤海塘建设标准不断提高，流域整体防洪能力大幅加强。预案制度体系不断健全。2011 年《太湖流域洪水与水量调度方案》作为全国首个流域防洪与水量调度相结合的综合调度方案批复实施；2015 年批复的《太湖抗旱水量应急调度预案》为干旱条件下流域水量应急调度做好了方案准备。监测预警和科学调度不断加强。坚持预防为主，加强与气象等部门协作沟通，进一步提高洪水预测、预警水平，不断优化环太湖、沿长江、沿杭州湾等重要控制线的调度，合理

调整流域外排控制建筑物和泵站的控制运用水位，有效降低流域防洪风险。

70 年来，太湖局会同流域省市严格落实国家防总、水利部要求，坚持确保人民群众生命财产安全，超前部署、周密安排、精细调度，有效应对了 1999 年、2016 年等流域性大洪水，成功防御了"海葵""菲特""灿鸿"等强台风灾害，将洪涝灾害损失减少到最低程度，为流域经济社会可持续发展作出了积极贡献。2016 年，太湖最高水位达 4.87 米，居历史第二，太湖防总会同流域省市依法、科学、精细调度流域骨干工程，实现了流域重要堤防无一失守，未垮一库，未死一人，流域因灾直接经济损失 75 亿元，仅占流域地区生产总值的 0.12%，远低于 1991 年的 7.8% 和 1999 年的 1.6%，有效保障了太湖安澜。

（二）流域综合治理体系日趋完善

新中国成立初期，太湖治理缺乏统一规划，防洪标准偏低，洪涝灾害严重。太湖局和有关单位在大量调查研究、长期科学论证、多年综合协调的基础上，提出了《太湖流域综合治理总体规划方案》，1987 年经原国家计委批复同意。1991 年太湖发生流域性洪水后，国务院作出进一步治理太湖的决策部署，11 项太湖治理骨干工程陆续建成，一举扭转了太湖流域河湖水系有网无纲、缺乏行洪骨干通道的不利局面，初步形成了北向长江引排、东出黄浦江供排、南排杭州湾并且利用太湖调蓄的防洪与水资源调控工程体系。

进入 21 世纪，流域经济社会快速发展，水情、工情、社情发生巨大变化，水资源短缺、水生态损害、水环境污染等问题更加突出。太湖流域积极适应新形势新要求，加快转变治水思路，《太湖流域防洪规划》《太湖流域综合规划》《太湖流域水环境综合治理总体方案》及修编等基础性规划相继经国务院批复实施，《太湖流域片水中长期供求规划》等一批专项规划编制完成，规划体系逐步健全。环湖大堤后续等 21 项流域综合治理骨干工程打捆列入了国家 172 项重大水利工程，已有 12 项建成并发挥效益，7 项正在全面建设，防洪减灾、水资源配置、水环境改善三位一体的流域综合治理工程布局得到进一步完善，"引得进、蓄得住、排得出、可调控"的工程体系已基本形成。

（三）水资源供给能力显著提高

饮用水安全直接关系人民群众生命健康，太湖流域以加强多水源供水系统和区域应急水源保护工程建设为重点，不断强化水源地建设与保护，全力保障城乡饮用水源安全。流域已经基本形成以长江、太湖-太浦河-黄浦江、山丘区水库及

望虞河"引江济太"

钱塘江为主，多源互补互备的供水水源布局。浙江省湖州老虎潭水库、长兴合溪水库等陆续建成并投入运行；上海市担负西南五区约 700 万人口供水任务的太浦河金泽水库于 2016 年底建成通水；江苏省无锡、苏州、常州、镇江等 11 个城市建成第二水源或应急备用水源。流域基本实现城乡一体化供水，主要饮用水水源地水质明显改善，大部分达到 III 类水标准。自 2008 年起，太湖连续 11 年实现"两个确保"目标。

2001 年 9 月，国务院太湖水污染防治第三次会议提出了"以动治静、以清释污、以丰补枯、改善水质"的生态调水方针，太湖局自 2002 年起组织流域省市水利部门，利用望虞河、太浦河等治太骨干工程实施引江济太水资源调度。2005 年引江济太进入长效运行以来，通过望虞河年均调引长江水 17.0 亿立方米，入太湖 7.5 亿立方米，通过太浦河向下游地区供水约 14.6 亿立方米，取得了显著的社会效益和环境效益。流域水资源供给有效增加，随着上海市、浙江省从太浦河取水规模和供水覆盖范围大幅扩大，引江济太有效提升了流域供水保障能力。河湖水体流动性显著加强，太湖换水周期由 310 天缩短至 250 天，河湖水流速度及水体自净能力显著提高。太湖及河网水位得到合理调控，引江济太保障了河湖枯水期用水需求，满足了枯季区域航运、生产等用水需要。突发事件应对能力切实提高，结合太浦河水质预警联动机制，及时有效处置了多起太浦河锑浓度异常事件以及红旗塘上游突发水污染事件。

（四）水资源管理保护不断加强

针对日益突出的本地水资源不足、水污染严重问题，太湖流域重点聚焦水资源的全面节约、优化配置、严格监管和有效保护，水资源管理保护能力显著提升。 大力推进节约用水，积极参与国家节水行动，全面落实最严格水资源管理制度，坚持以节水促减污，加快推进水资源利用方式根本性转变。 加强水资源合理配置，新安江、太湖流域水量分配方案相继获批，在太湖等重点河湖全面实施取水总量控制。 严格取用水监管，审批的火核电项目用水指标均达到或优于国内先进水平。 2000 年以来，流域人口净增 2000 多万、地区生产总值翻三番，用水总量仅增加 34.2 亿立方米，万元地区生产总值用水量大幅度下降，水资源利用效率显著提高。 全面推进水资源保护，东太湖、淀山湖以及环太湖河道水环境综合整治持续推进，太湖退渔还湖、底泥疏浚、蓝藻打捞、主要入湖河道水生态修复等稳步实施，太湖水生态环境持续恢复，生物多样性有所提高，水动力条件持续改善，流域水环境质量不断提升。

在长三角一体化发展背景下，2017 年底太湖局会同流域两省一市建立省际地

太湖流域水环境综合治理取得显著成效

区水葫芦防控工作协作机制，打破行政区划界线，密切加强沟通协调和信息共享，形成水葫芦全线防控、全域防控、全程防控的工作局面，集中力量开展水葫芦打捞和处置。 2018年共计打捞水葫芦13.3万吨，并开展了"清剿水葫芦，美化水环境"联合整治专项行动，维护河湖生态健康，营造优美的流域水景观，在进博会期间向世界展现了良好的水形象。

（五）依法治水管水更加有序

《太湖流域管理条例》于2011年8月24日以国务院第604号令公布，同年11月1日起施行，作为首部流域综合性行政法规，是流域立法的重要里程碑，开启了太湖流域依法治水管水的新篇章。《太湖流域管理条例》将国家有关法律制度与太湖流域特点和实际紧密结合并使之具体化，将太湖流域水环境综合治理实践中行之有效的各项措施法治化。

以贯彻落实《太湖流域管理条例》为重要抓手，不断强化依法履职，全面推进依法治水管水。 加快配套制度建设，太湖流域水功能区管理办法、重要水工程水资源调度管理办法等相继出台，有关省市也颁布实施了一系列地方法规。加大河湖管理与执法力度，持续开展跨区域、跨部门联合执法检查，对发现的上百起违法填湖、未批先建等水事违法案件进行现场检查、督办和处罚。 加强水利行业监管，全面开展小型水库督查暗访、重点领域及重大工程专项督查、河湖执法监管等工作，强化对违法涉水建设项目、非法利用水资源等违法行为的打击力度，全面加强行业监管力度。

（六）水利改革取得丰硕成果

流域协调议事机制不断完善。 以太湖流域水环境综合治理省部际联席会议制度和防汛抗旱总指挥部为平台，不断深化流域与区域、水利与其他行业的沟通、协调和合作，促进水环境综合治理等重大问题的协商和解决。 创新建立并完善环太湖城市水利工作联席会议机制，积极推动形成太浦河水资源保护省际协作机制等。

率先全面建立河长制湖长制。 作为河长制的发源地和试点先行区，太湖流域河长制湖长制工作起点高、标准严、力度大、措施实、进度快，率先全面建立了河长制湖长制，制定出台《关于推进太湖流域片率先全面建立河长制的指导意见》等。 积极搭建互促互进交流平台，建立了全国首个跨省湖泊湖长高层次议事协调平台——太湖湖长协商协作机制，并结合贯彻落实长三角一体化发展国家战略，拓展为太湖淀山湖湖长协作机制。

加快推进水利现代化建设。 作为全国"智慧流域"试点，"智慧太湖"项目加快推进，水利"一张图"、信息资源整合、水资源监测与保护预警等工作取得重要突破。

着力强化科技支撑力量。 积极探索创新流域水利科研协作模式，构建协同创新平台，太湖局联合南科院、河海大学、上勘院共同成立太湖流域水科学研究院。

二、新中国成立 70 年来太湖流域水利工作取得的宝贵经验

（一）各级领导重视是流域水利改革发展取得突破的重要前提

70 年来，党中央、国务院高度重视太湖流域治理工作。 1984 年，国务院批复同意成立太湖流域管理局，改变了太湖流域没有流域管理机构的状况，流域综合治理管理步入新阶段。 1991 年太湖发生流域性洪水，国务院自 1991—1997 年先后四次召开治淮治太工作会议，掀起了一期治太骨干工程建设的高潮。 2007年江苏省无锡市发生供水危机，国务院对加强流域水污染治理提出更高要求，揭开水环境综合治理的新篇章。 水利部密切关心太湖流域水利事业发展，持续加强对各项水利工作的支持和指导力度，协调解决重点难点问题。 太湖局和流域江苏、浙江、上海两省一市把水安全保障作为经济社会发展的关键，积极践行水利改革发展，推动太湖流域水利事业蓬勃发展。

（二）中国特色社会主义理论体系是完善和丰富流域治水思路的根本指导

中国特色社会主义理论体系特别是习近平新时代中国特色社会主义思想，是党和国家长期坚持的指导思想。 习近平总书记提出的"节水优先、空间均衡、系统治理、两手发力"治水思路，是党中央对新时代治水兴水工作的全面、系统部署。 70 年来，太湖流域水利改革发展取得显著成效，水生态文明建设开创新局面，关键是坚持运用中国特色社会主义理论和治水方针武装头脑，坚持以人为本，坚持人与自然和谐，坚持水资源可持续利用，坚持改革创新，坚持现代化方向，积极适应经济社会发展的新要求、水生态环境的新变化，不断探索和丰富完善符合流域水情的治水思路，更好地指导治水实践。

太湖

（三）科学的规划体系为流域治理管理绘制了基本蓝图

70 年来，太湖流域治理经历了规划从无到有，从侧重工程建设到更加注重综合管理，从传统水利向现代水利、可持续发展水利的转变，规划体系逐步建立并不断完善。 1987 年原国家计委批复的《太湖流域综合治理总体规划方案》，准确把握了当时流域洪涝灾害严重的主要矛盾，将防洪除涝作为主要任务，奠定了流域治理的基本格局，为一期治太骨干工程建设提供了科学指导。 2008 年以来相继获批的《太湖流域防洪规划》《太湖流域综合规划》《太湖流域水环境综合治理总体方案》等流域性综合规划和专项规划，准确把握了国家治水新政的具体要求，着眼流域水利改革发展面临的迫切问题，为流域治理管理绘制了基本蓝图。

（四）完备的法制体系是流域水利事业持续健康发展的基础保障

随着依法治国基本方略的深入实施，太湖流域大力推进水利法治化进程，以《太湖流域管理条例》为核心，结合相关行业部门、两省一市人民政府先后颁布实施的一系列专门法规和严格的规范标准，太湖治理逐步走向法制化、规范化轨道。 完备的法治体系不断提高流域水利社会管理和公共服务水平，有效规范水事行为和活动，从根本上保障水利事业持续、健康发展。

（五）创新的协调机制凝聚了流域治水兴水的强大合力

太湖流域探索建立完善的一批针对性强、特点鲜明、行之有效的议事协调和

监督执行机制，在流域治理管理中发挥了重要的桥梁和纽带作用。 在中央部委层面，有国家发展改革委牵头的水环境综合治理省部际联席会议和水利部牵头的水利工作协调小组；在流域层面，有太湖流域防汛抗旱总指挥部、环太湖城市水利工作联席会议；在专业领域层面，有水政执法联合巡查机制、淀山湖保护协作机制等。这些机制构成了流域层级化的议事协调机制体系，促进不同层面不同尺度的水利问题得到及时有效的沟通和解决，凝聚了太湖流域治水兴水的强大合力。

（六）高素质人才队伍是流域改革创新的不竭动力

太湖局一方面强化党建和党风廉政建设、全面落实"两个责任"，不间断的正面教育引导，坚定共产主义理想和中国特色社会主义信念，筑牢干部职工思想防线，保持队伍风清气正；另一方面，优化完善干部选拔和任用机制、实施积极的人力资源政策、开展有针对性的培训等，不断提升干部职工履职能力，打造了一支政治过硬、业务精通、作风扎实、爱岗敬业、勤政廉洁的高素质干部职工队伍，在防汛抗旱的紧要关头，在应对突发事件、承担急难险重任务的关键时刻，在深化水利改革、依法治水管水的前沿阵地，不畏艰险、奋勇拼搏，诠释了"忠诚、干净、担当，科学、求实、创新"的水利行业精神，成为流域水利发展的坚强柱石。

三、准确把握中央治水思路和新时期水利改革发展总基调，全力服务长三角一体化发展战略，谱写流域水利发展新篇章

当前，中国特色社会主义进入新时代，水利事业发展也进入了新时代，流域

水利改革发展呈现出新的特征，新老水问题交织的形势更加严峻，河湖空间管控压力更加突出，人民群众对水利的需要更加多样，全面强化水利行业监管的要求更加迫切，水利改革创新的任务更加繁重。太湖流域位于长江经济带、长三角一体化发展等重大国家战略的交汇点，正处于追求更高水平、更高质量发展的关键阶段，流域水资源、水环境、水生态安全保障面临更高的要求和更大的挑战。

今后一个时期，太湖流域将以习近平新时代中国特色社会主义思想和"节水优先、空间均衡、系统治理、两手发力"治水思路为指引，积极践行"水利工程补短板、水利行业强监管"的水利改革发展总基调，以补齐关键领域突出短板为重点，着力夯实流域水利基础设施网络，加快构建与社会主义现代化进程相适应、与高质量发展相匹配的水安全保障体系；以全链条、全方位的大监管理念为引领，建立健全务实管用高效的监管体系，形成流域齐心协力、同频共振、协同联动的大监管格局；以全面深化改革为动力，着力构建系统完备、科学规范、运行有效的流域综合管理体制机制；以水利信息化、智慧化为支撑，不断推进流域水治理体系和能力现代化，为经济社会的可持续发展提供坚实的支撑和保障。

撰稿人：丁　昊　邵潮鑫
审稿人：吴文庆

提供照片的个人及单位

（个人按姓氏笔画排序，单位按照片首次出现的顺序排序）

于　澜　师国敬　吕劲松　刘柏良　刘莉娜　孙太旻　吴晓兰
吴浩云　张再厚　陆　取　陈　超　陈　强　孟宪玉　殷鹤仙
唐　伟　黄正平　黄颖南　鄂宜水　崔慧聪　梁　君　喻权刚
缪宜江　魏众效

南水北调中线干线工程建设管理局宣传中心　　水利部宣传教育中心

水利部黄河水利委员会　　　　　　　　　　　水利部规划计划司

水利部政策法规司　　　　　　　　　　　　　水利部财务司

水利部水利工程建设司　　　　　　　　　　　水利部小浪底水利枢纽管理中心

水利部长江水利委员会　　　　　　　　　　　水利部运行管理司

福建省水利厅　　　　　　　　　　　　　　　水利部水土保持司

水利部农村水利水电司　　　　　　　　　　　水利部水库移民司

水利部监督司　　　　　　　　　　　　　　　水利部督查办

水利部水旱灾害防御司　　　　　　　　　　　水利部水文司

水利部三峡工程管理司　　　　　　　　　　　水利部南水北调司

江苏省水利厅　　　　　　　　　　　　　　　水利部国际合作与科技司

水利部淮河水利委员会　　　　　　　　　　　安徽省水利厅

水利部海河水利委员会　　　　　　　　　　　水利部珠江水利委员会

水利部松辽水利委员会　　　　　　　　　　　水利部太湖流域管理局

编辑出版人员

总　编　辑：胡昌支

责任编辑：吴　娟

审稿编辑：吴　娟　王照瑜　柯尊斌

书籍设计：李　菲　芦　博

责任排版：吴建军　孙　静　郭会东　丁英玲

责任校对：黄　梅　梁晓静

责任印制：崔志强　焦　岩　冯　强